Kupferstich aus Chr. Weigel, Abbildung der Hauptstände
Regensburg 1698

DEM GEDENKEN DERER GEWIDMET,
DIE MIR IM LEBEN
DURCH EIN FREUNDLICHES WORT
ODER EINEN GUTEN RAT
WEITERGEHOLFEN HABEN.

INGENIEURE

BAUMEISTER EINER BESSEREN WELT

DIE ROLLE VON INGENIEUREN UND TECHNIK IM LEBEN DER VOLKER

VON

FRIEDRICH MÜNZINGER

DRITTE
STARK VERMEHRTE UND
UMGEARBEITETE AUFLAGE

MIT 17 ABBILDUNGEN

SPRINGER-VERLAG BERLIN HEIDELBERG GMBH

ISBN 978-3-662-01225-3   ISBN 978-3-662-01224-6 (eBook)
DOI 10.1007/978-3-662-01224-6

Vorwort zur dritten Auflage.

Der Umstand, daß die beiden ersten Auflagen von „Ingenieure" in kürzester Frist vergriffen waren und die freundliche Kritik, die sie gefunden haben, dürfen wohl als ein Zeichen für das große Bedürfnis nach einem Buche angesehen werden, das sich mit dem Ingenieurberuf beschäftigt.

Eine dritte Auflage kam seinerzeit nicht mehr zustande, nachdem bereits die Druckerlaubnis für die zweite an Bedingungen wie das Weglassen des Bildnisses von James Watt geknüpft worden war. In der langen Zwischenzeit seit 1942 habe ich das Buch erweitert, indem ich die sozialen, wirtschaftlichen und politischen Probleme schilderte, die die Technik aufgeworfen hat. Die vorliegende Auflage beantwortet daher nicht mehr nur die Frage, wie Ingenieure zu hohen fachlichen Leistungen und einem sie auch innerlich befriedigen Dasein kommen können, sondern versucht zu zeigen, was geschehen muß, um mit Hilfe der Technik bessere als die bisherigen Ergebnisse erzielen zu können. Aus diesem Grunde wurde der frühere Titel des Buches durch die Worte „Baumeister einer besseren Welt" ergänzt.

Das Buch zeigt, daß heute dreierlei nottut:

Erstens müssen die Ingenieure das Rüstzeug der Technik vollkommen beherrschen und den Einfluß der Technik auf das Leben der Gesellschaft genau kennen;

zweitens muß jedermann einsehen lernen, daß die Technisierung der Welt die Menschen zwar von vielen alten Fesseln befreit, ihnen dafür aber anders geartete neue Bindungen auferlegt hat, denen sie sich nicht ungestraft entziehen können;

drittens muß man die Technik als Ganzes in dem Geiste einsetzen, dem sie im einzelnen ihre erstaunlichen Erfolge verdankt. Dieser Geist der Technik ist gekennzeichnet durch die Bereitschaft zur Gemeinschaftsarbeit, durch Logik, Objektivität und das Streben nach immer besseren Kompromissen und Leistungen, d. h. durch lauter Dinge, gegen die die Menschen heute wie je unablässig sündigen.

Denn nicht Atombomben oder andere Erfindungen sind die Hauptgefahr unserer Zeit, sondern das Zurückbleiben des ethischen hinter dem technisch-wissenschaftlichen Fortschritt und das Verharren der Menschen und Völker in Gedankengängen, Vorstellungen und Ressentiments, die in das Jahrhundert der Technik ebensowenig passen wie Kienspan und Pechfackel in ein Wohnhaus von heute!

Trotz meiner Bemühungen konnte ich seit dem Jahre 1939 nur wenig ausländische Veröffentlichungen erhalten; die Zerstörung der deutschen Bibliotheken und vieler eigener Bücher und Aufzeichnungen, sowie die jahrelangen Luftangriffe und der schwere Mangel an Nahrungs- und Heizstoffen der Nachkriegszeit waren weitere Erschwernisse, weshalb ich den geneigten Leser um Nachsicht bitten muß.

Meine Absicht, das Buch außer durch Strichätzungen wieder durch Bilder großer Ingenieure und typischer technischer Schöpfungen zu illustrieren, war aus drucktechnischen Gründen leider nicht durchführbar.

Kapitel VIIIb und c, IXc und d und X beschäftigen sich vorwiegend mit internen Ingenieur-Angelegenheiten und können übergangen werden, ohne daß das Verständnis für das Ganze leidet.

B e r l i n - D a h l e m , Frischlingsteig 1.
    Im Herbst 1946.

MÜNZINGER.

Inhaltsverzeichnis.

Vorbemerkung.
Die Atombombe als Mahner und Lehrmeister.

> Der Mensch soll nicht über seine Zeit
> klagen, dabei kommt nichts heraus. Die
> Zeit ist schlecht: wohlan, der Mensch
> ist da, um sie besser zu machen.
>
> Thomas Carlyle.

Die Atombombe, oder richtiger gesagt die erfolgreiche Lösung des ihr zugrunde liegenden physikalischen Problems der Atomzertrümmerung, ist ein Ereignis von größter Bedeutung und ein schlagender Beweis dafür, daß die Technik ein geschichtemachender Faktor allerersten Ranges geworden ist. Diese gewaltige technische Errungenschaft kann dem politischen und gesellschaftlichen Antlitz der Erde auf lange Zeit hinaus ihren Stempel aufdrücken, unser Leben in ganz neue Bahnen lenken und das Kriegführen zu einem verachteten Handwerk oder zu einer ausgetüftelten Teufelei machen, die über kurz oder lang alles, was unser Dasein veredelt und verschönt, verschlingen oder zerstören muß.

Aber auch deshalb kann das vorliegende Buch nicht stillschweigend an der Atombombe vorübergehen, weil sich an ihr kennzeichnende Eigentümlichkeiten der Technik einprägsam zeigen lassen und ihr als Anschauungsbeispiel dadurch so große Bedeutung zukommt, daß die Aufmerksamkeit der ganzen Welt wie ein Scheinwerferstrahl auf sie gerichtet ist. Deshalb wollen wir uns, gewissermaßen als Einführung in die folgenden Kapitel, etwas näher mit ihr beschäftigen, obgleich man bisher nur wenig Authentisches über sie weiß.

Die mit der Atombombe im großen geglückte Atomzertrümmerung ist schon insofern ein echtes Kind der Technik, als sie sich entweder zu unserem Segen oder unserem Fluche auswirken wird, je nach dem Geiste, in dem wir Gebrauch von ihr machen. Bei sinnvollem Einsatz wird die Atombombe nur ein zufälliges Zwischenglied, eine Art atavistisches Anhängsel an einer Kette unermüdlicher, mit der Erfindung der Dampfmaschine beginnender Anstrengungen sein, deren Ziel die Befreiung der Menschen von drückenden Fesseln und deren Ergebnis der gewaltige Prozeß der technischen Revolution ist, den die Erschließung der motorischen Kraft vor 170 Jahren ausgelöst hat. Bei entgegengesetztem Einsatz ist sie aber der grauenvolle Gipfelpunkt, das düstere Golgatha einer alle sittlichen Werte, alle Errungenschaften unserer Kultur, alles Edle und Schöne gefährdenden Entwicklung. Denn dann würde sich zeigen, daß die Behauptung, die Technik treibe einen einmal eingeleiteten Prozeß ungeachtet der Folgen für die Allgemeinheit unbarmherzig bis zu den letzten Möglichkeiten weiter, tatsächlich ein allgemein gültiges Gesetz ist.

Die Atombombe[1]) ist die furchtbarste aber auch eindruckvollste Synthese von Wissenschaft und Technik. Zu ihren Vätern gehören völlig auf Zweckmäßigkeit, Wirkungsgrad und Erfolg eingestellte moderne Ingenieure ebenso wie ganz in ihrer Wissenschaft aufgehende Gelehrte, wie z. B. der große schon vor 40 Jahren verstorbene russische Chemiker Demeter Mendelejeff.

Die außerordentlich hohe Zahl von Wissenschaftlern und Ingenieuren, die sie korporativ in so kurzer Zeit geschaffen haben, zeigt folgende vier wichtige Voraussetzungen für den technischen Erfolg: enge Verknüpfung von Wissenschaft, Forschung und Technik; große finanzielle Mittel; gute Organisation und loyale Zusammenarbeit selbst seelisch grundverschieden veranlagter Personen. Wann aber werden die Menschen aus dem Umstand, daß eine so umwälzende Tat nur durch diese glückliche Kombination so schnell vollbracht werden konnte, begreifen lernen, welch gewaltiger Segenspender die Technik werden würde, wenn sie die Technik unter denselben Voraussetzungen für friedliche Zwecke benutzten. Denn nur wenn die Entwicklung von Wissenschaft und Technik durch keine Landesgrenzen, durch keinerlei Drohungen und Verbote, durch keine egoistischen Machinationen erschwert wird; nur wenn die technische und wissenschaftliche Intelligenz der ganzen Welt an ihr teilnehmen kann; nur wenn man die Freiheit der Forschung und die freie Entscheidung über ihre Entwicklung nicht trennt; nur wenn ein kluger, sauberer und energischer Wille Wissenschaft und Technik planvoll zusammenfaßt, lenkt und leitet, können beide vereint die Schätze der Natur wie einen immer kräftiger sprudelnden segenspendenden Quell für Reichtum und Wohlfahrt aller Menschen nutzbar machen und das Höchste leisten.

Infolge der furchtbaren Ernte der Atombombe wird aber die ohnehin nicht kleine Zahl derer, die die Technik für einen Fluch halten, noch weiter zunehmen. Nichts tut aber so not, als daß die Technik der Welt tunlichst bald das von ihr während des Krieges zerstörte

---

[1]) Die Atombombe war schon lange vor ihrem Erscheinen Gegenstand phantasievoller Romane, darunter vor 15 Jahren der amüsanten Satire „Public Faces" von Harold Nicolsen.

materielle Gut und Vertrauen wieder zurückgibt, was gefährdet wäre, wenn das Publikum ihr gegenüber eine ablehnende Stellung einnähme. Man muß es daher über das Wesen und die Möglichkeit der nicht mißbrauchten Technik unermüdlich immer wieder aufklären.

Ungeachtet ihrer Einstellung zur Technik sollten aber alle Menschen, Bejaher und Verneiner der Technik, Ingenieure und Nicht-Ingenieure aus der Atombombe, deren Geburtsanzeige zugleich die erschütterndste Todesnachricht ist, die die Geschichte kennt, folgende Lehre ziehen:

Gott hat dieses Menetekel deshalb mit so feurigem Griffel an die blühenden Gestade Nippons geschrieben,

damit die sich selbst zerfleischende Welt sich besinne und innere Einkehr halte;

damit jedermann erkennen könne, daß die Technik solange eine Plage bleiben muß, als der sittliche Fortschritt nicht in bessere Übereinstimmung mit dem technischen gebracht wird;

damit die Welt begreife, daß das Erzielen glücklicherer Ergebnisse mit Hilfe der Technik ebenso ein technisches wie ein sittliches Problem ist.

Nur dann, wenn alle Menschen und Völker sich zu dieser Überzeugung bekennen und ihr durch gemeinschaftliche Anstrengungen zum Siege verhelfen, kann ihnen die Technik das bringen und bewahren, was sie vor allem anderen brauchen:

Friede, Freude und Brot!

Nichts anderes als diese einfache und doch so bedeutungsvolle Erkenntnis versucht dieses Buch an immer neuen Beispielen, in immer anderen Varianten, an großen und an kleinen Dingen zu zeigen.

I. Einleitung.

Wir lernten leichter durchs Leben wandeln,
lernten wir uns nur selbst behandeln.

F. Th. Vischer.

a) **Zweck des Buches.** Der Zweck dieses Buches ist, die Bedeutung der Technik und die Arbeitsweise und Aufgaben von Ingenieuren einem breiten Publikum verständlich zu machen und zum Nachdenken darüber anzuregen, was geschehen muß, um mit Hilfe der Technik[1]) glücklichere als die bisherigen Ergebnisse zu erzielen. Dies ist aber nur erreichbar, wenn die Ingenieure über ihre unmittelbaren Tagesaufgaben hinaussehen, sich mit Problemen allgemeiner Natur und den öffentlichen Angelegenheiten aktiv beschäftigen und wenn sie und die übrigen Stände nicht mehr wie zwei getrennte Welten fremd und verständnislos einander gegenüberstehen.

Daß das Buch manche Dinge mit Zurückhaltung behandelt, ist mit auf die turbulente Zeit zurückzuführen, die wir durchleben. Weist sie doch alle Merkmale auf, die im Gefolge geistiger, Menschen und Völker zutiefst erregender Umbrüche von weltgeschichtlichem Ausmaße unvermeidlich sind, wie Unduldsamkeit, Mißtrauen und geringe Sachlichkeit. Aber auch die jahrelange Abgeschlossenheit Deutschlands von ausländischen Nachrichtenquellen mahnte zur Zurückhaltung, weil uns wahrscheinlich manche wichtige fremde Tatsachen und Ansichten nicht oder nur mangelhaft bekannt sind.

---

[1]) Unter Technik wird in diesem Buche alles verstanden, was mit der Welt der Maschinen auf dem Gebiete des staatlichen oder privaten, des wirtschaftlichen, sozialen oder politischen, des zivilen oder militärischen Lebens, der Land- und Forstwirtschaft, dem Handel und Verkehr, dem öffentlichen, privaten oder häuslichen Dienst irgendwie zusammenhängt, also z. B. Werkzeuge und Werkzeugmaschinen, Kraftmaschinen, Arbeitsmaschinen zum Verrichten der verschiedenartigsten Arbeiten und zum Herstellen der verschiedenartigsten Gebrauchs- und Verbrauchsgüter; Verkehrs- und Nachrichtenunternehmen; landwirtschaftliche, medizinische und hygienische technische Betriebe; Gas-, Elektrizitäts- und Wasserwerke; technischer Teil des Kriegswesens; Einrichtungen, Arbeitsweisen und Zweck der betreffenden Fabriken und ganzer Industrien; technische Lehr- und Forschungsanstalten, technische Behörden, Vereine und Zeitschriften; technische Berufsorganisationen, wirtschaftliche, soziale, kulturelle und politische Belange der Technik.

Das Buch greift im Gegensatz zu den beiden ersten Auflagen weit über rein technische Dinge hinaus und mußte deshalb und weil es Laien und Ingenieure, junge und gereifte, einfache und studierte Menschen für die angeschnittenen Fragen interessieren soll, leicht verständlich geschrieben werden. Es kann auf vieles nur flüchtig eingehen, damit es durch seinen Umfang nicht abschreckt oder den Blick für die großen Zusammenhänge nicht durch zahllose Einzelheiten trübt, und muß infolge seiner Leserschaft manches bringen, was dem einen vielleicht zu technisch, dem anderen zu volkstümlich erscheinen mag.

Obgleich man annehmen sollte, die letzten 50 Jahre hätten jedem, der Augen hat zu sehen und Ohren zu hören, dies nachdrücklich gezeigt, ist selbst unter den Ingenieuren die Zahl derer nur gering, die die überragende allgemeine Bedeutung der Technik und ihre dämonische Doppelnatur, Heilsbringerin oder Gottesgeißel sein zu können, begreifen. Nur wenige sind sich bewußt, daß das Wohl und Wehe einzelner Personen und ganzer Völker und damit die moderne Geschichte überhaupt von dem Geiste, in dem die Technik ausgeübt und eingesetzt wird, in hohem Maße abhängt. Die Mehrzahl der Ingenieure glaubt, sie habe durch gutes Herstellen der „Handelsware Maschine" ihre Aufgabe erfüllt. Es kann daher auch nicht überraschen, daß selbst unter den Leitern der Geschicke der Völker nicht eben viele die für ihr Amt unerläßliche richtige Vorstellung von der Bedeutung der Technik haben, was nicht ohne Folgen bleiben konnte.

Das Buch will daher die Gleichgültigen aufrufen, die Lauen anfeuern und den Ingenieuren, denen die Technik mehr als eine Gelegenheit zum Gelderwerb oder zur Erhöhung des materiellen Genusses bedeutet, Unterlagen an die Hand geben, mit denen sie ihr Wissen um diese Dinge zu vertiefen und in weitere Kreise zu tragen vermögen. Denn nur wenn die Erkenntnis der großen segenbringenden Möglichkeiten, die sie bei richtigem Einsatz bietet, Allgemeingut wird, darf man eine Abstellung der durch ihren Mißbrauch hervorgerufenen Mängel erwarten. Der Ingenieur der Zukunft muß daher außer einem tüchtigen Fachmann ein nicht weniger tüchtiger Werber für diese Ideen sein.

Wie in den folgenden Abschnitten gezeigt wird, haben die Folgen der technischen Revolution, in deren Ablauf wir stehen, mit den Folgen der religiösen Revolution im 15. und 16. Jahrhundert, die man Reformation nennt, große Ähnlichkeit. Aber ebenso wie bei der Reformation waren sich auch bei der Technisierung der Welt nur wenige bewußt, was sich vor ihren Augen in Wirklichkeit abspielte. Die meisten glaubten, mit der Technik habe sich eine Schar gehorsamer pflichteifriger Gnomen in ihren Dienst gestellt, die im Verborgenen ihre geheimnisvolle Kunst ausüben. Alles könne wie bisher, aber infolge der Errungenschaften der Technik noch bequemer und leichter weitergehen. Die Wirklichkeit sah ganz anders aus. Ein eigenwilliger Titan war auferstanden, der die Welt oft nach seinem Belieben gestaltete: die moderne Technik, die im privaten und öffentlichen, im inner- und zwischenstaatlichen Leben neue, ihrem Wesen entsprechende Maßnahmen und den Bruch mit mancher überlebten Vorstellung gebieterisch verlangte. Der Amerikaner Ralph W. Emerson will etwas Ähnliches mit den Worten sagen: „Das Maschinenwesen unserer Zeit gleicht einem Luftballon, der mit dem Luftschiffer auf und davon geflogen ist", d. h. die Technik bahnt sich mit der Gewalt einer unwiderstehlichen Naturkraft ihren Weg, ohne daß wir wissen, wohin und wie weit er führt. Daß in dieser Beziehung nur ganz Unzulängliches und meist zu spät geschah, die Menschen vielmehr glaubten, sie hätten mit dem Einsetzen von ein paar Gewerbeaufsichtsämtern und ähnlichen Maßnahmen ein übriges geleistet, ist eine der Ursachen der die ganze Welt immer heftiger erschütternden Krisen und Krämpfe.

Unsere Generation hat klarer erkennen können als irgendeine zuvor, daß die richtig verstandene und angewandte Technik den Menschen ebenso großen Segen zu bringen vermag, wie die zu selbstischen Zwecken benutzte Tränen, Elend und Leiden zur Folge haben muß, wie alles was der Mensch mißbraucht. Nie zuvor jagten sich große Erfindungen in so atembeklemmender Hast, aber auch in wenigen Epochen litt die Welt so schwer unter Haß, Unrast und Friedlosigkeit wie im Zeitalter der modernen Technik, weil dem glänzenden technischen kein entsprechender sittlicher Fortschritt parallel ging und die Menschen nicht begriffen, daß auch der Einsatz der Technik ganz bestimmten Gesetzen genügen muß, wenn sie sich zum Besten der Allgemeinheit und nicht nur einiger bevorzugter Menschen, Gruppen oder Völker auswirken soll. Sie waren daher nicht imstande, die Technik, die wie jedes große Geschenk der Götter ein Janusantlitz hat, in einer dem allgemeinen Wohle dienenden Weise zu gebrauchen. Selbst von den Ingenieuren, denen das Schicksal eine so große Betätigungsmöglichkeit verliehen und eine so schwere Verantwortung aufgebürdet hat, beschäftigen sich nur wenige mit der Frage, woher es denn rührt, daß die großenteils durch die Technik ausgelöste Entwicklung diesen verhängnisvollen Verlauf genommen und der Welt so furchtbare Wunden geschlagen hat.

Das Buch macht nicht den Anspruch auf eine historische Darstellung hoher Genauigkeit. Es will vielmehr die Dinge möglichst deutlich so schildern, wie sie auf einen im praktischen Leben stehenden Ingenieur gewirkt haben und will das, was sein Verfasser von

Älteren übernahm und dazulernte, den Jüngeren weitergeben, damit der eine oder andere mehr leisten und mehr Glück um sich verbreiten kann, als er es vielleicht ohne jede Anleitung vermöchte.

Überall, in großen und kleinen Dingen, stellt es die Ingenieure mitten in die große Gemeinschaft hinein, zu der sie gehören, damit sie auch an alltäglichen Erscheinungen sehen, wie eng sie mit ihr verbunden sind und weshalb sich ihre Tätigkeit in das Leben eines Volkes ebenso harmonisch einfügen muß wie Bäche, Wiesen und Wälder in eine blühende Landschaft.

Das Buch will ein durchaus menschliches Dokument, ein Wiederschein all der vielen Lichter sein, die sich in den Facetten des Ingenieurberufes spiegeln. Es behandelt daher den Ingenieur in seiner Rolle als einen Helfer der Menschen und einen wichtigen Faktor im geschichtlichen Werden ebenso wie in seinen kleinen privaten Sorgen, Zusammenhänge von aufsehenerregender Bedeutung ebenso wie zufällige, aber für Technik und Ingenieure irgendwie kennzeichnende Erscheinungen des Alltags und verschmäht selbst persönliche Erinnerungen und die Anekdote nicht, wenn sie aufschlußreicher als unpersönliche Darlegungen sind. Der Verfasser hat die Überzeugung, daß ein Ingenieur wie jeder ehrliche Arbeiter Anspruch auf einen seinen Leistungen entsprechenden Lohn hat, sich nichts vergibt, wenn er dies sagt und ein Narr wäre, wenn er sich mit einem Butterbrot abspeisen ließe. Im Rahmen des Buches ist gerechte Entlohnung aber nur einer und nicht einmal der wichtigste unter den zu beachtenden Punkten.

Besonders zwei weitverbreitete Auffassungen von der Technik sind falsch. Die eine meint, sie sei etwas vom Leben der Allgemeinheit ziemlich Losgelöstes und unterliege daher besonderen, nur für sie gültigen Gesetzen, die andere hält sie für eine exakte Wissenschaft, wie z. B. die Mathematik oder Physik.

Um vor allem Nicht-Ingenieuren das Irrige der ersten Ansicht möglichst überzeugend vor Augen zu führen, stützen sich die diesbezüglichen Darlegungen des Buches vorwiegend auf Aussagen hervorragender Ärzte, Naturwissenschaftler und sonstiger technischer Laien und vergleichen immer wieder den Ingenieurberuf mit anderen Berufen. Was die zweite schiefe Auffassung betrifft, wird das Buch zeigen, daß die Technik eine manchmal eigenartige Vermischung objektiver wissenschaftlicher Überlegungen mit höchst subjektiven Eindrücken, Gefühlen und Handlungen ist und daß der Erfolg von Ingenieuren von Glück, Zufall und sehr menschlichen Dingen oft kaum weniger abhängt als von der so unerläßlichen klugen Voraussicht und sorgfältigen Planung. Diese Eigentümlichkeit zeigt sich auch im Wesen hervorragender Fachgenossen, in dem logisches

Denken und kühle Sachlichkeit mit einer fast spielerischen Phantasie, große Zielstrebigkeit mit einem an Schrullenhaftigkeit grenzenden Verhalten, nüchterne Zweckmäßigkeit mit künstlerischer Beschwingtheit, höchst praktische Überlegungen mit einer sehr irrationellen Denkweise manchmal eng beisammen wohnen. Ein kennzeichnendes Beispiel hierfür ist der berühmte Schwede Emanuel Swedenborg (1688—1772), „Bergassessor, Wissenschaftler, Industrieller, Hellseher und Spiritist, Religionsstifter, einer der seltsamsten Geister aller Zeiten" (V. Muthesius), von dem wohl nur wenig Menschen wissen, daß er außer einem großen Mystiker auch ein überragender Ingenieur (Eisenhüttenmann) gewesen ist. Vielleicht ist, um einen volkstümlichen Ausdruck zu gebrauchen, „das Kind im Manne" in wenigen anderen Ständen so stark entwickelt wie bei Ingenieuren. Infolge der großen Rolle solcher Imponderabilien muß sich das Buch mit der seelischen Seite von Ingenieuren ebenso beschäftigen wie mit der technischen und auf negative Charaktereigenschaften ebenso eingehen wie auf Hingabe, Beharrlichkeit und Selbstvertrauen, denn auch in der Technik ist nicht die tote Materie sondern der Mensch mit allen seinen Vorzügen, Fehlern und Leidenschaften Ausgang und Mittelpunkt sämtlicher Dinge.

b) Wandlungen der letzten 50 Jahre. Damit es für den Leser leichter werde, auf Grund eigenen Erlebens zu erkennen, welch ungeheurer Wandlungen Zeuge er selber gewesen ist, wie aber ganz aktuelle Erscheinungen nur der Form nach von dem verschieden sind, was uns Ältere seinerzeit als Kinder in Erstaunen setzte, schildere ich zunächst mit ein paar Worten diese Entwicklung so, wie sie in meiner Erinnerung haften geblieben ist, bzw. wie ich sie auf meinem engeren Arbeitsgebiet, der Energiewirtschaft, miterlebt habe:

In meiner Kindheit verursachten Fahrrad und Automobil eine ähnliche Sensation wie 20 Jahre später der erste „Aeroplan" und wir Jungen von 1890 hielten den Übergang vom Hochrad zum zweirädrigen „Veloziped" für einen ebenso großen Fortschritt wie die Jungen von 1915 den Ersatz der aus Holz und Stoff zusammengezimmerten Flugzeuge durch solche aus Metall. Der erste „Phonograph", den ich hörte, ein ungefüger Kasten mit einer riesigen Messingtrompete, begeisterte mich schwerlich weniger als ein erstklassiger Lautsprecher ein Kind von heute. Dann folgte die elektrische Glühbirne, das Gasglühlicht, der Fernsprecher und die elektrische Straßenbahn, deren Stromabnehmerstange viele für eine Art Ziehdeichsel hielten. Die Röntgenstrahlen, die beginnende drahtlose Telegraphie, den Kinematographen und die bereits erwähnten Neuerungen, die der heutigen Jugend etwas Selbstverständliches sind, empfanden wir Pennäler als ganz außerordentliche Ereignisse, als Wunder aus einer anderen Welt.

In den ersten Studentenjahren schlugen uns Dieselmotor und Dampfturbine in ihren Bann, und wir wollten beim Besuch eines Berliner Kraftwerkes nicht glauben, daß die unscheinbare Dampfturbine mehr leistete als die gewaltige neben ihr stehende Kolbendampfmaschine, die als Opfer des schnellen technischen Fortschrittes fast unmittelbar nach ihrer Montage als „veraltet" wieder abgerissen wurde.

Während man heute auf ein Telegrammwort hin fast für jede Maschine ohne weiteres passende Ersatzstücke in kurzer Frist bekommen kann, bereitete das Einpassen von Ersatzteilen um 1900 noch viele Umstände, soweit sie an Ort und Stelle überhaupt eingebaut werden konnten.

Bei Versuchen mit einem primitiven Farman-Schwebeflieger während meiner ersten Stellung waren wir auf eine Flugstrecke von 50 m stolz und noch im Juni 1908 erschien uns jenesmal „Zünftigen" der Aeroplan als etwas so Unerhörtes, daß wir die Nachricht, zwei Amerikaner hätten eine Stunde lang geflogen, zuerst für einen ausgemachten Schwindel hielten. Dann machte ich die außerordentliche Wandlung der Kraft- und Wärmeerzeugung, die Steigerung des Dampfdruckes von 10 auf 200 Atmosphären, der Dampftemperatur von 300° auf 550° und den Bau von Kraftmaschinen mit, von denen noch um die Jahrhundertwende eine einzige zur Energieversorgung einer ganzen Provinz bequem ausgereicht hätte. Auch diese Vorgänge möchte ich durch einige persönliche Erlebnisse beleuchten. Als Georg Klingenberg 1913 Berlin durch eine 120 km lange Fernleitung mit Strom versorgen wollte, sagte mir ein bekannter Elektrizitätswirtschaftler: „Bestellen Sie Ihrem Professor, daß diese Leitung Unsinn ist und nicht funktionieren wird." Bei der Schätzung der in 10 Jahren zu erwartenden deutschen Stromerzeugung, die wir für die 1916 verfaßte Abhandlung Klingenbergs „Elektrische Großwirtschaft unter staatlicher Mitwirkung" anstellten, einigten wir uns schließlich auf 10 Milliarden kWh und hatten das unglaubliche Glück, daß sie 1926 tatsächlich fast genau so viel betragen hat (10,2 Milliarden kWh). Diesen uns selbst reichlich hoch erscheinenden Wert hielten aber seinerzeit viele für völlig unerreichbar. Bei der Planung von Kraftwerk Klingenberg (1925) waren kohlenstaubgefeuerte Kessel von 80 t/h Leistung und 40 at Druck noch ein großes Wagnis. Aber auch diese Anlage, deren Bau für mich ein einmaliges Erlebnis war, ist, obgleich sie den deutschen Kraftwerks- und Dampfkesselbau tief beeinflußt hat, schon heute nur noch eine halbvergessene Episode.

Und nun scheint es, als sollte ich auch bei der Verwirklichung eines alten Traumes der Ingenieure, dem Durchbruch der Gasturbine, noch mithelfen dürfen. Von unabsehbaren Folgen aber wäre die Stromerzeugung aus der Atomzertrümmerung, und trotzdem wird auch sie vielleicht schneller gelöst werden, als man heute annimmt.

In meiner Kindheit lebten von den Heroen der Technik noch Alfred Krupp, N. A. Otto und Werner von Siemens; Rudolf Diesel und Sir Charles A. Parsons kannte ich noch persönlich, mit vielen hervorragenden Ingenieuren aus fast aller Herren Länder haben sich meine Wege gekreuzt und in Glasgow wie in Chicago, in Kairo wie in Ankara sah ich, wie sehr es einem Ingenieur nützt, wenn er auch für Dinge außerhalb der Technik einen offenen Sinn hat. Er wird dann u. a. bald merken, daß trotz nationaler Unterschiede überall, in großen und kleinen, reichen und armen, jungen und alten Staaten genau wie in seinem Heimatland Menschen leben, die etwas leisten und können und deren Freundschaft zu gewinnen Bereicherung und Beglückung ist.

Die Fortschritte in den Naturwissenschaften waren in dieser Periode nicht weniger groß. Selbst um die Jahrhundertwende befanden sich die technischen Wissenschaften noch nicht annähernd auf ihrer jetzigen Höhe und vieles, was sich heute leicht vorausberechnen läßt, mußte noch vor 15 Jahren mühsam durch Probieren gefunden werden.

Aber auch in politischer und sozialer Beziehung haben sich seit der Jugend der älteren Zeitgenossen gewaltige Änderungen vollzogen. Die Gründung des Deutschen Reiches lag bei ihrer Geburt nur wenige Jahre zurück, Japan war noch ein weltabgeschiedener Feudalstaat; große Teile von Afrika, Südamerika und Asien, die heute zu den unentbehrlichsten Rohstoffquellen gehören, unerforschte wertlose Wildnis. Manches Ereignis der jüngsten Vergangenheit hätte schließlich in der anscheinend so festgefügten Welt von 1900 noch nicht einer unter Tausend für möglich gehalten. An fast allen diesen Wandlungen war aber die Technik hervorragend beteiligt.

Drei Dinge, von denen nur eines sie unmittelbar berührt, blieben sich indessen erstaunlich gleich: die immer schnellere Folge von Entdeckungen und Erfindungen, infolge deren morgen veraltet ist, was gestern noch als modern galt; die Angst der Menschen vor dem Unbekannten, Neuen und seine daraus sich ergebende anfängliche Feindseligkeit gegen fast jeden großen Fortschritt auch in der Technik, sowie der Umstand, daß, wenn ein solcher geglückt ist, einige wenige ihn ohne Rücksicht auf die Allgemeinheit auf das selbstischste auszunutzen versuchen.

Die erste dieser Erscheinungen nahm die Kraft der Ingenieure für rein fachliche Zwecke viele Jahrzehnte hindurch fast restlos in Anspruch; die zweite hemmte ihre Arbeit, weil sie aussichtsreiche Entwicklungen aufzuhalten oder zu mißbrauchen versuchte; die dritte trägt neben Mangel an Erfahrung, Voraussicht und Bereitschaft zur Verständigung an den Auswüchsen des technischen Zeitalters die Hauptschuld.

Wer aber auch nur das, was er in den letzten 40 oder 50 Jahren selbst erlebt hat, an seinem geistigen Auge vorbeiziehen läßt, wird sich nicht mehr so sehr darüber wundern, daß bei diesem wilden Wirbel, bei dem rasenden Tempo, das die Technik unserem Leben aufgedrückt, den unabsehbaren Möglichkeiten, die sie uns im guten wie im schlechten Sinne erschlossen hat, das gesunde Verhältnis zwischen Dingen und Menschen, Technik und anderen Wissensgebieten, belebter und unbelebter Natur leiden mußte und viele keine Zeit mehr fanden, gelegentlich zu prüfen, ob der Weg, den sie marschierten, nicht manchmal weit von der Volksverbundenheit, der Natur und dem Frieden der Seele wegführte, ohne die auf die Dauer der Mensch nicht gedeihen kann.

c) Ingenieur und Umwelt. Die Technik ist, wie noch näher gezeigt werden wird, für den einzelnen Bürger und den ganzen Staat von gleicher Bedeutung wie Landwirtschaft, Heilkunde und Heereswesen, und daher mit den verschiedensten Gebieten des öffentlichen Lebens aufs engste verknüpft. Deshalb können Ingenieure ihrer Aufgabe nur dann ganz gerecht werden, wenn ihre Kenntnisse und Interessen weit über ihren unmittelbaren beruflichen Arbeitsbereich hinausreichen. Zum Beispiel spielen militärische, volkswirtschaftliche und soziale Gesichtspunkte bei der Versorgung mit Kraft, Licht, Wasser und Wärme, bei der Verteilung des Verkehrs auf Eisenbahnen, Kraftwagen, Schiffe und Flugzeuge, ja selbst beim Bau der Verkehrsmittel eine ähnlich wichtige Rolle wie rein technische. Infolgedessen muß der Ingenieur solche Zusammenhänge kennen, weil er sie sonst bei seiner Arbeit nicht berücksichtigen und daher nicht zu Bestleistungen kommen kann.

Nur-Ingenieure betrachten alles zu sehr unter dem engen Gesichtswinkel ihrer Tätigkeit in Laboratorium, Büro oder Werkstätte und nicht unter der Perspektive einer großen Gemeinschaft und übergeordneter Interessen. Sie verschwenden daher oft eine Unmenge Arbeit an Dinge, die ihnen ungeheuer wichtig erscheinen, während sie in Wirklichkeit nur nebensächlicher Natur sind, und verlieren darüber nicht selten das Ziel aus den Augen. Eine der Folgen hiervon ist, daß Juristen und andere Nicht-Techniker auf vieles Einfluß nehmen, was ureigenste Domäne der Ingenieure sein sollte, wodurch nun aus Mangel an technischen Kenntnissen gleichfalls keine Bestleistungen erzielt werden und die Arbeit der Ingenieure oft leidet.

Die Ansicht mancher Ingenieure, alles würde besser werden, wenn der Techniker überall den entscheidenden Einfluß erhielte, ist nicht neu. Schon Saint Simon (1760—1825) hat eine aus Ingenieuren, Dichtern und bildenden Künstlern bestehende „Erfindungskammer" vorgeschwebt, die die Geschicke der Welt lenken sollte, und Auguste Comte (1798—1857) wollte die Leitung seines Zukunftsstaates in die Hände der „Kapitäne der Industrie" legen. Tatsächlich kommt es aber bei vielen leitenden Stellungen in Staat und Gemeinde weniger auf den Stand als die Persönlichkeit des Betreffenden an, und es gibt keinen Beruf, der an sich zu einem besonderen Führungsanspruch berechtigen würde, wenngleich derjenige der Ingenieure auf manchen Gebieten ein solcher werden könnte, wenn sie entsprechend erzogen und ausgebildet werden würden.

Ingenieure mit gründlichen Spezialkenntnissen, aber ohne Überblick über einen größeren Ausschnitt der gesamten Technik und ohne eine gewisse Allgemeinbildung, gleichen, weil sie nur das unmittelbar vor ihnen liegende zu erkennen vermögen, den von ihnen gebauten Hobel-, Fräs- oder Bohrmaschinen, die zwar ausgezeichnet hobeln, fräsen oder bohren können, aber versagen, sobald sie eine andere Arbeit verrichten sollen. Sie werden daher immer wieder Lösungen hervorbringen, die technisch vielleicht musterhaft, im Rahmen des Ganzen aber nicht viel mehr als Spielereien sind.

Nun liegen die Dinge leider so, daß die Aneignung eines umfassenderen und ausgeglicheneren Wissens auf große Schwierigkeiten stößt, weil die Ausbildung an den technischen Fach- und Hochschulen jahrzehntelang so einseitig auf das rein Technische gerichtet war, daß viele Ingenieure gar kein Verständnis mehr dafür haben, daß es mit gründlichen technischen Kenntnissen allein nicht getan sein soll, und weil infolge der außerordentlichen Verfeinerung der Technik schon das Aneignen der auf einem Sondergebiet erforderlichen Fachkenntnisse hohe Anforderungen stellt.

Ferner wissen viele Ingenieure von der menschlichen Seite ihres Berufes und von wichtigen Vorgängen im industriellen und sonstigen Leben kaum etwas, da Bücher über diese Dinge nicht existieren und sie während ihres Studiums nicht viel über sie zu hören bekamen. Sie stehen ihnen daher fremd und vielfach verständnislos gegenüber, und es kann, wenn sich ihrer nicht ein günstiger Zufall annimmt, Jahre dauern, bis sie sie einigermaßen und meist viel zu spät kennenlernen. Für wenige Stände ist schließlich Menschenkenntnis und die Kunst der Menschenbehandlung so wichtig wie für Ingenieure.

Außerdem ähnelt mindestens der Beruf schöpferisch tätiger Ingenieure dem des Künstlers mehr als dem des Wissenschaftlers und ist, wie das Leben mancher hervorragender Erfinder zeigt, mit dem Abenteuer nahe verwandt, d. h. der Erfolg vieler Maßnahmen ist unsicher und schwere Enttäuschungen und glänzende Triumphe folgen einander oft unvermittelt.

Nun ist Erfolg im Leben zu haben der verständliche Wunsch fast aller Menschen, und nicht die schlechtesten Jungingenieure hoffen im stillen, eines Tages, wenn auch nicht gerade ein zweiter W e r n e r   v o n   S i e m e n s , so doch ein berühmter Erfinder oder „wenigstens Generaldirektor" zu werden. Es ist aber eine leidige Tatsache, daß viele von ihnen nie zu einer Stellung kommen, die ihrem Fleiß und Können entspricht, und schließlich oft ohne Erkenntnis der Ursachen und mit sich selbst und der Welt zerfallen die Flinte ins Korn werfen und auf einem bescheidenen Posten sitzen bleiben.

An diesem Versagen sind die verschiedenartigsten Ursachen schuld. Zunächst ist der Sprung von der Technischen Hochschule ins Erwerbsleben größer als von der Universität. Physiker, Juristen und Mediziner können sich daher leichter ein Bild von ihrer zukünftigen Tätigkeit machen als junge Ingenieure, an die sehr verschiedene Anforderungen gestellt werden, je nachdem, ob sie Maschinen entwerfen, fabrizieren oder verkaufen müssen; ob sie im Laboratorium, in der Werkstätte oder im Konstruktionsbüro tätig sind; ob sie später nur eine einzelne Fabrik oder ein großes Industrieunternehmen mit vielen Fabriken zu leiten haben. Der Zufall kann nun Ingenieure von großem Können in eine Stellung führen, die vielleicht für andere, selbst wenn sie weniger tüchtig sind, reizvoll ist, der sie aber seelisch oder sonstwie nicht gewachsen sind und in der sie sich daher nicht wohlfühlen.

Alle diese Umstände erklären, weshalb Können und Wissen mit bestimmten charakterlichen Eigenschaften verbunden sein müssen, wenn es ein Ingenieur aus eigenen Stücken zu einem führenden Posten bringen will. Diese Eigenschaften lassen sich aber, wenn der Fall nicht ganz hoffnungslos liegt, durch Erziehung und aus eigener Kraft entwickeln. Darüber muß man sich freilich klar sein, daß, von Ausnahmefällen abgesehen, harte Arbeit für jedes ehrliche Hochkommen in der Technik unerläßlich ist, wenn man sich nicht mit der unsicheren und verächtlichen Stellung abfinden will, die jede von fremder Arbeit zehrende Existenz mit sich bringt.

Gerade unter hochbegabten jungen Ingenieuren sind nun manche, denen wegen ihrer empfindlichen Konstitution, ihres Mangels an geeignetem Umgang, an Erziehung oder an Fühlung mit industriellen

Kreisen oder infolge ihres gehemmten Wesens „der Schritt ins Leben" besonders schwer wird. Sie benötigen daher fremden Rat noch mehr als ihre robusteren Altersgenossen. Das Buch will aber auch zeigen, daß der Ingenieurberuf jemanden, der für ihn taugt, mit tiefer Befriedigung und Augenblicken höchsten Schöpferglückes belohnt und auch dem durchschnittlich Begabten, wenn er nur fleißig, anständig und zuverlässig ist, eine auskömmliche, innerlich befriedigende Existenz sichert.

Geschäftlicher Erfolg ohne Zufriedenheit führt aber ebenso leicht zur Verbitterung wie Zufriedenheit ohne Erfolg zum Erschlaffen. Erfolgreiche Ingenieure mit ausschließlich beruflichen Interessen sind daher oft keine zufriedene und harmonische Menschen und werden den Anforderungen nicht·immer gerecht, die ein führender Posten stellt. Die Beschäftigung mit Dingen außerhalb der Technik bereichert ja nicht nur innerlich, sondern nützt auch im Beruf, weil sie den Blick weitet, die Sinne schärft und wertvolle Anregungen gibt. Deshalb, und weil der sinnvolle Einsatz der Technik sowohl ein menschliches als auch ein technisches Problem ist, wird im folgenden auf die menschliche Seite des Lebens nicht weniger Wert als auf die berufliche gelegt.

Selbst wenn es mir geglückt sein sollte, die Dinge genau so aufzuzeigen, wie sie wirklich sind, bedarf es aller Aufmerksamkeit der Leser, wenn ihnen das Buch nützen soll. Man kann nämlich wohl gute Ratschläge geben, die für ihre Anwendung passende Gelegenheit muß der andere aber ebenso selber finden wie beim Gebrauch technisch-wissenschaftlicher Formeln und Gesetze. Die Sehnsucht vieler Menschen, ein für alle Fälle passendes Universal-Rezeptbuch, wird in der Technik wohl auf immer ein in den Wolken schwebendes Arkanum bleiben.

Der Leser muß schließlich berücksichtigen, daß die Einstellung zum Leben auch vom Werdegang eines Menschen abhängt. Jemand, der beim Vorwärtskommen auf die eigene Kraft angewiesen war und eine entbehrungsreiche Jugend durchmachen mußte, wird oft anders empfinden und reagieren als ein Liebling der Götter. Erfolg und Zufriedenheit hängen schließlich außer von der Erkenntnis des Richtigen von der Fähigkeit zur Selbstkritik ab, die sich gleichfalls jeder selber erkämpfen muß.

II. Grundlagen.

1. Das ökonomische Zeitalter.

Wir müssen uns nun den Zuständen zuwenden, wie sie sich in den
zwei letzten Jahrhunderten unter dem Einfluß der Technik herausgebildet haben. Diese Periode der Geschichte war von der Idee beherrscht, die Wirtschaft, d. h. rein materielle Dinge, sei das einzig
reale, ihr Interesse sei daher mit dem des Staates identisch. Der
Wirtschaft wurde dadurch ein Vorrecht vor wichtigen allgemeinen
Belangen eingeräumt, das sich für Staat und Gesellschaft oft nachteilig auswirkte. Professor S o m b a r t spricht vom ökonomischen
Zeitalter, weil dieser Begriff das Vorherrschen wirtschaftlicher Interessen besser zum Ausdruck bringe als Worte wie kapitalistisch, in-
dividualistisch oder liberalistisch, die mehr Folgen oder Begleiterscheinungen des Primates der Wirtschaft kennzeichnen.

In vielen Ländern sind nun schon seit geraumer Zeit in wachsen-
dem Maße Zweifel an der Zweckmäßigkeit des herrschenden wirtschaftlichen Systems und Rufe nach seiner Änderung lautgeworden,
Seite 27, worauf ein Teil der Wirren, die wir durchleben, zurückzuführen ist. Da manche Ingenieure sich nicht recht vorstellen
können, was denn z. B. eine liberalistische oder sonstige Einstellung
für die Technik ausmachen kann, soll es an Hand eines besonders
in die Augen fallenden Beispieles unserer jüngsten Vergangenheit,
der deutschen öffentlichen Elektrizitätsversorgung, gezeigt werden.
Jahrzehntelang war für Errichtung und Betrieb von Elektrizitäts-
werken hauptsächlich die zu erwartende Rendite maßgebend, was
den meisten Menschen so selbstverständlich erschien, daß sie gar
nicht auf den Gedanken kamen, die Berechtigung dieser Auffassung
auch nur zu prüfen. Für ein Elektrizitätsunternehmen bestand infolgedessen die Versuchung, die Stromversorgung von Gebieten mit guten
Absatzmöglichkeiten zuungunsten dünn besiedelter, abgelegener Gebiete zu bevorzugen; abgeschriebene Dampfkraftwerke trotz ihres
hohen Kohlenverbrauches weiter zu betreiben oder aus gleichfalls
rein kapitalistischen Erwägungen heraus Wasserkräfte nicht auszubauen oder ein neues Werk zu errichten obgleich nahe der Ver-

sorgungsgrenze des betreffenden Unternehmens ein fremdes, noch schlecht ausgenutztes den benötigten Strom hätte ohne weiteres liefern können. Ferner scheiterte die Ausnutzung von Abfallenergie aus Industriekraftwerken manchmal daran, daß das einem Elektrizitätswerk zustehende Versorgungsgebiet ihren Transport unmöglich machte, und auch auf den Bergbau wirkten sich diese Verhältnisse infolge der Lage unserer Steinkohlen- und Braunkohlenvorkommen mit Bezug auf die großen Industriezentren und den Unterschied der Abbaukosten beider Kohlenarten nicht immer günstig aus. Wenngleich zahlreiche Elektrizitätsunternehmungen mit großem Eifer und Erfolg um eine gute Stromversorgung bemüht waren und viel zur Entwicklung der Technik beigetragen haben, so konnte doch alles in allem der an sich mögliche volkswirtschaftliche Nutzen nicht immer erzielt werden.

Die Verhältnisse müssen sich mit dem Augenblicke ändern, in dem der Staat ein Aufsichts- und Einspruchsrecht erhält, das es ihm ermöglicht, das Verhalten von Stromlieferungsunternehmen nach übergeordneten Gesichtspunkten auszurichten. Das eine oder andere Unternehmen mag dabei manchmal ungünstiger fahren, in ihrer Gesamtheit haben alle einen Vorteil, die Fehlleitung von Kapital wird verhindert und die Leistungsfähigkeit einer nationalen Energieversorgung (nicht nur Stromversorgung, da z. B. auch die Brennstoffbewirtschaftung günstig beeinflußt wird) kann auf einen früher undenkbaren Zustand der Sicherheit, Leistungsfähigkeit und Zweckmäßigkeit gebracht werden. Auf vielen anderen Gebieten liegen die Verhältnisse ähnlich, weshalb heute die Notwendigkeit einer staatlichen Einflußnahme auf wichtige technische und wirtschaftliche Angelegenheiten in einer wachsenden Zahl von Ländern nicht mehr bestritten wird, wenngleich die Ansichten über die zweckmäßigste Form der Änderung noch weit auseinandergehen.

Ingenieure müssen daher die großenteils durch die Dampfmaschine ausgelösten, unser gesamtes staatliches und wirtschaftliches Leben beeinflussenden Tendenzen kennen, weil eine grundsätzliche Verbesserung der Verhältnisse ohne ihre Mitarbeit nicht erwartet werden darf und sie sonst den tieferen Zweck der Technik überhaupt nicht zu begreifen vermögen. Insbesondere die unter ihnen noch weit verbreitete Ansicht, sie hätten mit Ersinnen und Herstellen guter Maschinen ihre Pflicht erfüllt, ist ein für sie selber wie das ganze Volk verhängnisvoller Irrtum. So lange sie nämlich an der einen Hälfte ihrer ureigensten Aufgabe, der Einflußnahme auf den Einsatz der Maschine und der Einordnung der Technik in das öffentliche Leben, nicht mitarbeiten, wird der Erfolg ihrer Tätigkeit bei der anderen Hälfte, dem Herstellen von Maschinen niemals ein optimaler werden. Da begangene Fehler der beste Lehrmeister sind, wird an ein paar weiteren Beispielen zu zeigen versucht, weshalb die Technik den Menschen nicht das brachte, was sie von ihr erwartet haben. Zu diesem Zwecke werden wir uns des öfteren mit Großbritannien beschäftigen müssen, weil es die Wiege der modernen Technik ist und weil der Einfluß der Technik auf das öffentliche Leben sich in den Ländern des europäischen Kontinentes nicht so klar erkennen läßt wie auf der kleinen Insel, deren Grenze seit bald 1000 Jahren keine feindliche Armee überschritten hat und auf der seit Sedgemoor (1685) keine Schlacht mehr geschlagen worden ist.

Die Einführung der Dampfmaschine hatte zunächst in Großbritannien ein Art Maschinentollheit zur Folge und verstärkte noch die schlimme Ausbeutung der Arbeitskraft von Frauen und Kindern, die der maschinelle Fortschritt in Spinnereien und Webereien eingeleitet hatte. Wie wenig die Welt schon in rein humanitärer Beziehung auf den Einbruch der Technik vorbereitet war, geht daraus hervor, daß noch 1782, dem Geburtsjahr der Dampfmaschine mit Drehbewegung, Seite 81, in Deutschland die letzte Hexe verbrannt wurde[1]). G. M. Trevelyan meint, England hätte schon bei Beginn der industriellen Revolution eine aufgeklärte Demokratie sein und dieses große Ereignis in edlere und humanere Kanäle leiten können, wenn unter Heinrich VIII. (1491—1547) nicht so viele säkularisierte Kirchengüter an Höflinge verschwendet sondern für den Bau von Schulen verwendet worden wären. Da Herstellen und Benutzen von Maschinen einen riesigen Gewinn in Aussicht stellten, ist die Sucht, sie möglichst egoistisch auszunutzen, daher nicht so verwunderlich. Vielen Unternehmern bedeutete die Maschine lediglich ein Mittel zur möglichst schnellen Bereicherung. Beispielsweise soll Arkwright (1732—1792) durch sein Patent auf die Spinnmaschine in 10 Jahren die für die damalige Zeit ungeheuerliche Summe von 500 000 £ (rund 10 Millionen Mark) verdient haben. Sie setzten sie daher so ein, daß sie tunlichst hohen Nutzen abwarf und machten sich wenig Kopfzerbrechen darüber, ob Art und Gegenstand der Produktion für die Allgemeinheit von Vorteil waren, ob einzelne Individuen oder ganze Bevölkerungsschichten von heute auf morgen ihre Existenzgrundlage oder Gesundheit verloren. Um das in ihnen steckende Kapital möglichst rasch zu amortisieren, ließ man die Maschinen möglichst lange laufen. Da manche Handreichungen weniger anstrengend geworden waren, wurden statt Erwachsener vielfach sehr schlecht bezahlte Kinder eingestellt und die Arbeitszeit

---

[1]) In einigen anderen Ländern wurden noch im 19. Jahrhundert Hexen verbrannt.

verlängert[1]). Sie betrug im Jahre 1810 in der englischen Textilindustrie wöchentlich 90 bis 100 Stunden, im Jahre 1840 in englischen Bergwerken für Männer, Frauen und Kinder täglich 14 bis 15 Stunden. In preußischen Fabriken mußten um dieselbe Zeit Kinder vom sechsten Lebensjahr an in der Tag- und Nachtschicht 8 bis 14 Stunden arbeiten[2]). Nach Brentano entartete durch die längere wenn auch leichtere Arbeit die ganze Arbeiterklasse, namentlich aber Frauen und Kinder, körperlich, geistig und sittlich völlig. Sir Robert Peel (der ältere) meinte im Jahre 1816, die Maschine sei statt zum Segen zum bittersten Feinde der Nation geworden. In fast allen Ländern wurde aber während des ganzen 19. Jahrhunderts immer wieder gegen jede Verkürzung der Arbeitszeit mit der Begründung protestiert, der Gewinn werde in der letzten Arbeitsstunde erzielt, weshalb jede Verkürzung der Arbeitszeit das Gewerbe schwer schädigen müsse.

„Mit der Einführung der Maschine in die englische Textilindustrie in der zweiten Hälfte des 18. Jahrhunderts entstand der moderne Fabrikbetrieb, aber auch der Haß gegen die Maschine und ihre Erfinder und Nutznießer" und etwa 50 Jahre später zeigte die Entwicklung in England immer deutlicher, wie ohne Eingriff des Staates der Nationalreichtum eines schnell aufblühenden Industrielandes zwar wachsen, ein erheblicher Teil seiner Bevölkerung aber in Armut und bitteres Elend geraten kann. Einige Werke von Charles Dickens oder Bücher wie „Inheritance" von P. Bentley geben ein eindrucksvolles Bild dieser sozial sehr rückständigen, brutalen Zeit. Ihre uns so fremd anmutende Denkweise zeigen zwei Äußerungen des Erfinders des Dampfhammers, James Nasmyth (1808—1890), und des Philosophen Herbert Spencer (1820—1903). Nasmyth meinte im Jahre 1851: „Das Kennzeichen unserer modernen mechanischen Verbesserungen ist die Einführung selbsttätiger Maschinen. . . . Die ganze Klasse der auf ihre Handfertigkeit angewiesenen Arbeiter ist dadurch überflüssig geworden. Dank der neuen Maschinen konnte ich die Zahl meiner erwachsenen Arbeiter von 1500 auf 750 erniedrigen, wodurch mein Profit sich erheblich vermehrt hat"; Spencer sagte im englischen Parlament: „Zu verlangen, daß eine Regierung Schulen errichtet und die öffentliche Erziehung leitet, ist ebenso undenkbar, wie vorzuschlagen, daß sie Schritte unternimmt, um die Sauberkeit der Milchversorgung zu kontrollieren". Die Segnungen der Maschine erblickte also Nasmyth vor allem in dem durch sie

---

[1]) Über das Verhältnis von Arbeitslohn und Arbeitszeit zur Arbeitsleistung. Von L. Brentano. Leipzig 1893.

[2]) Geschichte der preußischen Fabrikgesetzgebung. Von G. K. Anton. Leipzig 1891.

erzielten Mehrgewinn, ohne offenbar mehr an das Schicksal der durch sie brotlos gewordenen Arbeiter zu denken als Spencer an die uns heute selbstverständliche staatliche Fürsorge für die breiten Massen. Die Familien englischer Handweber sollen durch das Eindringen der Maschine im Anfang des 19. Jahrhunderts mit 2½ Pence (0,25 RM) pro Tag haben auskommen, d. h. langsam Hungers sterben müssen.

Allmählich wurde aber der Widerstand gegen diese schamlose und kurzsichtige Ausbeutung immer stärker. Durch ihre humanitäre Wärme und staatsmännische Klugheit gleich ausgezeichnet ist die berühmte Parlamentsrede von Macaulay zur Zehnstundenbill im Jahre 1846. Charles Dickens war ein anderer starker Förderer dieser Bestrebungen. Nach Schinkel und Beuth konnte im Jahre 1826 in Liverpool infolge der Arbeitslosigkeit ein Arbeiter bei 16 stündiger Arbeitszeit wöchentlich nur 2 Shilling verdienen. Ein Wochenlohn von 9 bis 15 oder gar 20 Shilling muß auf Grund eines Berichtes an das englische Unterhaus aus dem Jahre 1760 in normalen Zeiten als ein besonders guter Lohn für hochqualifizierte Spezialarbeiter (Herstellung von Schnallen) gegolten haben[1]). Die Indexziffer der Großhandelspreise betrug aber im Jahre 1790 und 1826 in England 120 %, wenn man sie für 1913 gleich 100 % setzt[2]), die für landwirtschaftliche Erzeugnisse allein etwa 40 %. Das Verhältnis zwischen Löhnen und Lebensunterhaltkosten ist also erheblich schlechter gewesen als heute, Seite 28. Schon seit dem 17. Jahrhundert begingen daher die durch die Spinnmaschine, mit der die industrielle Revolution des 18. Jahrhunderts einsetzte, die Webmaschine und andere Erfindungen um ihren Erwerb Gekommenen Ausschreitungen, von denen die Ludditenbewegung besonders bekanntgeworden ist.

Der durch moderne Industrien ausgelöste Bedarf an überseeischen Rohstoffen, wie z. B. an Gummi für Kraftwagen, zeitigte am Ausgang des 19. Jahrhunderts am Kongo und am Amazonas ähnliche Erscheinungen, nur die Szene hatte sich geändert. Die Ausbeute an Rohgummi am Amazonas stieg in 10 Jahren auf den 10fachen Betrag, die Eingeborenen schmolzen aber auf $^1/_6$ zusammen, Seite 189. Weite Kreise haben daher verständlicherweise das, was in technischer Hinsicht zweifellos ein Fortschritt ist, in ihrem Lebensbereich durchaus nicht immer als einen solchen empfunden. Aber die Zweifel an den „Segnungen der Technik" scheinen schon im grauen Altertum lautgeworden zu sein, verflucht doch Catull (gest. um 54 v. Chr.) die Chalybrer, weil er sie für die Schöpfer des Eisens hielt.

---

[1]) Dickinson, H.: Matthew Boulton. Cambridge 1936.
[2]) Sonderheft Nr. 37 des Instituts für Konjunkturforschung, Berlin 1936.

Um möglichst viel und mit möglichst großem Profit produzieren
zu können, wurden überflüssige, für die Käufer oft schädliche Bedürfnisse erweckt und schwächere nach handwerklichen Methoden
arbeitende Volksgenossen ähnlich rücksichtslos unterdrückt wie
manche handwerkliche Industrien überseeischer Völker. Das Streben nach Absatz vollzog sich vielfach auf Kosten von für das eigene
Volk lebenswichtigen Ständen, vor allem des Bauernstandes und auf
Kosten anderer Völker. Nach Henry Ford „lief ‚die Entwicklung'
mancher Länder mit reichen natürlichen Hilfsquellen durch Fremde
tatsächlich nicht auf ihre Entwicklung sondern ihre Plünderung hinaus". Manche Staaten kamen allmählich in gefährliche Abhängigkeit von fremder Willkür (Seeblockade, Dumping, Bildung internationaler monopolistischer Trusts), und die Gefühle des Hasses,
die die Maschine in ihrem Geburtsland ausgelöst hatte, griff auch
auf andere Länder und die Völker untereinander über[1]).

Die bisher erwähnten Übelstände rühren im wesentlichen davon
her, daß einige wenige (sehr selten Ingenieure) mit Hilfe der
Maschine die Notlage des wirtschaftlich Schwächeren ausnutzen.
Die Maschine wurde aber auch zu finanztechnischen Manipulationen
mißbraucht, die drei der wichtigsten Gesetze der Technik, das der
Wirtschaftlichkeit, der Zweckmäßigkeit und des Allgemeinwohles
kraß verletzten. Über solche Vorkommnisse aus dem amerikanischen
Eisenbahnwesen sagt Henry Ford[2]): „Mit das Erste, was die Eisenbahnen (in einer der übelsten Perioden unserer geschäftlichen Vergangenheit) taten, war, alle übrigen Transportmittel zu erdrosseln.
Es waren die Anfänge zu einem glänzenden Kanalnetz gemacht ...
und eine starke Strömung zugunsten von Kanalbauten hatte ihren
Höhepunkt erreicht. Die Eisenbahngesellschaften kauften die Kanal-
gesellschaften auf und ließen die Kanäle versanden und mit Unkraut
und Abfällen verstopfen.... Heute werden sie so rasch wie möglich
wieder hergestellt ...", ferner: „Es gab einmal eine Zeit, in der es
bei den Eisenbahnen nicht als gute Geschäftspolitik galt, Frachtgüter

---

[1]) Die Äußerung: „Zwei Dinge beanspruchen die Aufmerksamkeit des
Ingenieurs und Bürgers, die Reform unseres wirtschaftlichen Systems, die
Ausrichtung der Herstellung nach dem Bedarf und nicht nach dem Profit
und das Versagen des jetzigen Wirtschaftssystems", Engineer vom 4. Juli
1941, zeigt, daß auch die Ingenieure kapitalistischer Länder an dem reinen
Profitstandpunkt der industriellen Fertigung zu zweifeln beginnen. Henry
Ford hat vor über 20 Jahren zum gleichen Thema geschrieben: „Was
unserer Generation mangelt, ist der tiefe Glaube, die äußerste Überzeugung von der lebendigen Wirksamkeit von Rechtschaffenheit, Gerechtigkeit und Menschlichkeit in der Industrie. Gelingt es nicht, diese Eigenschaften in die Industrie zu tragen, dann wäre es besser, es gäbe keine
Industrie."

[2]) Henry Ford: Mein Leben und Werk. Leipzig 1923.

auf dem direktesten Wege zu befördern, sondern über die größten Umwege, damit möglichst viele Verbindungslinien ihren Profit einheimsen konnten", und: „Geradezu ungeheuere Mengen von Getreide werden vollständig unnötige Strecken weit (zu den Mühlen) transportiert, um dann, zu Mehl umgewandelt, wieder dorthin zurücktransportiert zu werden, wo sie gewachsen sind, was nur den monopolistischen Mühlen und Eisenbahnen Vorteile bringt."

Als weiteres Übel der Technisierung gesellte sich das Zusammentreiben der von der schnell emporschießenden Industrie benötigten Arbeiterheere hinzu, das durch Entwurzeln zahlreicher Menschen aus einer seßhaften Bevölkerung eine Masse fluktuierender Einzelpersonen machte, „die sich an einigen Stellen wie Sandberge anhäuften, aber nicht mehr miteinander verbunden waren als die Körner in einem wirklichen Sandhaufen" (Sombart). Die großstädtische Bevölkerung Westeuropas schwoll von rund 12 Millionen im Jahre 1850 auf rund 60 Millionen im Jahre 1913 an. Noch um 1820 waren in England, das wir uns heute gar nicht mehr anders als einen reinen Industriestaat vorstellen können, die meisten Menschen in Landwirtschaft, Bauwesen und Haushalt beschäftigt. 1875 lebten in Deutschland noch 61 % der Bevölkerung in Landgemeinden und nur 6 % in Großstädten, 50 Jahre später waren die entsprechenden Zahlen 35 % bzw. 27 %. In der Verteilung auf die Berufe hat ein ähnlicher Wandel stattgefunden.

Zahlentafel 1.

Gliederung der Erwerbstätigen in Deutschland
nach Wirtschaftsabteilungen.

	Jahr	1882	1933
Land- und Forstwirtschaft	%	42.2	28,9
Industrie und Handwerk	%	34,3	40,4
Handel und Verkehr	%	8,6	18,4
Öffentlicher und privater Dienst	%	5,7	8,4
Häuslicher Dienst	%	9,2	3,9

Eine wahrscheinlich noch stärkere, aber gelenkte Umschichtung hat sich in den letzten 25 Jahren in der UdSSR. vollzogen.

Anstatt seinerzeit die hygienischen, sozialen, ethischen und politischen Gefahren dieses radikalen, sich selbst überlassenen Umschichtungsprozesses zu erkennen, das der Zahl der Beteiligten nach „eine Völkerwanderung darstellt, gegenüber der die Völkerwanderungen im vierten bis sechsten Jahrhundert n. Chr. wie ein besserer Sonntagsnachmittagsausflug anmuten" und neue Industrien auf das flache Land zu verlegen, waren die Behörden über 100 Jahre lang noch stolz darüber, daß die Riesenstädte immer mehr „aufblühten".

Es konnte nicht ,ausbleiben, daß die Staaten die Technik auf Kosten anderer Völker ebenso zu mißbrauchen versuchten, wie seinerzeit bei der Erfindung des Kompasses und Schießpulvers.

Das Übel wurde noch durch folgenden Umstand verschlimmert. Die tiefere Ursache vieler schädlicher Begleiterscheinungen der Technik ist die starke, plötzliche und verhältnismäßig schnell sich wiederholende Störung des Gleichgewichtes zwischen dem, was die Gesellschaft zu einem bestimmten Zeitpunkt braucht bzw. vertragen kann und dem, was der ungehemmte und planlose Einsatz der Technik oft zur Folge hat. Ob es sich nun um die Spinnmaschine Arkwright's oder die letzten Modelle von Kraft- oder Arbeitsmaschinen handelt, immer wieder wirkt sich das, was der Ingenieur mit Recht als einen großen Fortschritt ansieht, auf weite Volksschichten als schwerer Rückschlag aus, weil sie durch die neuen, Arbeit oder Rohstoffe sparenden Maschinen ihre Arbeitsstelle oder infolge der plötzlichen Überalterung vorhandener Maschinen ihr Vermögen verlieren. Dem hochorganisierten industriellen Werke steht die Wirtschaft des Kleinbauern gegenüber, in der alles mit der Hand gemacht wird. Der erstere Betrieb ermöglicht bei normalem Absatz sonst unerreichbar niedrige Preise, kommt aber bei einer Absatzstockung in Bedrängnis, der letztere Betrieb ist überhaupt nur lebensfähig geblieben, weil er sich allen Wechselfällen durch seine geringen „festen Kosten" anpassen konnte. Die verheerenden Folgen der Überrationalisierung sollten aber gegen Maschinen zur Vorsicht mahnen, die nur so lange lebensfähig sind, wie alle ihrem Aufbau zugrunde liegenden Voraussetzungen erfüllt werden. Durch das Nichtbeachten dieser Zusammenhänge werden manche Wirtschaftskrisen heraufbeschworen oder verstärkt. Während aber früher die Kosten solcher Gleichgewichtsstörungen vorwiegend von den wirtschaftlich schwächeren Angehörigen des eigenen Volkes getragen werden mußten, nimmt seit der Jahrhundertwende die Tendenz zu, sie von den Schultern des eigenen Volkes auf die anderer Völker abzuwälzen, sobald der einheimische Markt die Erzeugnisse eines zu schnell modernisierten oder zu stark vergrößerten Produktionsapparates nicht mehr aufnehmen kann.

Wie wir noch sehen werden, gestatteten Dampfschiffe, Telegraph, Radio und Flugzeug die Beherrschung ungeheuerer Gebiete von einer Metropole aus und damit eine früher unvorstellbare Machtkonzentration in der Hand eines einzigen Volkes. Lord Curzon, 1859—1925, sprach mit Bezug auf England von der „kleinen Schaumflocke, die den unergründlichen dunklen Ozean, auf dem sie schwimmt, beherrsche". Das Maß von Glück, das die Technik den Menschen bringen kann, hängt also nicht nur von der Höhe der Moral des einzelnen Individuums, sondern auch von der Höhe der internationalen Moral und der Weisheit ab, die beim Einsatz der Technik zum Ausdruck kommt, dem großen technischen Fortschritt der letzten 50 Jahre aber in keiner Weise entspricht.

Schließlich hat die moderne Technik in der Druckpresse und im Rundfunk den Menschen zwei Nachrichtenmittel zur Verfügung gestellt, die unendlichen Segen stiften aber auch die Beziehungen der Völker untereinander bedenklich stören können, wenn sie in schlauer Weise für unsaubere Zwecke eingesetzt werden.

Aber erst unsere Generation lernte die dämonische Gewalt der Technik ganz kennen. Die Technik ist zwar schon immer ein wichtiger Faktor im Kampf der Völker gewesen, aber die Weite des Raumes, die Zahl der feindlichen Krieger und natürliche Hindernisse hatten den Kampfmitteln wenigstens in zivilisierten Ländern verhältnismäßig enge Schranken gezogen und daher die kriegerischen Handlungen meist auf Gebiete nahe den eigenen Grenzen beschränkt. Großbritannien, dessen Macht die Technik besonders zugute kam, machte nur dadurch eine Ausnahme, daß es die See sehr lange unbeschränkt beherrschte und zahllose Stützpunkte hat, die ihren vollen Wert erst durch motorisch bewegte Schiffe, also gleichfalls durch die Technik, erhalten haben.

Die jüngste Technik hat aber alles gewandelt: Sie stärkte die Mittel des Angriffs weit mehr als die der Abwehr, ermöglichte Massenheeren eine früher unvorstellbare Beweglichkeit, nahm natürlichen und künstlichen Hindernissen und großen Entfernungen viel von ihrem schützenden Charakter, steigerte die vernichtende Wirkung der Waffen ins Ungeheure und machte den Besitz gewisser Rohstoffe für industrielle Völker zu einer Frage auf Leben oder Tod.

Äonen hindurch hatten Steinkohle, Eisenerze und Erdöl von unzähligen Geschlechterfolgen unbeachtet tief im Innern der Erde geruht, wertlos und tot wie das taube Gestein, das sie umschloß. Und doch harrten sie einem magischen Samenkorne gleich nur ihrer Erwecker, der Ingenieure, die sie wieder in den lebendigen Kreislauf der Welt einschalteten, indem sie sie hoben, läuterten und aus ihnen Wesen von ungeheurer Vitalität, die Wärmekraftmaschinen, schufen, die, ohne Vermehrung der hungrigen Mäuler, die Zahl der schaffenden Hände auf das Vielfache steigerten und einigen Völkern eines Tages ungeahnte wirtschaftliche und politische Entwicklungsmöglichkeiten fast automatisch in den Schoß warfen, S. 151 u. 154. Die vor 150 Jahren wohl von Fürst Metternich erstmals geäußerte Erkenntnis, daß eine Großmacht eine Mindestbodenfläche und bestimmte Bodenschätze haben müsse, wurde durch die beiden Weltkriege voll bestätigt. Der meteorgleiche Aufstieg der Macht der

UdSSR. ist also keineswegs ein unerklärliches Wunder, sondern war zu erwarten, sobald kluge Menschen diese Zusammenhänge erkannten und die Kraft und den Mut hatten, die daraus sich ergebenden Folgerungen zu ziehen.

Die dämonische Gewalt der Technik äußerte sich u. a. im Mißbrauch der Natur durch die Technik und in ihrem Drange, unbekümmert um die materiellen und seelischen Folgen für die Allgemeinheit immer tiefer zu schürfen, immer neue Zusammenhänge aufzudecken, immer weiterreichende Folgerungen zu ziehen. Deshalb nennt man auch das technische Zeitalter nicht mit Unrecht das „gewalttätige", denn erst die Technik hat diesen allem Forschen und Experimentieren eigentümlichen Trieb zu dem reißenden Strom gemacht, der unbeseelte und beseelte Natur, Pflanzen, Tiere und Menschen in seinen alles verschlingenden Strudel riß.

Die Technik hat mit der Natur lange Zeit hindurch ähnlichen Raubbau getrieben wie mit den Menschen, bis sie endlich die verheerenden Folgen ihres sinnlosen Verhaltens zu erkennen und die Technik mit mehr Überlegung einzusetzen begannen. Vor allem in jungen traditionsarmen Ländern, wie z. B. den USA., ist die Technik mit aus dem Grunde so treibhausartig aufgeblüht, weil sie einen Teil ihrer Kraft aus der Substanz des betreffenden Landes und nicht aus der Rente zog, die die Substanz bei vernünftiger Ausnutzung abwerfen konnte. Sie hat sich infolgedessen zum Teil auf Kosten noch ungeborener Geschlechter entwickelt.

Der rücksichtslose Expansionsdrang der Technik äußert sich aber u. a. darin, daß sie einen Gedanken, dessen Ausnutzung sich auf einem bestimmten Gebiete als segensreich für die Allgemeinheit erwiesen hat, sehr schnell auf einem ganz anderen Gebiete auszunutzen versucht, wo er der Allgemeinheit nur Unsegen bringen kann. Beispielsweise sind den automatisierten Werkzeugmaschinen zur wirkungsvollen Massenherstellung, den sogenannten „Automaten", Seite 146, sehr schnell Maschinengewehre, d. h. automatisierte Maschinen zur wirkungsvollen Massentötung gefolgt und die Atombombe, die Krönung dieser düsteren Entwicklung, hat ihre Wurzeln in Forschungen, die seinerzeit rein humanitären Zwecken dienten. Und so können wir beobachten, wie die durch Dampfmaschine, Dynamomaschine, Kältemaschine und Verbrennungsmotoren verursachte, sich sprunghaft vollziehende Verbesserung unserer Lebensbedingungen seit den napoleonischen Kriegen von einer sprunghaft zunehmenden und nicht weniger großen Intensivierung der Schrecken des Krieges begleitet ist.

Der Schock, mit dem die Technik auf die Menschen gewirkt, die Verwirrung, in die sie sie gestürzt hat, sind nur dadurch zu verstehen, daß sie mit der Geschwindigkeit und Wucht einer Naturkatastrophe über die Welt gekommen ist. Es war ähnlich, wie wenn die Menschen bei einer plötzlichen Änderung des Klimas von einem tropischen in ein gemäßigtes zwar schnell ihre dadurch bewirkte größere Leistungsfähigkeit erkannt, aber nicht begriffen hätten, daß sie sich durch andere Kleidung und Lebensweise gegen die mit diesem Wechsel verbundenen Folgen schützen müssen..

Mit zunehmendem Vordringen der Maschine zeigten sich zwei Erscheinungen immer auffälliger. Die eine ist die andauernde Vervollkommnung der „Zweckmäßigkeit" der industriellen Produktion und die gleichzeitige Plan- und Tatenlosigkeit des Staates gegenüber den durch die Maschine aufgeworfenen Problemen, was S o m b a r t in die Worte kleidet, das Zeitalter des Kapitalismus sei durch den auffälligen Widerspruch zwischen der auf die Spitze getriebenen Planmäßigkeit in der Einzelwirtschaft und der Planlosigkeit der Gesamtwirtschaft eines Staates gekennzeichnet.

Die andere, vorwiegend Ingenieure interessierende Erscheinung ist ihre geringe Anteilnahme an den Problemen, die die Maschine für die Allgemeinheit ausgelöst hat. Anstatt nämlich zu versuchen, sie zu erkennen und sich an ihrer Lösung aktiv zu beteiligen, indem sie sich das dazu erforderliche Wissen und den nötigen Einfluß im öffentlichen Leben verschafften, wandten aus den Gedankengängen des ökonomischen Zeitalters heraus die Ingenieure ihre ganze Aufmerksamkeit fast nur ihren unmittelbarsten beruflichen Aufgaben zu. Das Aufzeigen der Folgen dieses Verhaltens für sie selber und ihr Volk, für Deutschland und andere Industriestaaten ist ein Hauptzweck dieses Buches.

Das dem Gemeinwohl abträgliche In-den-Vordergrund-stellen rein egoistischer Interessen in Technik und Wirtschaft färbte von zunächst wenigen auf immer mehr Menschen, von industriellen auf andere Kreise ab und erfaßte schließlich ganze Völker. Geldmachen wurde die Parole des Tages, geldlicher Erfolg Hauptmaßstab für die Bewertung eines Menschen, was aus folgenden Gründen über kurz oder lang dem Leben eines Volkes schweren Abbruch tun mußte:

a) Wenigen Reichen stand ein besitz- und wurzelloses Proletariat gegenüber;

b) infolge des staatlichen laisser-faire laisser-aller erschienen Aussperrungen, Streiks und Zeiten schwerer Arbeitslosigkeit[1]) allmählich als etwas Normales und das Gefühl der Schicksalverbundenheit der verschiedenen Stände verkümmerte;

---

[1]) Professor Hunke schätzt die der deutschen Volkswirtschaft durch Arbeitslosigkeit in einem Jahrzehnt zugefügte Einbuße auf weit über 100 Milliarden Reichsmark.

c) die Machtkämpfe im Innern eines Staates und der Streit rivalisierender Industrievölker um fremde Märkte verursachten eine seit den erbittertsten Religionskämpfen im 16. und 17. Jahrhundert noch nicht dagewesene Verhetzung in Wort und Schrift, die das natürliche Empfinden der Menschen vergiftete. Der Besitzlose haßte den Vermögenden, der Ungebildete den Gebildeten, der Industriearbeiter den Bauern, die Stadt das Land, ein Volk das andere;

d) parallel hierzu vollzog sich eine geistige und seelische Verkümmerung, weil eine oberflächliche Aufklärerei in primitiven Gemütern eine groteske Überschätzung ihrer Urteilsfähigkeit erweckte und viele Menschen des religiösen Glaubens beraubte, ohne daß sie einen anderen Halt fanden;

e) Millionen von Menschen wurden aus den in Jahrhunderten gewachsenen Berufs- und Dorfgemeinschaften herausgerissen und verloren dadurch Halt und Stütze;

f) das Leben in den Großstädten entfremdete die Menschen der Natur, und das Überschätzen angelernten Wissens ließ natürliche Fähigkeiten und Instinkte verkümmern und einen dummen geistigen Dünkel emporwuchern;

g) die sich jagenden Erfindungen und Entdeckungen, sowie der Umstand, daß viele Zeitungen die schwierigsten Probleme ihren Lesern so servierten, daß viele Trottel sich für sachverständig und das Ringen mit wissenschaftlichen Problemen für eine amüsante Spielerei hielten, wiegten viele in den Glauben, die Schleier würden bald von den letzten Geheimnissen der Natur fallen und der Mensch ihr alles vermögender Herr und Meister werden.

Nie standen Schlagworte auf geistigem und materiellem Gebiete, in kleinen und großen Dingen so hoch in Kurs und nie waren, wie die jüngste Vergangenheit zeigt, Massenwahn und Leichtgläubigkeit so stark wie in der Zeit des Fernhörens und Fernsehens, des Flugzeuges und Wolkenkratzers. Dazu, daß in dem Lande mit der jüngsten Kultur, der schwächsten Verwurzelung des Menschen mit der Scholle und der ungehemmtesten Technisierung die Herrschaft des Massenschlagwortes und das Überschätzen des Wertes technischer Errungenschaften am ausgeprägtesten sind, meint ein Engländer[1]): „... Es ist das Wesen der Maschine, der Seele ihren Stempel aufzudrücken, und die selben Maschinen werden am Ende auch die selbe Seelenverfassung erzeugen“.

Ein zugkräftiges Schlagwort war häufig wichtiger als eine kluge Idee, ein gerissener Schwätzer einflußreicher als ein kenntnisreicher Mann. Das Überfüttern mit den überflüssigsten „Genüssen erweckte

---

[1]) Platos American Republic. Von Douglas Woodruff. New York 1930.

das Verlangen nach noch sensationelleren, verursachte eine allgemeine Unruhe und entfremdete die Menschen der Beschäftigung mit den geistigen Problemen, ohne die sie zu keiner inneren Ausgeglichenheit kommen können. Das Verlangen nach dem dernier cri, nach Abwechslung, Tempo, Sensation überwog alles, Einsamkeit wurde zur Last, das Schlagwort zur Offenbarung, der Amüsierbetrieb zu einer Art Weihestätte.

Der gesellschaftliche Verkehr richtete sich häufig nicht mehr danach, ob die Eingeladenen bedeutend waren, sondern nur nach ihrem Einkommen und ihrer sozialen Stellung. Das Kino tat ein übriges, um der breiten Masse diese auf Oberflächlichkeit aufgebaute Geselligkeit als erstrebenswert vorzugaukeln. Die werktätigen Kreise, darunter auch die Ingenieure, spannen sich aber immer mehr in ihre engsten beruflichen Interessen ein, die allmählich zur einzigen Dominante ihres Lebens wurden und sie den großen allgemeinen Interessen entfremdeten.

Es wäre natürlich falsch, über den unerfreulichen Begleiterscheinungen das Positive zu vergessen, das das ökonomische Zeitalter gebracht hat. Mindestens Wissenschaft und Technik haben Gewaltiges geleistet. Über eine der tieferen Ursachen der unangenehmen Auswirkungen läßt sich aber kurz folgendes sagen: Die Technik kommt ohne Eingriffe in die Natur nicht aus. Nun sind Pflanzen, Tiere, Menschen und Völker, jedes für sich und alle zusammen, empfindliche Organismen, die sich nur langsam an andere Lebensbedingungen gewöhnen können und Schaden erleiden, wenn man sie zu schnell oder unzweckmäßig ändert. Die Geschichte einiger Mittelmeerstaaten (z. B. Griechenlands und der östlichen Adriaküste) und die jüngsten Erfahrungen in Amerika lehren, daß die schon im Altertum übliche Waldschlächterei ebenso wie ganz moderne im Gefolge einer naturfremden Technisierung der Landwirtschaft durchgeführte Maßnahmen in den USA. Versteppung und Verkarstung ganzer Provinzen und furchtbare Wetterkatastrophen nach sich ziehen[1]; die Verunreinigung der Flüsse durch die Industrie schadet nicht nur dem betreffenden Gewässer; planloses Zusammentreiben von Arbeiterheeren verursacht soziale und hygienische, das übersteigerte Tempo in manchen Berufen gesundheitliche, das Loslösen der Menschen von der

---

[1] Um höhere Gelderträge herausarbeiten zu können, wurden z. B. auf ungeeignetem Boden Mais und Weizen in mechanisierten Großbetrieben angepflanzt. Durch die dadurch ausgelösten Wind- und Wassererosionen, Austrocknung oder Überschwemmungen soll ein Gebiet, das etwa ⅓ der gesamten landwirtschaftlich genutzten Fläche der Vereinigten Staaten einschließlich des Weidelandes entspricht, entweder bereits zerstört (man-made desert) oder schwer gefährdet sein.

Natur, das die Technik lange Zeit hindurch begünstigt hat, seelische und gesundheitliche, überschnelles Technisieren soziale und wirtschaftliche Schäden.

Ingenieure sollten nie vergessen, daß jeder unzweckmäßige Eingriff in „naturbedingte" Zusammenhänge sich über kurz oder lang rächt, gleichgültig wann, von wem, aus welchem Beweggrunde und auf welchem Gebiete er erfolgte. Die ganze Weltgeschichte ist ein einziger Beweis dafür, daß unbeseelte und beseelte Natur sich gegen alles, was „unnatürlich", gegen jede Verletzung ihrer „natürlichen" Lebensbedingungen, ihrer „Lebensrechte" auf das hartnäckigste zur Wehr setzen[1]).

Bei „naturbedingten" Zusammenhängen darf man aber nicht lediglich an unser animalisches Dasein betreffende, verhältnismäßig primitive Dinge denken, die sich seit Jahrtausenden nur wenig verändert haben. Zu ihnen haben sich vielmehr mit zunehmender Kultur neue Bedürfnisse und Abhängigkeiten hinzugesellt und erst im Laufe der Zeit insofern den Charakter des „Natürlichen" oder „Naturbedingten" angenommen, als sie die Existenz vieler Menschen stark beeinflussen. Hierzu zählt vor allem die durch den Güteraustausch entstandene Abhängigkeit einzelner Individuen und ganzer Völker voneinander, oder die Art und Weise, wie sich der Mensch sein Brot verdienen muß, da beide Erscheinungen Verlangen und Bedürfnisse erweckt haben, die befriedigt werden müssen, wenn er sich wohlfühlen soll. Ein ursprünglich rein agrarisches Volk hat z. B. andere „natürliche" Lebensbedingungen als nach seiner 50- oder 100jährigen Industrialisierung; die Verflechtung eines Industrievolkes mit der Weltwirtschaft ist für andere Völker nach einem ein paar Generationen währenden Güteraustausch ein ähnliches „natürliches" Bedürfnis geworden wie Erfinden, Entwerfen und Herstellen von Maschinen für einen Teil seiner eigenen Bevölkerung. Rechtzeitiges Erkennen und Berücksichtigen der veränderlichen Zusammenhänge ist nicht weniger wichtig als das der unveränderlichen, weil sich sonst Spannungen und Schwierigkeiten ergeben, deren Kosten der Mensch bezahlen muß. Auf diese Tatsache werden wir immer wieder stoßen.

Aber auch das einzelne Individuum muß nach bestimmten Gesetzen handeln, wenn es sich in die große aus der unbelebten und belebten, der materiellen und geistigen, der nicht beseelten und beseelten Welt bestehende Einheit als ein integrierender Bestandteil, d. h. ohne sich oder ihr zu schaden, einfügen soll. Für die Technik als ein Produkt der Menschen gilt dasselbe.

---

[1]) Auch in diesem Zusammenhang gilt das französische Sprichwort: Chassez le naturel, il revient au galop.

Es ist auch durchaus möglich, daß wir, ohne dies zu wissen, selbst bei einem u. E. planvollen Einsatz der Technik zuweilen gegen „natürliche" Zusammenhänge verstoßen und unsere Enkel hierfür werden büßen müssen.

Das Nichtbeachten dieser Zusammenhänge ist die Quelle vieler Mißstände unserer Zeit. Die Ingenieure erwartet daher die Aufgabe, diese Gesetze, wenigstens soweit sie mit der Technik zusammenhängen, aufzufinden und die Welt davon zu überzeugen, wie wichtig es ist, daß sie von allen Menschen, Ständen und Völkern beherzigt und beachtet werden.

Auf folgende Formel: unzulässige Eingriffe in die Natur, Überschätzen unserer Anpassungsfähigkeit überstürztes Loslösen von alten Gewohnheiten, egoistischen Gebrauch der Technik und Unterlassen einer rechtzeitigen Verständigung der Völker untereinander zwecks Anpassung ihrer Beziehungen an die durch die Technik veränderten Verhältnisse können sehr viele durch ihren unzweckmäßigen Einsatz verursachte geistige und materielle Schäden zurückgeführt werden. F. Schnabel kennzeichnet die Entwicklung mit den Worten[1]): „Aus dem technischen Geist und der politischen Einheit ist die industrielle Großmacht hervorgegangen, in der die Entfaltung der sittlichen Energie nicht mehr Schritt gehalten hat mit dem intellektuellen Fortschritt." Diese Diskrepanz hat sich auf die Beziehungen der Völker zueinander nicht weniger verhängnisvoll ausgewirkt als auf ihr inneres Leben, weil der zunehmenden Dämonie der Technik keine entsprechende Zunahme der ethischen Kräfte parallel ging.

Es machte sich daher der Maschine gegenüber eine steigende Skepsis geltend. Wenn sie sich bei einigen Staaten besonders stark äußerte, so rührt dies mit davon her, daß sie von dem, was ihnen die Maschine alles in allem brachte, ähnlich enttäuscht waren, wie weite Kreise der an ihr arbeitenden Individuen enttäuscht worden sind, Seite 26. Schon infolge ihrer geographischen Lage (Mangel an Rohstoffen, zu engem Lebensraum, Mißverhältnis zwischen Industrie und Landwirtschaft) und der historischen Entwicklung (verspäteter Anschluß an die Weltwirtschaft, Mangel an fremden Märkten, Mißverhältnis zwischen industrieller Leistungsfähigkeit und wirtschaftspolitischer Macht) entsprach eben der Erfolg nicht der Größe ihrer Anstrengungen und die im innerstaatlichen Leben dem Arbeiter lange Zeit drohende willkürliche Entlassung von seiner Arbeitsstelle fand im zwischenstaatlichen Leben in der Furcht einiger Völker vor ihrer willkürlichen Abschneidung von wichtigen Rohstoffen und Märkten ihre Parallele. Da die bisherige Entwicklung über-

---

[1]) F. Schnabel: Deutsche Geschichte im XIX. Jahrhundert. Freiburg 1934.

zeugend bewiesen hat, daß Nicht-Techniker die durch die Maschine entstandenen Schwierigkeiten allein nicht bewältigen können, dürfen die Ingenieure nicht weiterhin Nur-Techniker bleiben, sondern müssen sich ihrer Meisterung mit aller Energie widmen, denn unsere Aufgabe ist es, aus den begangenen Fehlern zu lernen und dazu beizutragen, daß die Möglichkeiten, die die Technik für die Verbesserung des körperlichen und geistigen Wohlergehens aller bietet, in altruistischer Weise ausgenützt, d. h. um in der Sprache von Ingenieuren zu reden, tunlichst vielen Menschen mit tunlichst hohem Wirkungsgrad erschlossen werden.

2. Über die Technik.

a) Vom Werdegang der Technik. Schon die primitivsten Völker haben Werkzeuge oder Waffen aus Ästen und später aus Stein und Knochen gemacht. Es war aber ein gewaltiger Fortschritt, als man mit dem Feuer als technischem Hilfsstoff erstmals etwas herstellen lernte, was im natürlichen Zustand nicht vorkommt, Metalle. In der langen Entwicklungsreihe von diesen uralten Formen technischer Betätigung zu der heutigen Technik fallen 3 Ereignisse auf: Die zwischen 1200 und 1500 geglückte Erfindung des Schießpulvers, Steuerruders, Kompasses und Buchdruckes, die gegen Ende des 18. Jahrhunderts geglückte Erfindung der Dampfmaschine, die „als neues Element zwischen die sog. belebte und die sog. unbelebte Natur trat" (E. J u n g), und die Nutzbarmachung der Elektrizität, die der nunmehr schon hochentwickelten Technik wieder völlig neue Möglichkeiten erschloß.

Um die einschneidenden Wandlungen der paar letzten hundert Jahre begreifen und verstehen zu können, weshalb die Dampfmaschine und in der Folge elektrische und andere Maschinen scheinbar wie aus heiterem Himmel den Menschen in den Schoß fielen, muß man beachten, daß bis etwa zum Jahre 1500 die Kirche ungezählte Jahrhunderte lang der ruhende Pol in der Erscheinungen Flucht und das Erforschen der Natur dem Europäer etwas völlig Unbekanntes gewesen sind. Die Welt als Gottes Schöpfung war für ihn vollkommen, und soweit er den Problemen der Natur überhaupt nachging, stützte er sich auf die Werke des A r i s t o t e l e s (384 bis 322 v. Chr.). Die Gelehrten jener Zeit glaubten, lediglich durch Denken hinter die Geheimnisse der Natur kommen zu können. An die für uns selbstverständliche Naturbeobachtung dachten die mittelalterlichen Menschen nicht[1]). A r i s t o t e l e s wurde von ihnen etwa

---

[1]) Die Angst des mittelalterlichen Menschen vor dem Neuen verrät u. a. die der Jungfrau von Orleans von ihren Richtern erteilte Ermahnung: „Wie ernst und gefährlich es sei, sich auf die Beschäftigung mit Dingen

angesehen wie ein Kirchenvater, und K e p l e r oder G a l i l e i „kamen in demselben Augenblick mit der Kirche in Konflikt, in dem ihre Lehren mit denen des A r i s t o t e l e s in Konflikt gerieten". Wie „technisch" aber schon vor vielen Jahrhunderten einige erleuchtete Geister dachten, zeigen die Worte des englischen Franziskanermönches R o g e r B a c o n (1210—1293): „Maschinen zur Schiffahrt ohne Ruderer sind möglich, so daß große Schiffe ... von einem einzigen gelenkt, schneller dahingleiten können, als wenn sie von vielen getrieben werden. Auch Wagen lassen sich bauen, die keiner Zugtiere bedürfen ... und Flugmaschinen, in denen der Mensch eine sinnreiche Vorrichtung handhabt." Solche Männer waren aber ganz außerordentlich seltene Ausnahmen.

Die Wissenschaft im heutigen Sinne ist erst etwa 300 Jahre alt, steht also nach geschichtlichen Maßstäben noch in ihrer frühen Kindheit. Diese Dinge können sich Ingenieure nicht eindringlich genug klarmachen, weil sie infolge ihrer geringen Beschäftigung mit geschichtlichen Fragen die Art des menschlichen Denkens für etwas Zeitloses, Gleichbleibendes halten und daher weder die Änderungen begreifen, die jeder wesentliche Wandel des Denkens auf fast allen Gebieten zur Folge haben muß, noch einsehen, wie durchaus zeitbedingt ihre eigene Art, Menschen und Dinge zu betrachten, ist.

Hat man sich hierüber einmal Rechenschaft abgelegt, so versteht man auch, welche außerordentliche Wandlungen eintreten mußten, als die Kirche aus ihrer beherrschenden Stellung verdrängt wurde und der Mensch das blinde Hinnehmen längst überholter Überlieferungen durch den Gebrauch seines Verstandes und seiner Beobachtungsgabe zu ersetzen begann. Eine der schwerwiegendsten Folgen dieser geistigen Wandlungen war das Aufkommen der Technik, die ihrerseits nun nicht nur die Vorstellungswelt sondern das gesamte Los der Menschen in einer Weise beeinflußt hat und weiter beeinflussen wird wie wenige Erscheinungen der Weltgeschichte zuvor.

Durch die Erfindung des Buchdrucks wurde das Forschen mächtig gefördert, und Schießpulver, Kompaß und Steuerruder erschlossen den Weg zu fernen Kontinenten und den Zugang zu unbekannten Erfahrungen, Ansichten, Stoffen und Verfahren. Aber auch die unmittelbare Wirkung dieser drei Erfindungen war, wenngleich sie langsamer zur Geltung kam, ähnlich wie die von Dampfmaschine, Lokomotive und anderen modernen Erfindungen, und selbst darin besteht eine Ähnlichkeit mit unserer Zeit, daß auch jenesmal die Menschen

---

einzulassen, die über unseren Verstand hinausgehen, an neue Dinge zu glauben ... und selbst neue und ungewöhnliche Dinge zu erfinden, weil sich Dämone in ihnen einschleichen."

die ihnen durch die Erfindungen zu geflossene Macht häufig unzweckmäßig benutzten.

Der Buchdruck gestattete den Gedankenaustausch zwischen Personen, die sonst nie miteinander hätten in Fühlung treten können und ermöglichte zum ersten Male etwas, dessen gewaltige Macht, aber auch Gefahr, erst unsere Generation ganz gewahr wurde, eine großzügige Propaganda. Mit Hilfe des Schießpulvers konnten Städte und feudale Herren niedergeworfen und kleine Bezirke zu Staaten zusammengeschweißt werden, und die Erschließung der Weltmeere durch Kompaß und Steuerruder änderte die wirtschaftlichen und machtpolitischen Verhältnisse Europas einschneidend. So verschieden die Formen, in denen sich diese Umwälzungen vollzogen haben, von dem, was wir erleben, sein mögen, so wurden doch auch sie im wesentlichen durch technische Erfindungen ermöglicht. Durch alle diese Umstände vermochte aber die Wissenschaft nunmehr verhältnismäßig schnell so viele neue Erkenntnisse zu sammeln, daß es eines Tages nur eines zündenden Funkens bedurfte, um den angesammelten Wissensstoff, dessen Umfang der Allgemeinheit kaum recht zum Bewußtsein gekommen war, zu einer mächtigen Flamme zu entfachen, aus der sich die moderne Technik strahlend und voll Kraft erhob. Vom Anfang dieser Entwicklung an datiert aber die gegenseitige Förderung von Wissenschaft und Technik.

Technik hat es also immer gegeben, seitdem Menschen existieren, nur hat sich in den letzten 200 Jahren das technische Schaffen sehr vertieft und erweitert und die Zielsetzung der Technik insofern geändert, als viele „in der kunstvollen Gestaltung der Mittel letzte Zwecke erblickten und die Technik ohne Rücksicht auf die durch sie zu verwirklichenden Ziele hoch zu schätzen begannen" (S o m - b a r t). Diese einseitige Zielsetzung löste die Technik aus den natürlichen Gebundenheiten und dem Säftestrom des Lebens heraus und leitete eine Entwicklung ein, unter der die Menschen noch heute leiden: die Maschine wurde vielfach zu einer ein Eigenleben führenden, auf Kosten des Wirtskörpers lebenden Krebszelle in dem komplizierten ökonomischen und sozialen für unser Dasein erforderlichen Organismus.

Ähnlich wie im Jahre 1770 durch die Dampfmaschine erlebte die Technik um das Jahr 1900 einen neuen sprunghaften Fortschritt, weil sich abermals in verhältnismäßig kurzer Zeit sehr viele neue Erkenntnisse angestaut hatten, die der praktische Geist der Menschen sich nutzbar zu machen versuchte. Hierzu gehörte die Übertragung des elektrischen Stromes auf große Entfernungen, die andere Fortschritte ermöglichte und auslöste. Die Entwicklung nahm nunmehr gigantische Ausmaße an, weil jetzt das Fundament, auf dem weitergebaut werden konnte, viel breiter und tiefer, das Heer geschulter Wissenschaftler, Ingenieure und Arbeiter viel größer und die Wissenschaft schon viel vollkommener war als zu James Watt Lebenszeiten. Beide Male zeigte sich eine auch in anderen Disziplinen, wie z. B. dem Kriegswesen (Kriegskunst im Jahre 1914 und 25 Jahre später), beobachtete Erscheinung, daß die die stetige Entwicklung von Zeit zu Zeit unterbrechenden Sprünge um so größer sind, je inniger sich Technik und Wissenschaft durchdringen und ergänzen.

b) Zweck und Aufgabe der Technik. Seit Menschen existieren, müssen sie einen erbarmungslosen Kampf gegen die ihnen feindliche Natur, gegen Hunger und Durst, Hitze und Kälte, Wasser und Feuer, Krankheit und Entbehrung, wilde Tiere und nicht zuletzt gegen ihre eigenen Artgenossen führen, um sich behaupten zu können. Er ist für einige Völker besonders hart, weil sie unter klimatisch ungünstigen Verhältnissen oder in einem für ihre Größe unzureichenden oder nicht genügend fruchtbaren oder an heute unentbehrlichen Rohstoffen zu armen Lande oder zwischen rassisch stark verschiedene Völker eingekeilt leben müssen, ohne daß der Zusammenschluß bzw. die Verständigung zustande gekommen wären, die im Zeitalter der Technik für ein ruhiges und auskömmliches Dasein so zahlreicher Menschen auf engem Raume unerläßlich sind .

Erste und wichtigste Aufgabe der Technik ist es, die zahllosen und vielgestaltigen Mittel zu liefern, deren der Mensch bedarf, um den Kampf ums Dasein bestehen zu können. Erst nachdem diese Aufgabe bis zu einem gewissen Maße gelößt ist, kann ein Volk die Technik für das Verschönern und Veredeln des Lebens einsetzen. So ist es gewesen bis zum heutigen Tage und so wird es wohl noch lange bleiben. Man kann daher nur lächeln, wenn gewisse „gebildete" Kreise über die Technik die Nase rümpfen und für sie ebenso abträgliche wie oberflächliche Vergleiche mit der so viel „edleren" und „wertvolleren" Kunst und Musik anstellen, ohne zu begreifen, daß, wie überall im Leben, auch hier das Hemd dem Menschen näher ist als die Hose und daß selbst das Ausmaß, in dem das einzelne Individuum an den Freuden, die die schönen Künste bieten, teilnehmen oder die Technik für künstlerische Zwecke eingesetzt werden kann, weitgehend von harten Notwendigkeiten und nicht zuletzt vom Entwicklungsniveau der Technik selber diktiert wird.

Die ersten Mittel (hölzerne Keulen, Hebebäume, primitive Hütten und Kleider), deren der Mensch sich zum Erleichtern seines Daseins bediente, sind die ersten Errungenschaften der Technik. Sie ist daher Voraussetzung und Beginn jeder Kultur, hat sich aber im Laufe der Jahrtausende ebenso gewandelt, wie sich der Neandertaler zum Kulturmenschen gewandelt hat. Während aber noch unsere mittelalterlichen Vorfahren sich vor dem „Neuen" und den Naturgewalten fürchteten und ihnen tunlichst auswichen, zieht gerade das Unbekannte eine immer wachsende Zahl von Menschen mächtig an, die den Kampf mit der Natur in voller Absicht aufsuchen. Aber nicht die „Sucht, es Gott gleich zu tun", war hierbei die Triebfeder und hat der Technik vor 200 Jahren so gewaltige Impulse gegeben, sondern die biologische Notwendigkeit, die plötzlich in einem bis dahin unbekannten Maße zunehmende Bevölkerung, Abb. 1, zu wärmen,

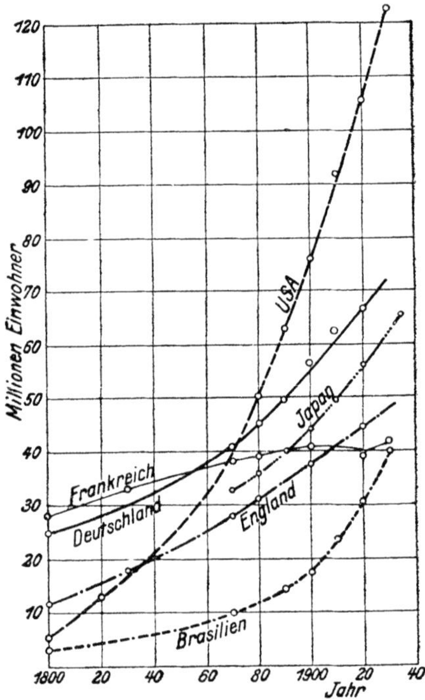

Abb. 1. Zunahme der Einwohnerzahl einiger großer Staaten seit dem Jahre 1800. (Nach Statistisches Jahrbuch des Deutschen Reiches 1938, S. 17.)

zu kleiden und zu ernähren (bei vielen Menschen natürlich auch die Erkenntnis, daß sich mit Hilfe der Technik Reichtum erwerben läßt).

Je früher und je vollkommener ein Volk die „Angst vor dem Neuen" in der Wissenschaft und ihrer praktischen Auswertung überwindet, umso rascher wird seine nationale Technik emporblühen und je vollkommener und rechtzeitiger es Herr der „Angst" vor notwendigen sozialen, wirtschaftlichen und politischen Neuerungen wird, je längeren Bestand und je größere Auswirkungsmöglichkeiten wird seine Technik haben und je reibungsloser wird sie sich in sein nationales Leben einfügen.

Soweit der Kampf ums Dasein sich gegen die Naturgewalten richtet, hat er infolge zunehmender Erfahrung und der Fortschritte der Technik viel von seinem früheren Schrecken verloren, ist aber, wie der öfters gebrauchte Vergleich, es sei heute nicht schwieriger, ein halbes Volk zu vernichten als zu Zeiten Napoleons ein halbes Bataillon, zeigt, zwischen den Menschen untereinander viel härter und skrupelloser geworden. Während früher die Primitivität der Technik das Leben der Menschen bedrohte, liegt heute gerade in ihrer außerordentlichen Vervollkommnung die Gefahr, weil die zerstörende Gewalt ihrer Erzeugnisse weit mehr zugenommen hat als Weisheit, Voraussicht und sittliche Höhe der Menschen. Schließlich hat die Technik die Lage einiger weit über ihre frühere Größe hinausgewachsener Völker insofern erschwert, als sie, um weiter existieren zu können, gewisse früher für sie unwichtige ausländische Rohstoffe ebenso dringend brauchen wie die zum nackten Lebensunterhalt seit jeher unerläßlichen heimischen Heiz- und Nahrungsmittel. Ferner beeinflußt die Technik schon infolge der verschiedenen Geschicklichkeit, mit der sie die einzelnen Völker auszubauen und zu benutzen verstehen, deren Stellung zueinander. Alle diese Umstände brachten in dieser Art früher unbekannte Spannungen mit sich, zu deren schließlichem Ausgleich die Technik, die sie mit verschuldet hat, oft in der Rolle der ultima ratio beitragen muß. Wenn sich dabei die ganze Furchtbarkeit ihrer zerstörenden Kraft offenbart, so rührt dies aber nicht davon her, daß sie „ein Werk des Teufels" und „von Grund aus böse" ist, sondern von den unerbittlichen Realitäten des ewigen Kampfes ums Dasein, an denen die Menschen vielleicht überhaupt nicht viel ändern können, und natürlich auch von ihrem Unverstand, der sie auf diese Bahn drängt.

Unsere Existenz ist um so gesicherter und erträglicher, je gleichmäßiger und stabiler die Verhältnisse sind, unter denen wir leben müssen. Die Natur kennt aber eine Gleichmäßigkeit vielfach nicht. Bald gewährt sie dem Menschen mehr, als er braucht, bald nicht einmal das zu seinem Vegetieren Notwendige. Der Sommer wechselt mit dem Winter, Hochwasser mit Dürre, Wochen der Ernte mit Monaten der Magerkeit. Es ist eine der wichtigsten Aufgaben der Technik, den Menschen wenigstens von einem allzu krassen Unterschied zwischen Mangel und Überfluß, zwischen dem, was er gerade braucht, und dem, was die Natur ihm gerade zu bieten vermag, frei zu machen und insbesondere plötzliche oder unerwartete Wechsel auszugleichen.

Sporadische Hungersnöte in gewissen Provinzen eines Landes vermag die Technik durch den Bau von Bahnen, Seite 153, saison-bedingte durch Kühlhäuser und künstliche Konservierung, lokalbedingte durch Talsperren, Staudämme und Kanäle zu verhindern, die gegen Hochwasser oder Dürre schützen, und mit denen sich in warmen Klimaten eine mehrmalige Ernte oder in Ländern mit ungünstigen hydrologischen Verhältnissen auch in wasserarmen Zeiten ein ungestörter Binnenschiffsverkehr erreichen läßt.

Aber auch innerhalb ihres eigenen Gebietes kann die Technik durch auf dasselbe Ziel gerichtete Maßnahmen Großes erreichen. Als Beispiel sei wieder die öffentliche Elektrizitätsversorgung gewählt. Seite 23. Der Kraftbedarf sehr vieler Fabriken wechselt je nach der Tages- und Jahreszeit ganz ähnlich wie der Strombedarf privater Abnehmer, so daß, wenn jede Fabrik ihr eigenes Kraftwerk hätte, die Kraftmaschinen im Jahresdurchschnitt beispielsweise nur mit 50 oder 60 % ihrer vollen Leistung ausgenutzt wären. Bei 10 Fabriken mit einem höchsten Kraftbedarf von beispielsweise je 1000 kW müßte ferner eine gesamte Maschinenleistung von 10 000 kW aufgestellt werden. Da aber der Spitzenverbrauch vieler Stromverbraucher zu recht verschiedenen Zeiten auftritt, braucht ein öffentliches Elektrizitätswerk beispielsweise nur eine Maschinenleistung von 8000 kW, wenn es die Versorgung der 10 Fabriken übernimmt, und kann außerdem statt der 10 kleinen 3 oder 4 größere, spezifisch wesentlich billigere Maschinen aufstellen, die zudem wegen ihres höheren Wirkungsgrades und der gleichmäßigeren Belastung erheblich weniger Kohle (und Wartung) brauchen. Die Gewährung eines niedrigen Strompreises zu Zeiten geringer Kraftbelastung bringt Werk und Kunden weiteren Nutzen. Schließlich kann das zentrale Kraftwerk an Flüssen, die reichliches Kühlwasser liefern, (hierdurch wird der Kohlenverbrauch erniedrigt) oder auf Gruben mit billiger Kohle (deren Bahntransport zu teuer wäre) errichtet werden. Auch bei vielen Arbeitsmaschinen zum Herstellen. von Gebrauchs- und Verbrauchsgütern lassen sich ähnliche Vorteile erzielen, wenn man dafür sorgt, daß sie möglichst voll ausgenutzt werden können. Viele Gebirgsbäche, die früher ein Feind des Menschen waren, werden durch den Bau von Talsperren mit Wasserkraftwerken, die vor Überschwemmungen schützen und auch in wasserarmen Zeiten billigen Strom und Wasser liefern, sein dienstwilliger Helfer.

Auch willkürliche oder nicht vorhersehbare und schnelle Änderungen der Preise wichtiger Rohstoffe, vor allem Verschiebungen ihrer Preisrelation zueinander, sind für die Technik äußerst unerwünscht. Sie ist daher eine Todfeindin aller Konjunktur- und Spekulationsritter und alles dessen, was ein zuverlässiges solides Planen auf lange Sicht erschwert.

Zum Erzielen der meisten oben geschilderten Vorteile ist aber der Einsatz zusätzlicher weit über rein technische Mittel hinausgehender Maßnahmen unerläßlich. Auch hieraus ersieht man wieder, wie dringend notwendig für den Ingenieur gediegene Kenntnisse außerhalb der reinen Technik sind. Sonst hat er für viele dieser Maßnahmen kein Verständnis und sträubt sich gegen sie, anstatt sie zu unterstützen, oder die Impulse zu ihrer Durchführung gehen sonst nur von Nicht-Technikern aus, d. h. kommen häufig stark verspätet und die Initiative zu ihrer Durchführung wird dem Ingenieur genommen, was seinem Ansehen und Einfluß im öffentlichen Leben nicht weniger schadet als der Sache selber.

c) Vom Wesen der Technik. Drei Erscheinungen fallen bei der Technisierung großer Völker auf: Das Ansteigen der Bevölkerungszahl, Abb. 1, die Umwertung des Begriffs „Zeit" und die Abhängigkeit des technischen Fortschrittes vom Vorhandensein eines starken nationalen Willens.

So wahrscheinlich die außerordentliche Steigerung der Bevölkerungszahl im 19. Jahrhundert, „die in der Geschichte vielleicht als eine Episode zwischen zwei dünn bevölkerten Zeitaltern stehen wird" (F. S c h n a b e l) und keine Vorgänger hat, Abb. 1, durch die vollkommener werdende Technik ausgelöst oder doch begünstigt worden ist, so sicher würde sie ohne die von der Technik zur Verfügung gestellten Mittel oder wenn der technische Fortschritt erheblich nachließe, wieder abnehmen.

Der zweiten mit der Technisierung verbundenen Erscheinung, nämlich der Auffassung: „Es gibt nichts so viel wie Zeit" des bei der Arbeitsweise zahlloser Ahnengeschlechter beharrenden Orientalen, setzten die Industrievölker die so anders lautende Losung: „Zeit ist Geld" entgegen, die zwar zu großen zivilisatorischen und kulturellen Erfolgen, allmählich aber auch dazu führte, daß man gar nicht mehr danach fragte, ob denn im einzelnen Falle eine Zeitersparnis überhaupt noch Sinn hat, sondern sie an sich für erstrebenswert hielt und dadurch den Rhythmus und öfters auch die Würde des Lebens verlor.

Als drittes Faktum haben die letzten 200 Jahre schließlich gezeigt, daß sich der technische Fortschritt nur in Ländern mit starkem nationalem Willen zu entwickeln und behaupten vermag, die es beizeiten verstanden haben, sich überlebter mittelalterlicher Institutionen, Ansichten und Gebräuche zu entledigen und dadurch die

Fundamente für einen modernen Staat und das technische Zeitalter zu schaffen. Auch in dieser Beziehung leidet Deutschland bis heute unter schweren, bis ins XIV. und XV. Jahrhundert zurückreichenden Fehlern und Unterlassungen, die mit dazu beigetragen haben, daß Ingenieure und Technik trotz glänzender Leistungen niemals die Rolle im Staate spielen konnten, die das Gemeinwohl und der allgemeine Fortschritt erfordert hätten.

Z. B. steht Heinrich VIII. und Königin Elisabeth, die mit dem englischen Volke aufs engste verwachsen und sich ihrer historischen Aufgabe voll bewußt waren, bei uns der volksfremde, Phantomen nachjagende Karl V., dem staatsmännischen Weitblick von Oliver Cromwell die politische Kurzsichtigkeit von Martin Luther, der am Aufbau eines modernen Staates hingebungsvoll mitarbeitenden englischen Aristokratie und Kaufmannschaft ein Klüngel jammervoller Duodezfürsten und Feudalherren und das opportunistische Bürgertum der „Städte" gegenüber, das auch die notwendigste revolutionäre Änderung wie den Beelzebub selber verabscheute. Alle diese Umstände trugen mit dazu bei, daß England die lange Zeit mächtigste industrielle Großmacht geworden ist.

Hätte Deutschland, das im 16. Jahrhundert in den technischen Künsten noch führend war, und jenesmal England mit seinen „Kunstmeistern" ähnlich ausgeholfen hat, wie letzteres uns mit seinen Ingenieuren 300 Jahre später, zur Zeit der Bauernkriege das Gebot der Stunde verstanden, so wären im Anschluß an die Arbeiten von O t t o v o n G u e r i c k e und von L e i b n i z Dampfmaschine und Dampflokomotive wahrscheinlich deutsche Erfindungen und der weitere Verlauf der Weltgeschichte erheblich anders geworden. Die der Technik förderlichen Kräfte verkümmerten aber seit dem 30jährigen Kriege bei uns immer mehr. Erst als sich im Anfang des 19. Jahrhunderts wieder der nationale Wille zu regen begann, wurden die Menschen mit der Unternehmungslust erfüllt, die die Technik zu ihrem Aufblühen braucht, und wenigstens einige der verstaubten Institutionen weggefegt, die Todfeind jedes großen technischen Erfolges sind (Nebeneinanderbestehen zahlloser Maß-, Gewichts- und Rechtssysteme, Währungen und Zolltarife; Auflösen der nationalen Energie in Dutzende machtloser Duodezstaaten; mangelnder Rechtsschutz, ungebührlicher Einfluß des Militärs und der hohen Bürokratie usw.). Aus denselben Gründen muß aber der technische Fortschritt in einem Lande über kurz oder lang mit dem Schwächerwerden seines nationalen Willens auch wieder nachlassen.

Die Technik erschließt zunächst neue Möglichkeiten zum Befriedigen menschlicher Bedürfnisse. Die Folge ist ebenso eine Vermehrung der Nachfrage nach Produktionsgütern wie eine Vermehıung der Produktionsmittel und ein gesteigerter Wettbewerb, der wieder eine Vervollkommnung der Produktionsmittel, eine Verbilligung der Erzeugnisse und die Möglichkeit der Herstellung neuer Erzeugnisse herbeiführt. Diese Vorgänge sind von einer gegenseitigen Befruchtung der verschiedenen Zweige der Technik begleitet, die die Entwicklung weiter fördert. Die verbesserten Produktionsmittel, die vertieften wissenschaftlichen Erkenntnisse und der gesteigerte Bedarf führen zum Erschließen neuer Rohstoffquellen und ermöglichen die Verwertung von Rohstoffen, an denen man bis dahin kein oder nur wissenschaftliches Interesse gehabt hatte (seltene Metalle, Erden und Gase). Dadurch gewinnen aber nicht nur Wissenschaft und Technik unmittelbar, sondern es gelingt der Ersatz teurer oder im eigenen Lande in unzureichender Menge vorkommender Rohstoffe durch billige einheimische. Diese anfangs nicht immer vollwertigen „Ersatzstoffe" erweisen sich nach einer gewissen Zeit nicht selten den früheren „hochwertigen" Stoffen als ebenbürtig, wenn nicht überlegen. Beispielsweise hat die durch den Krieg bedingte Umstellung wiederholt gezeigt, daß das, was zunächst nur als Zwang empfunden wurde, tatsächlich ein Vorteil war und die aufgewendete Mühe reichlich belohnte (Ersatz des Glimmers bei elektrischen Kondensatoren durch Papier, wodurch sie kleiner, leichter und widerstandsfähiger gebaut werden konnten; Ersatz des Kupfers für elektrische Maschinen durch das einheimische Aluminium, wodurch z. B. Anlasser für Personenkraftwagen fühlbar leichter wurden usw.). Viele Ingenieure erwarten schon für die nähere Zukunft den Ersatz von natürlichem durch künstlichen Gummi, von Horn durch Kunstharz, von Stahl durch Leichtmetalle und Kunststoffe aus Holz und die Kombination dieser Körper zu ganz neuartigen Baustoffen. Ein größerer praktischer Erfolg des aus Amerika stammenden Vorschlages, als Ausgangspunkt für künstlichen Gummi nicht Kohle sondern landwirtschaftliche im größten Maßstab gewonnene Produkte zu benutzen, und die großen Fortschritte in der Verwertung von Holz, Seite 158, könnten infolge der dadurch sich ergebenden engen Verschmelzung landwirtschaftlicher mit industriellen Interessen und der industriellen Chancen, die er Ländern mit einem großen Überschuß an landwirtschaftlicher Produktionsfähigkeit eröffnen würde, weitreichende Folgen haben. Die großen Fortschritte der Technik in den letzten 150 Jahren verdanken wir besonders der motorischen Kraft (Dampfmaschine), die die Erzeugung beliebig großer, zusammengeballter Energiemengen ermöglichte, der Elektrizität, die die Verteilung dieser Energie auf beliebig weite Entfernungen und in beliebiger Menge gestattete, und den Bahnen, mit denen die benötigten Rohstoffe und die gewonnenen Industrieprodukte billig transportiert werden können. Die moderne Technik beruht daher hauptsächlich auf der Erfindung der Dampfmaschine durch James Watt, der Dampflokomotive durch George Stephenson, der Dynamomaschine durch Werner von Siemens und der zähen zielbewußten Zusammenarbeit zahlloser Disziplinen, die ein Wesenszug der modernen Technik ist.

Von den vielen Definationen dessen, was Ingenieure unter Technik verstehen, werden im folgenden nur einige kennzeichnende angeführt:

1. Die Technik ist das Mittel, um die Leistung über das uns von der Natur gegebene Maß hinaus zu steigern, oder alles, was uns in den Stand setzt, unsere Leistungen zu steigern, ist Technik (F. Hahne);

2. das Wesen der Technik ist eine permanente Revolution, die ihre Ziele konsequenter verfolgt als je eine zuvor. (E. Jünger);

3. der schöpferische Techniker findet nicht nur zweckmäßige Mittel für bestimmte Ziele, sondern vielmehr neue Ziele selber und entdeckt so eine neue Erweiterung des Lebensraumes der Menschheit, an die vorher überhaupt niemand gedacht hat.

4. technisches Ideal ist das Zweckmäßige um des Zweckmäßigen willen. Daraus folgt, daß man durch seine Konstruktion mit den geringst-möglichen Mitteln das Bestmögliche zu erreichen streben soll (Bavink)[1];

5. ein Techniker ist ein Mann, dessen Interesse auf die Mittelwahl gelenkt ist, der über den Mitteln den Zweck vergißt (Spranger).

Technik kann man nun sehr verschieden definieren, je nachdem, ob sie „vernünftige" Ziele verfolgt oder nicht. Unter vernünftig angewandter Technik, die hier allein interessiert, verstehe ich eine Technik, die das ihrige dazu beitragen will, den einzelnen Bürger wie ein ganzes Volk gesund, zufrieden und lebenstüchtig zu machen und es ihm zu ermöglichen, mit ihm gutgesinnten fremden Völkern zuzusammenarbeiten und sich gegen mißgünstige zu behaupten. Dann könnte man die Technik etwa definieren als

6. eine wirtschaftliche und zweckmäßige Verwertung und Anwendung der verfügbaren Mittel anstrebende, der Erleichterung und Sicherung unseres Lebens dienende, sich zu immer vollkommeneren Leistungen erregende Disziplin.

---

[1] Das Streben der Technik nach dem Zweckmäßigen findet sich auch in der Natur, wie der Ausspruch eines Mediziners zeigt, der sagte: „Mit möglichst wenig Aufwand eine möglichst große Wirkung zu erzielen, liegt in der Richtung der allgemeinen organischen Entwicklung."

Vorstehende Definitionen gelten für jede Art von Technik. Der modernen Technik aber ist nach S o m b a r t eigentümlich, daß sie „gegenüber aller früheren Technik mit der modernen Naturwissenschaft eng verbunden ist und nach Loslösung von den Schranken der lebendigen Natur strebt. Die enge Verbundenheit von moderner Wissenschaft und moderner Technik dem technischen Nachwuchs klarzumachen, sollte eines der ersten Ziele aller technischen Lehranstalten sein. Die Wissenschaft faßt die Welt als ein (entgöttlichtes) System von Beziehungen auf, dessen einzelne Teile durch innewohnende Naturgesetzlichkeit zusammengehalten werden, die moderne Technik den Produktionsprozeß als eine (entmenschlichte) Welt im Kleinen, die sich nach Naturgesetzen abwickelt. Die Befreiung von den durch die Natur gesetzten Schranken erkennen wir bei allen technischen Prozessen in der Benutzung von Stoffen (vor allem Ersatz von Holz und Kohle als Werk-, Heiz-, Leucht- und Hilfsstoff), der Anwendung von Kräften (Ersatz menschlicher, tierischer oder ortsgebundener Wasser- oder Windkraft durch motorische Kraft) und der Wahl von Verfahrungsweisen (Verwendung anorganischer Stoffe und Kräfte und Ausschaltung der menschlichen Mitwirkung)" (S o m b a r t).

d) Von den Sünden der Technik. Wie schon in Kapitel I erwähnt wurde, wird die Technik von vielen Menschen für die eigentliche Ursache der unangenehmen Erscheinungen des Maschinenzeitalters betrachtet, nachdem man noch in der zweiten Hälfte des 19. Jahrhunderts von ihr alles Heil erwartet hatte. Besonders „Gebildete" machen ihr so ziemlich sämtliche Übelstände unserer Zeit zum Vorwurf: Die Unrast und Hast unseres Lebens und seine Entseelung, die Verschandelung der Natur und die mangelnde Liebe zu ihr, die berufliche Überbürdung und die geringe Achtung vor geistigen Dingen.

Diese Entwicklung muß sich frühzeitig angebahnt haben, denn schon G o e t h e , „der immer 50 Jahre eher klug war als die anderen", hat den Typ der kommenden Menschen vorausgesehen: „Teilmenschen, verflacht und ungesammelt, überanstrengt und humanitätslos, ganz auf Leistung und Effekt, ohne Rücksicht auf den inneren Wert eingestellt." Er hat aber auch das Positive der heraufsteigenden Zeit erkannt, denn er meinte: „Daß die neu sich bildende Welt der Maschine und des Rechtsstaates die Massen zur Anteilnahme an den Gütern der Kultur berief, sei der entscheidende Vorgang des ganzen Zeitalters" (F. S c h n a b e l).

Die Technik wird vor allem für folgende Erscheinungen verantwortlich gemacht:

a) Vorherrschaft rein materieller Interessen (Tanz um das goldene Kalb) und Nivellierung des Lebens (Normung und Typisierung);

b) Unterdrückung des Schwächeren durch den wirtschaftlich Stärkeren;

c) ungesunde Arbeits- (Staub, Dämpfen und Gasen ausgesetzte Betriebe) und soziale Verhältnisse (Klassenkampf, besitzloses Proletariat);

d) Entwurzeln und Vereinsamen des Menschen (Loslösung von der Scholle, Ertöten der Religiosität);

e) geistige Verarmung der Menschen (mangelnde Freude an der Natur, Erwecken überflüssiger Bedürfnisse, Überschätzen angelernten Wissens, Spezialistentum);

f) Schädigung von Körper und Geist durch die ungesunde Lebensweise;

g) Gefährdung der staatlichen Sicherheit durch zu enge Verknüpfung der nationalen mit fremden Volkswirtschaften.

Es erhebt sich nun die Frage, ob die Technik an den unter a) bis g) genannten Dingen tatsächlich die Schuld trägt. S o m b a r t sagt von ihr, sie sei kulturlich neutral und sittlich indifferent und könne ebenso in den Dienst des Guten wie des Bösen gestellt werden. Es läßt sich auch kaum bestreiten, daß sie z. B. ohne Opfern zahlloser kleiner Betriebe zugunsten weniger großer, ohne Bildung eines riesigen Industrieproletariates und ohne Entfremdung der Menschen von der Natur auf ihre heutige Höhe hätte kommen können. Die Entwicklung würde dann vielleicht länger gedauert haben, aber gesünder gewesen sein. Offenbar muß daher ihr ungünstiger Verlauf mindestens teilweise von Dingen herrühren, die mit ihr nur lose zusammenhängen.

Wenn man die Geschichte der letzten 150 Jahre verfolgt, erkennt man denn auch, daß die Hauptschuldigen der Egoismus der Nutznießer der Technik, Gedankenlosigkeit und Unverständnis des breiten Publikums, Mangel an Weitblick der staatlichen Organe und vollkommenes Verkennen der tiefgreifenden Änderungen waren, die die Technik im privaten und staatlichen, im nationalen und internationalen Leben, auf materiellem und geistigem Gebiete zur Folge haben mußte. Wie das Buch noch zeigen wird, haben die Menschen besonders nicht erkannt, daß mit der Technik zusammenhängende, von einem bestimmten Lande ergriffene Maßnahmen für ein ganz anderes Land schwerwiegende Folgen haben können. Sie verhalten sich daher bis auf den heutigen Tag vielfach so, wie ein seiner Aufgabe nicht gewachsener Chirurg, der zum bequemeren Erreichen seines unmittelbaren Zieles Nerven- und Gefäßbahnen miteinander verbindet oder voneinander trennt, ohne die Auswirkung eines solchen an sich vielleicht geringfügigen Eingriffes auf einen ganz anderen Teil des Körpers zu bedenken. Nur sehr zögernd beginnt die Einsicht heranzureifen, daß die durch die Technik herbeigeführte Wandlung vieler unserer Lebensbedingungen, vor allem die enge, oft weltweite Verkettung früher fast unabhängiger Faktoren miteinander, gebieterisch neue Wege für den Einsatz der Technik und die Regelung der Beziehungen der Völker untereinander verlangt. Zieht man aber die Verhältnisse der damaligen Zeit in Betracht, so kann man darüber im Zweifel sein, ob viel gewonnen worden wäre, wenn bereits im Anfang des 19. Jahrhunderts der Staat eingegriffen hätte, da er weder die erforderlichen Erfahrungen noch Erkenntnisse besaß. Seine Organe waren eben in den Vorstellungen ihrer Zeit befangen, der die Technik etwas völlig Fremdes war. Den jenesmaligen Menschen hieraus einen schweren Vorwurf machen wird auch nur, wer nicht weiß, wie sehr die Ansichten über Dinge, die wir für selbstverständlich halten und von denen wir uns gar nicht vorzustellen vermögen, daß sie anderen jemals anders erschienen sein könnten, sich im Laufe der Zeit immer wieder geändert haben. Die Geschichte bietet auch zahllose Beispiele dafür, daß die Menschen das Sichanbahnen einer Wandlung ihrer Lebensbedingungen zunächst überhaupt nicht bemerkten und wenn sie seiner schließlich gewahr wurden, nicht viel Voraussicht gezeigt haben. Ohne private Initiative und Aussicht auf Gewinn wären auch schwerlich die großen Erfindungen, auf denen die moderne Technik beruht (Kapitel IV), zustande gekommen und es ist selbst heute noch oft schwierig, die richtige Grenze zwischen privater Initiative und staatlicher Lenkung der Technik zu finden.

Nachdem sie sich aber stabilisiert hatte und man ungefähr sehen konnte, wohin die Reise ging, mußte das passive Verhalten des Staates sich rächen, denn je verwickelter die Technik und je größer ihre Macht in Staat und Gesellschaft wird, um so notwendiger wird eine übergeordnete Lenkung.

So wie in einer großen Fabrik der einzelne sich mehr Reglementierungen gefallen lassen muß als in einem kleinen handwerklichen Betriebe, und Rücksichten und Konventionen den anscheinend allmächtigen Generaldirektor oft stärker beengen als einen kleinen Handwerksmeister, so bringt es die Technisierung der Welt mit sich, daß der einzelne um so mehr auf gewisse alte „Freiheiten" verzichten muß, je größer die Erleichterungen, d. h. die neuen „Freiheiten" sind, die die Technik bietet. Denn in den verschiedensten Bereichen ist das Handinhandgehen des Gewährens neuer und des Wegfallens bestehender „Freiheiten" eine unvermeidliche Begleiterscheinung der Technik.

Teils sind es Forderungen der Natur, Seite 32 und 35, teils Eigentümlichkeiten der modernen Technik an sich, die zum Verzicht auf „alte Freiheiten" zwingen. Insbesondere durch das Nichtbeachten naturbedingter Forderungen entstehen schwere soziale, wirtschaftliche und politische Schäden. Viele Menschen glauben nämlich, die Technik lasse sich ungestraft so einsetzen, daß, um einen derben Vergleich zu gebrauchen, der Magen auf Kosten anderer Organe des Körpers und ihr spezieller Magen auf Kosten fremder Magen und anderer Organe fremder Körper leben könne. Beispiele für die Folgen dieses Irrglaubens sind auf sozialem Gebiete das Hungerproletariat, auf ökonomischem gewisse industrielle Wirtschaftskrisen, auf politischem industrielle Raubkriege.

Zu den durch die moderne Technik an sich bedingten keinem industriellen Volke erspart bleibenden Freiheitsbeschränkungen gehört das Sichabfinden mit dem Einbruch der Massenproduktion in die eigene Lebensführung. Viele Menschen halten sie lediglich für einen kulturellen Rückschritt, weil sie das Handwerk immer mehr verdrängt und der einzelne bei seinen Gebrauchsgegenständen auf die Berücksichtigung mancher Liebhabereien verzichten muß. Sie übersehen aber, daß er sie dafür für einen Preis und in einer Qualität erhält, die bei handwerklicher Herstellung undenkbar wären. Außerdem ist die Massenanfertigung für eine industrielle Großmacht unentbehrlich, weshalb sie der einzelne Bürger durch den Gebrauch genormter und typisierter Gegenstände unterstützen muß[1]). Normung und Typisierung als Voraussetzung für die Massenherstellung sind ja nur Teile einer neuen durch die Technisierung der Welt und ihre Folgen notwendig gewordenen Ordnung, die verlangt, daß wir auch in technischen Dingen zuerst nach dem Lebenswichtigen fragen und uns daher oft mit persönliche Liebhabereien, d. h. unsere „Freiheit", einengenden Maßnahmen abfinden. Die Technik wird daher ebenso zu einer weiteren Rationalisierung der gegenseitigen Beziehungen ganzer Staaten wie des Lebens der einzelnen Individuen zwingen.

Der Zwang, den die Technisierung einem modernen Volke auferlegt, ist in dieser Beziehung übrigens nicht so sehr verschieden von Maßnahmen, mit denen seinerzeit Heinrich VIII. und Königin Elisabeth in England oder einige französische Herrscher die Grundlagen für einen starken Staat geschaffen haben.

---

[1]) Schon die Marine der Republik Venedig benutzte genormte Masten und Ruder, um ihre Kriegsschiffe schneller bauen und wieder instandsetzen zu können. Normung gab es also lange vor der modernen Technik, interessant ist aber, daß sie seit jeher gerade für die Kriegsführung so große Bedeutung hatte.

Aber gegen wenige Dinge waren die Menschen aller Zeiten so empfindlich wie gegen eine Beschränkung dessen, was sie Freiheit nennen, und wenige Begriffe haben sich so grundlegend gewandelt und sind so mißbraucht worden wie sie. In der mittelalterlichen Weisheit war vollkommene Freiheit vollkommener Gehorsam gegen ein vollkommenes Gesetz, unser Zeitalter der experimentellen Wissenschaft würde sie definieren als verkörperte Intelligenz (J. H. R a n d a l l)[1]. Mit der zunehmenden Entwicklung der Technik wird auch der Begriff der Freiheit sich ändern und das Volk wird am erfolgreichsten und glücklichsten sein, dem seine jeweilige Anpassung an seine Lebensbedingungen am besten gelingt.

Die Technik reizte aber kapitalistisch eingestellte Staaten zu ihrem Mißbrauch ebenso, wie sie kapitalistisch denkende Individuen hierzu gereizt hat. Die hohe Politik hat sie schon dadurch nachhaltig beeinflußt, daß infolge der benötigten Rohstoffe (Kohle, Öle, seltene Erze, Gummi, Baumwolle usw.) Länder, in denen sie vorkamen, plötzlich eine vitale Bedeutung erhielten, und daher zum Spielball machtpolitischer Interessen wurden. Sie hat ferner infolge des Schutzes, den sie gegen die Unbilden der Natur gewährt, und der Erfindungen, mit denen sie die Welt unablässig überschüttet, zahlreiche Menschen der Natur entfremdet. Liebe zu ihr ist aber nicht trotz sondern w e g e n der Technisierung eines Landes unerläßlich, weil sie sonst eine der stärksten Quellen der Lebenskraft zum Versiegen brächte.

Ähnlich wie im 16. und 17. Jahrhundert die Religion so wurde im 19. und 20. Jahrhundert die Technik der Anlaß zu einer Umwälzung der ganzen Welt. So wenig aber Luther an die schwerwiegenden m a t e r i e l l e n Folgen seiner ganz, im Geistigen wurzelnden Bestrebungen gedacht hat, so wenig dachte James Watt an die gewaltigen g e i s t i g e n Folgen, die die anscheinend ganz auf das Materielle beschränkte Technik eines Tages herbeiführen sollte.

Schon vorstehende Ausführungen zeigen einen auffallenden Gegensatz zwischen den in der Welt der Technik gültigen und den im öffentlichen Leben vielfach zum Ausdruck kommenden Prinzipien, zwischen dem Geist, der das Schaffen der Ingenieure beherrscht, und demjenigen, mit dem viele Akteure der Weltbühne die Technik und ihre Erzeugnisse einsetzen. Dort auf lange Sicht eingestelltes Forschen und Planen, Streben nach höchster Wirtschaftlichkeit, blitzschnelles Anpassen an neue Verhältnisse, vor allem aber Bereitschaft zur Zusammenarbeit (wie großzügig tauschen z. B. die Ingenieure verschiedener Länder ihre Erfahrungen gegenseitig aus, obgleich sie auf dem Weltmarkt häufig im Wettbewerb miteinander

---

[1] R a n d a l l, J. H.: Der Wandel unserer Kultur. Stuttgart-Berlin 1932.

stehen), hier vielfach Planlosigkeit, Vergeuden von Energien, Beibehaltung überholter Methoden und Abneigung gegen schiedlich-friedliche Übereinkunft.

Zieht man alle diese Dinge in Betracht, so erkennt man, daß die Menschen mit der Technik im Großen das gleiche durchmachen mußten wie jeder von uns mit sich selber in seiner Jugend im Kleinen, nämlich Erfahrungen sammeln, und das Wesentliche der Lage, vor die wir gestellt sind, erkennen lernen. Gerade Bagatellen des Alltaglebens zeigen, wieviel noch getan werden muß, bis sich Publikum und Technik aneinander gewöhnt haben. Das Publikum möchte z. B. gewisse Fabriken mit übelriechenden Abgasen oder Abwässern am liebsten verbieten, weil es nicht weiß, daß es sie ebenso notwendig braucht wie die Land- und Forstwirtschaft, und viele Techniker wollen nicht einsehen, daß die Verpestung der Luft oder der Flüsse durch die Industrie genau so unzulässig ist, wie wenn man Müll und Küchenabfälle mitten auf öffentliche Plätze würfe. Die uns so lang erscheinende Dauer dieses Lernprozesses und seine schweren Opfer überraschen angesichts der Tatsache nicht, daß die Technik die kulturellen Verhältnisse, die berufsständige und altersmäßige Struktur und die zwischenstaatlichen Beziehungen der Völker, das Leben ganzer Kontinente in immer rascher aufeinander folgenden und immer heftigeren Stößen so stark aufgewühlt und· geändert hat wie irgendein Ereignis der Weltgeschichte zuvor, Seite 154, und trotzdem beschäftigen sich selbst heute noch unter den Nächstbeteiligten, den Ingenieuren, nur wenige ernsthaft mit diesem Problem. Nicht-Techniker sind aber mit wichtigen Zusammenhängen der Technik nicht genügend vertraut, und Nur-Techniker kennen wieder wichtige Belange des öffentlichen Lebens nur unzureichend.

Dazu, daß die Menschen eine sich anbahnende große Wandlung ihres Geschickes fast immer erst gewahr werden, wenn sie bereits ziemlich weit fortgeschritten ist, sagt R a n d a l l : „Es sind fast nie die Aufsehen erregenden Revolutionen, die tiefgreifende Änderungen herbeiführen ... Die wahrhaft bedeutenden Änderungen werden wenig beachtet, sie sind schon da, bevor man sie bemerkt." Auch die Wattsche Dampfmaschine war zunächst nur eine Angelegenheit einiger Grubenbesitzer und für die „Maßgebenden" und „Gebildeten" jener Zeit wahrscheinlich kaum mehr als eine interessante Kuriosität.

Ganz abwegig ist die Behauptung, die Ingenieure hätten fahrlässig oder gar bewußt die unglückliche Entwicklung herbeigeführt. Allein in Deutschland haben drei Ingenieure von Rang, die auch als Dichter einen angesehenen Namen hatten, M a x   M a r i a   v o n   W e b e r (1822—1888), M a x   E y t h (1836—1906) und H e i n r i c h   S e i d e l (1824—1906), vor den Gefahren einer durch die Technik verursachten rein materialistischen Lebensauffassung eindringlich gewarnt und „vornehmlich katholische Denker haben mitten im Jubel des technischen Fortschrittes daran erinnert, daß es höchste Aufgabe sei, dem technischen Zeitalter einen inneren Sinn zu verleihen" (F. S c h n a b e l). Aber auch viele der das frühere passive Verhalten des Staates Bedauernden dürften meinen, daß heute das Erwecken des richtigen Verständnisses für Wesen und Bedeutung der Technik grundsätzlich wichtiger ist als staatliche Eingriffe in die Technik. Daher muß schon der Geschichtsunterricht auf den höheren Lehranstalten der Maschine die ihr zukommende Bedeutung schenken, und die technischen Lehranstalten müssen schließlich mit allen Mitteln für Vertiefung und Erweiterung dieser Erkenntnis bei ihren Besuchern sorgen. Aber auch auf den Universitäten müssen Wesen und Bedeutung der Technik gründlicher gelehrt werden als bisher, da die moderne Geschichte ohne ihre Kenntnis nicht verständlich ist.

Immer neue Beispiele zeigen also, daß die Technik einer der grundlegenden Faktoren im Leben der Menschen geworden ist. Ihr Sinn kann daher nicht lediglich der sein, des reinen Profites wegen immer zahlreichere, wohlfeilere und vollkommenere Maschinen zu produzieren, fortwährend neue Bedürfnisse zu erwecken oder Maßnahmen durchzuführen, die oft mehr schaden als nützen, weil sie wichtige Gesetze der Natur verletzen. Aber so, wie fast ein Jahrhundert vergehen mußte, bis die Völker erkannten, wie gefährlich es werden kann, die Ausnutzung der Technik schrankenlos dem Ermessen einzelner Individuen zu überlassen, so scheint ein weiteres Jahrhundert nötig zu sein, bis sie erkennen, wie labil ihre Beziehungen zu einander sein müssen, solange die Technik im internationalen Leben im selben Geiste und mit denselben Methoden eingesetzt wird, wie irgendeines der „historischen" Requisiten der Politik. Die hohe Vervollkommnung der technischen Mittel und Verfahren hat aber die Menschen geblendet und dazu verführt, in ihr das A und O, den Selbstzweck der Technik zu erblicken. Die Ingenieure hielten aber nur das, was sich exakt messen und vorausberechnen oder mit den Händen greifen läßt, als entscheidend für den Erfolg und brachten daher weder die Zeit noch die Phantasie auf, um gewahr zu werden, welche ungeheuren Möglichkeiten in der Technik schlummern, wenn sie nicht ihr ganzes Denken „an die Herstellung von Dingen" verschwenden und „die Verfahren mit ihnen" nicht dem Zufall oder der Inkompetenz von Menschen überlassen, denen das Wesen der Technik ein Buch mit sieben Siegeln ist.

Bei der Beantwortung der Frage, wie die Technik zweckmäßiger eingesetzt werden kann, wollen wir von folgenden drei Voraussetzungen ausgehen:

1. Die Technik ist nur Mittel zum Zweck, nicht Selbstzweck. Aufgabe der Ingenieure ist es daher keineswegs, den technischen Fortschritt unter allen Umständen, sondern so vorwärtszutreiben, daß er sich dem Fortschritt auf anderen Gebieten anpaßt, einem Bedürfnis entspricht, das Wohlbefinden der Allgemeinheit erhöht und ihrem eigenen tunlichst nicht schadet;

2. auch in der Technik gebührt höheren Interessen der Vorrang vor niederen, staatlichen Belangen vor wirtschaftlichen, dem Wohlergehen der Allgemeinheit vor dem einzelner Gruppen, Gemeinnutz vor Eigennutz;

3. da vom richtigen Gebrauch der Technik (siehe Kapitel V) Wohlergehen und Sicherheit des einzelnen Bürgers wie eines ganzen Volkes abhängen, können Ingenieure ihre Aufgabe nur erfüllen, wenn sie von der Größe ihres Berufes durchdrungen sind und gediegenes allgemeines Wissen und Verständnis für die Bedürfnisse der Allgemeinheit haben.

Von den der Technik gemachten Vorwürfen müssen nunmehr noch die bedrückenden oder unhygienischen Arbeitsbedingungen in manchen Betrieben, die geistige Verarmung durch Überfüttern mit unnützen Erzeugnissen und durch übermäßiges Spezialistentum sowie die Unruhe unseres Lebens erörtert werden. Die Arbeit an Werkzeugmaschinen halten viele „Gebildete" ganz summarisch für geisttötend, weil sie die Empfindungen von Arbeitern nicht besser kennen als die Anforderungen, die die Tätigkeit an Werkzeugmaschinen stellt. Tatsächlich gibt es ebenso Maschinen, deren Bedienung für einen geistig regen Menschen sehr eintönig wäre, wie andere, deren Wartung viel Intelligenz, Aufmerksamkeit und Verantwortungsgefühl verlangt. Da aber, wie in anderen Berufen, auch unter Arbeitern Intelligenzen seltener als durchschnittlich Begabte und schwierig bedienbare Maschinen seltener als einfache sind, lassen sich die individuellen Eigenschaften der Arbeiter unschwer den individuellen Anforderungen der Maschinen anpassen. Tüchtige Maschinenarbeiter lieben schließlich ihre Tätigkeit nicht weniger und schätzen sie mit Recht ebenso hoch ein wie ein intelligenter „Gebildeter" die seinige[1]). Zahllose einfache Werkzeugmaschinen ermöglichen aber dem durchschnittlich und unterdurchschnittlich Begabten eine Tätigkeit, der er gewachsen ist und bei der er sich wohlfühlen kann.

So wie manche „Gebildete" nicht gern große Verantwortung tragen oder sich nicht gern anstrengen, so gibt es Arbeiter, denen eine

---

[1]) Über den schönen Berufsstolz der württembergischen Metallarbeiter wird gesagt, jeder Arbeiter zweier berühmter süddeutscher Firmen der Autobranche halte sich für einen kleinen Gottfried Daimler oder Robert Bosch.

körperlich leichte Tätigkeit, die wenig Nachdenken erfordert, mehr zusagt. Diejenigen aber, denen jede Arbeit ein Greuel ist, können aus unseren Betrachtungen ebenso ausscheiden wie ihre „gebildeten" Geistesverwandten. Der moderne Arbeiter führt im allgemeinen nicht mehr, wie der Handwerker, ein ganzes Stück von Anfang bis zu Ende aus. Aber auch hier gibt es Kategorien, wie z. B. Holzarbeiter, die mit Hilfe der Maschine hochwertigere Ware herstellen können als ein Handwerker, deren Leistung die Maschine also ausgeweitet hat, oder Fabriken mit eigenem Werkzeugbau, in dem in gewisser Beziehung noch nach handwerklichen Verfahren gearbeitet wird, und der hierdurch und durch die Verschiedenartigkeit der Arbeiten das Interesse intelligenter Leute sehr fesselt. Von sehr vielen Arbeitern aber, deren Tätigkeit durch die Werkzeugmaschine eingeengt wurde, wird weit größere Verantwortung und Konzentrationsfähigkeit gefordert als jemals von einem Handwerker. An Werkzeugmaschinen und Automaten für die Metallbearbeitung können zahlreiche weniger intelligente Leute nur beschäftigt werden, wenn für die Einrichter und Prüfer ein ziemlich hoher Prozentsatz von intelligenten Arbeitern zur Verfügung steht. Die Arbeit an der Maschine ist also keineswegs nicht vollwertig oder unbefriedigend, wohl aber könnte man wünschen, daß technische Laien nicht über ihnen fremde Dinge schreiben möchten. Das laufende Band (Fließband) ist nicht nur ein hervorragendes Mittel zum Verbilligen vieler industrieller Produkte, sondern manchmal auch zu einer Verbesserung ihrer Qualität, weil sich z. B. bei der Herstellung gewisser elektrischer Apparate weniger Fehler und Mängel einschleichen, wenn derselbe Arbeiter nur wenige statt eine Vielzahl von Verrichtungen ausführt. Da es am Band viele einfache Arbeitsoperationen gibt, können an ihm auch weniger hochwertige Facharbeiter und angelernte Arbeiter tätig sein. Einer seiner Hauptvorteile besteht darin, daß es bei einer Vielzahl von Menschen durch Einhalten eines gleichmäßigen Arbeitstempos einen gleichmäßigeren Arbeitserfolg erzielt.

Sein Gebrauch in Deutschland vermeidet Auswüchse und ermöglicht eine weitgehende Berücksichtigung der Individualität der an ihm beschäftigten Leute, da es zwischen Arbeiten, die viel Intelligenz, und anderen, die nur rein mechanische Tätigkeit verlangen, zahlreiche Zwischenstufen gibt. Im übrigen ist in Deutschland das Arbeitstempo am Band wohl stets ein gesundes, und besonders Frauen sind an ihm oft lieber tätig als an anderen Maschinen. Selbstverständlich hat seine Anpassung an deutsche Verhältnisse einige Zeit gedauert und selbstverständlich gibt es Menschen, die sich für das laufende Band nicht eignen.

Gewisse unter Staubentwicklung, giftigen Gasen und Dämpfen oder großer Hitze leidende Betriebe sind allerdings gesundheitsschädlich. Die Schutzvorrichtungen werden aber immer vollkommener, auch können die in ihnen Beschäftigten durch kürzere Arbeitszeit und auf andere Weise einen Ausgleich erhalten. Dank der in solchen Betrieben arbeitenden Leute kann aber eine sehr viel größere Zahl von Menschen ein gesundes Leben führen.

e) Einst und jetzt. Es fragt sich nun, wie die Lebensbedingungen im allgemeinen und die der breiten Volksmassen im besonderen vor der industriellen Revolution in den heutigen Industrieländern gewesen sind. Macaulay schreibt in seiner Geschichte von England, einen Londoner von heute (1850) würde das unsaubere Aussehen und die verpestete Atmosphäre selbst des vornehmsten Teiles seiner Hauptstadt um das Jahr 1650 anekeln. Der Unterschied zwischen dem Gesundheitszustand in London seiner Zeit und dem jenesmaligen sei bei weitem größer als derjenige des zeitgenössischen London (1850) im normalen Zustand und während einer Choleraepidemie. Was dies sagen will, wird klar, wenn man sich der Choleraepidemie in Hamburg im Jahre 1892 erinnert und berücksichtigt, wie sich die sanitären Verhältnisse seit 1850 weiter verbessert haben. Über die erste englische Bäderstadt Bath im Jahre 1650, die der Sitz eines Bischofs war, schreibt Macaulay: „Die armen Kranken ... lagen auf Streu an Orten, welche mehr Höhlen als menschlichen Wohnungen glichen." Man kann sich danach einen Begriff von den Zuständen des siebzehnten Jahrhunderts in weniger bevorzugten Orten und weniger reichen Ländern machen.

Der Wochenlohn eines gewöhnlichen Landarbeiters ohne Kost hat nach derselben Quelle um 1660 im Sommer 4 Shilling, im Winter 3 Shilling 6 Pence, der Tagelohn eines Webers 6 Pence betragen und 6jährige Kinder wurden als für die Arbeit in Tuchmanufakturen geeignet angesehen. Die Preise der Nahrungsmittel waren aber nicht im selben Verhältnis billiger als heute[1]), Seite 9. Der moderne englische Geschichtsschreiber Trevelyan kommt zu ähnlichen Ergebnissen. Er meint, auch schon unter dem Lehrlingssystem des 18. Jahrhunderts hätten arme Kinder ähnlich mißbraucht werden können wie später in den schlimmsten Fabriken, und schon lange vor der industriellen Revolution hätten Behörden und Gesellschaft durch ihre soziale Gleichgültigkeit schwer gesündigt. Über das wahre Glück

---

[1]) Eine erhaltengebliebene Rechnung für das Übernachten Peters des Großen in Godalming in Südengland (1698) läßt allerdings auf sehr billige Nahrungsmittel schließen, soll sie sich doch für rd. 50 kg Fleischgerichte, reichliche Getränke und Übernachten auf nur 20 Shilling belaufen haben.

und moralische Wohlergehen der großen Masse in Großbritannien vor dem Jahre 1800 sei fast nichts bekannt. Es sei aber sehr zweifelhaft, ob ein genauer Einblick in irgendeine frühere Periode ein für unser modernes Empfinden weniger unerfreuliches Ergebnis hätte als die üblen Verhältnisse zwischen 1800 und 1840. Wie dürftig z. B. infolge des im argen liegenden Transportsystems und der vorausgegangenen Waldschlächterei die Lebensbedingungen um das Jahr 1750 gewesen sein müssen, zeige der Umstand, daß für die meisten außerhalb der Kohlen- und Torfdistrikte lebenden südenglischen Bauern ein Kochfeuer ein Luxus und Brot und Käse Hauptnahrungsmittel waren.

Über Deutschland schreibt der junge H a r k o r t (1793—1880): „Wir sehen Gegenden des Vaterlandes, wo Kartoffeln, Sauerkohl und Branntwein Bedürfnisse sind, dagegen Schuhe, Strümpfe und Brot nicht zum Leben gehören. Dort liegt noch Nacht über dem geistigen Menschen." In einem Bericht über den Einfluß des sich entwickelnden westfälischen Eisenhüttenwesens aus dem Jahre 1825 heißt es: „Mancher Arbeiter fängt schon an, solidere und besser zubereitete Speisen den magenfüllenden Kartoffeln vorzuziehen. Selbst in Hinsicht der Kleidung kann man schon einige Aufmerksamkeit bemerken." Noch um 1800 brachte nach S c h n a b e l jede Mißernte in Deutschland wegen der fehlenden Verkehrsmittel unsagbare Not in die davon betroffene Gegend.

Es kann jedenfalls kaum ein Zweifel darüber bestehen, daß die Technik vor allem die Existenzbedingungen der breiten Masse erheblich verbessert hat, so daß auch ihr schärfster Schmäher zum Lobredner werden würde, wenn er eine Zeitlang wie unsere damaligen Vorfahren leben müßte. Ihr angeblich weit „geruhsameres" Leben mußte auf jeden Fall durch eine weit längere Arbeitszeit erkauft werden. Sie betrug im Durchschnitt 16 Stunden täglich, als man lediglich Handwerkszeuge gebrauchte, und sank mit zunehmender Verwendung und Verbesserung von Maschinen allmählich auf die heute üblichen 8 Stunden. Das Los des durchschnittlichen Menschen wird sich aber in dem Maße weiter verbessern, wie uns zunehmende Einsicht und Erfahrung ermöglichen, die Technik richtig zu gebrauchen und wie sich unser moralisches Empfinden hebt.

Viele Klagen über eine schädliche Wirkung der Technik rühren übrigens davon her, daß der Mensch sich den stürmischen Änderungen der letzten 100 Jahre seelisch nicht anzupassen vermochte und daher durch sie verwirrt und beunruhigt wurde. Sehr viele empfinden nun einmal infolge ihrer Veranlagung oder der ihnen unbewußten Abneigung gegen das Neue die Dinge als wünschenswert, die sie von Jugend an kennen, und wer von der lebenden Generation als

Kind noch an Irrlichter und Geister glaubte, hatte es schwerer, sich
an Radio, Sportplatz und Flugzeug zu gewöhnen als Kinder, die mit
diesen Dingen schon von der Wiege an vertraut sind. Das Unter-
bewußtsein zahlreicher Menschen ist stärker, als ihnen selber klar
ist, mit einer Periode verbunden, die mit ihrem Leben nur wenig ge-
mein hat. Da außerdem in der Erinnerung das Unangenehme schneller verblaßt als das Angenehme, erscheinen frühere Perioden unseres
Lebens oft zu Unrecht schöner als die gegenwärtige. Daß dies zu
allen Zeiten und in allen Ländern so gewesen sein muß, läßt sich u. a.
aus der um 1850 geäußerten Ansicht M a c a u l a y ' s schließen, es
könnte auf den ersten Blick überraschen, daß die bürgerliche Gesellschaft trotz ihres unaufhaltsamen und schnellen Vorwärtsstrebens
stets mit Vorliebe aber zu Unrecht auf die Vergangenheit zurück-
blicke. Schuld hieran sei, daß die Ungeduld, die sie antreibe, vor-
hergehende Perioden zu übertreffen, auch dazu verführe, deren Glück
zu überschätzen.

Aus ähnlichen Gründen haben viele Menschen einen so starken
Hang für das Romantische, daß, wenn es durch die Technik schließlich in ihr Leben tritt, es sie allein aus dem Grunde nicht freut,
weil die Technik für sie nun einmal die Inkarnation alles Nüchternen
bedeutet. Als beispielsweise Kraftwagen und Flugzeug das uralte
Sehnen der Menschen nach einer ihre Kräfte übersteigenden Geschwindigkeit erfüllt hatten, und der Geschwindigkeitsrausch viele
ergriff, setzte prompt das Jammern der „Romantiker" ein, weil nicht
der „Zaubermantel" der Dichter, sondern ein Ding aus Stahl und
Eisen, das „schnödes Geld" kostete und dessen Handhabung Geschicklichkeit verlangte, den jahrtausendealten Traum hatte Wirklichkeit werden lassen. Hiermit soll natürlich nicht der Autoraserei
das Wort geredet, sondern nur gezeigt werden, mit welch ver-
schwommenen Empfindungen manche Gebildete der Technik gegenübertreten.

Zweifellos kommen technische Erzeugnisse auf den Markt, die
besser nie erdacht und hergestellt worden wären, und zweifellos werden manche an sich wertvolle technische Erzeugnisse zu fragwürdigen Zwecken mißbraucht. Hält aber ein vernünftiger Mensch die
Feuerspritze für verfehlt, weil ein Narr sie mit Benzin statt Wasser
füllt, oder das Klavier, weil ein Stümper auf ihm andauernd Nigger-
jazze heruntertrommelt? Vielleicht mußte auch die Technik eine
Art von Jugend- und Flegeljahren durchmachen, was aber über ihren
Wert nicht mehr aussagen würde als die entsprechende Zeit über
den Wert des heranreifenden Menschen.

Die Ansichten selbst sehr bekannter Laien über technische Fragen
und ihre der Technik zuweilen mit großer Unbekümmertheit erteilten

Ratschläge verraten oft wenig Sachkenntnis und Tatsachensinn und beweisen, wie notwendig es ist, daß Ingenieure ihre Angelegenheiten im öffentlichen Leben selber vertreten. Beispielsweise schreibt Oswald Spengler in seinem Buche „Der Mensch und die Technik" (1931): „... Die elektrische Kraftübertragung und die Erschließung der Wasserkräfte haben die alten Kohlengebiete Europas samt ihrer Bevölkerung entwertet" und „das faustische Denken beginnt der Technik satt zu werden. Eine Müdigkeit verbreitet sich ... gerade die starken und schöpferischen Begabungen wenden sich von praktischen Problemen und Wissenschaften ab und der reinen Spekulation zu ... Die Flucht der geborenen Führer der Maschine beginnt. Bald werden nur noch Talente zweiten Ranges, Nachzügler einer großen Zeit verfügbar sein." Die Erschließung der Wasserkräfte hat aber in Wirklichkeit die Kohlengebiete Europas nicht entwertet, sondern ihre Schonung ermöglicht und die elektrische Kraftübertragung hat vielen Industrien ihre Freizügigkeit wiedergegeben (so daß die Kohlengebiete nicht noch mehr übervölkert zu werden brauchen) und viele Wasserkräfte durch deren elektrische Kupplung mit Kohle-Kraftwerken überhaupt erst ausbauwürdig gemacht. Die Geschichte der Technik seit der Zeit, da er obige Worte geschrieben hat (und schon vorher) ist aber ein einziger Beweis dafür, daß auch seine zweite Ansicht falsch ist.

Professor Sombart schrieb noch vor etwa 10 Jahren, das Luftschiff „Graf Zeppelin" könne doch nur dazu dienen, „ein paar meist belanglose Personen und eine belanglose Post zu einer schnellen Beförderung in ein fernes Land zu befähigen". Eisenbahn und Kraftwagen, deren Nutzen für die Allgemeinheit er anerkennt, wären wohl nie zustandegekommen, wenn ähnliche Einwände, die seinerzeit tatsächlich gemacht worden sind, ein williges Ohr gefunden hätten. Die weitere Bemerkung von Sombart, dem „Grafen Zeppelin" wäre viel größerer Ruhm zuteilgeworden, wenn man ihn nach der stolzen Erdumkreisung nicht in den „Frondienst niederer geschäftlicher Interessen" gestellt, sondern in ein Museum gesteckt und nur an hohen nationalen Festtagen für Rundfahrten durch Deutschland benutzt hätte, spricht mehr für die bereits erwähnte romantische Ader mancher Gebildeter als für ihren Wirklichkeitssinn und erinnert an Äußerungen aus der Frühzeit der Eisenbahn, über die auch sie wohl nur noch lächeln, Seite 130.

Zum Verhüten der Vielerfinderei schlägt Sombart vor, daß das Patentamt außer den privaten Erwerbsinteressen auch die öffentlichen Interessen bei Anmeldung einer Erfindung prüfen und daß ein „oberster Kulturrat", dem Techniker mit beratender (!) Stimme angehören, darüber entscheiden solle, ob „die Erfindung kassiert, dem

Museum überwiesen oder ausgeführt werden soll". Der Staat müßte dann den Erfinder angemessen honorieren, gleichgültig, ob seine Erfindung für das Leben oder das Museum bestimmt wird. Ich möchte bezweifeln, ob das Patentamt oder irgendein Ingenieur von Ruf, der mit Erfindern zu tun hatte und selbst ein paar brauchbare Erfindungen fertiggebracht hat, diesen Vorschlag anders als vollkommen abwegig nennen werden. Er trägt weder dem öffentlichen noch dem industriellen Interesse, weder der Natur vieler Erfinder noch dem Werdegang großer Erfindungen, Seite 137—140, weder einem öffentlichen Bedürfnis noch dem technischen Fortschritt Rechnung. Auch wenn man davon absieht, daß bei seinem Befolgen eine Unzahl unerquicklicher Auseinandersetzungen zwischen dem Staat und dem Heer verkannter, eine „Entschädigung" verlangender Erfinder und ein direkter Anreiz zum überflüssigen „Erfinden" das S o m b a r t ja gerade verhindern will, die unvermeidliche Folge sein müßte und auch das tüchtigste Gremium von Fachleuten oft mit dem besten Willen nicht sagen könnte, ob eine Erfindung vorwiegend privaten oder öffentlichen Interessen dient, würde der Vorschlag schon dadurch schweren Schaden anrichten, daß, wie Kapitel IV zeigt, die Bedeutung auch solcher Erfindungen, die sich später als besonders wertvoll erweisen, in ihrem Anfangsstadium auch von den tüchtigsten Ingenieuren oft nicht erkannt worden ist.

S o m b a r t meint schließlich, viele Güter, wie z. B. Staubsauger, Traktoren und Getreideselbstbinder seien zu kompliziert, weil „sie einfache Vorrichtungen auf einen kunstvollen, teuren Apparat übertragen". Tatsächlich sind Staubsauger aber eine große Wohltat und hygienischer, wirksamer und für die gereinigten Gegenstände schonender als jedes Staubwischen von Hand. Auf den Laien mögen sie einen verwickelten Eindruck machen, infolge ihrer vorzüglichen Durchbildung genügen sie aber höchsten Ansprüchen an Lebensdauer und geringe Wartung. Ob endlich Traktoren und Getreideselbstbinder am Platze sind, hängt lediglich von der Eigenart und Größe eines landwirtschaftlichen Betriebes und davon ab, ob Mangel oder Überfluß an Arbeitskräften besteht, siehe Kapitel V. Mindestens der Traktor[1], der jetzt schon eine unentbehrliche Hilfe für den Bauern ist, dürfte nach dem Kriege für viele Länder völlig unent-

---

[1] Die Bedeutung des Traktors für die menschliche Ernährung geht daraus hervor, daß ein Mähdrescher 10 bis 12 Pferde oder Maultiere benötigt und in der amerikanischen Landwirtschaft im Jahre 1924 noch rund 21 Millionen Zugtiere beschäftigt waren, deren Verbrauch an Nahrungsmitteln etwa dem von 30 Millionen Menschen entspricht. Der deutsche Bestand an Pferden, ohne Militärpferde, betrug im Jahre 1935 noch rund 3,4 Millionen.

behrlich sein. Er ist eine der größten landwirtschaftlichen Erfindungen überhaupt.

Ein weiterer Stein des Anstoßes für manche Volkswirtschaftler sind private Forschungsinstitute. Sie verlangen daher, daß die wissenschaftliche Forschung der Initiative der privaten Unternehmen entzogen und in einem staatlich geleiteten Institut zusammengefaßt werde. Tatsächlich sind aus industriellen Forschungslaboratorien auch in rein wissenschaftlicher Hinsicht Erkenntnisse größter Bedeutung hervorgegangen. Wilhelm Ostwald sagt hierzu, „daß durch eine Vervielfältigung der Forschungsarbeit zum Zwecke der Entdeckung neuer Farbstoffe das Entdecken kommerziell organisiert werden kann, und zwar mit einem ungewöhnlich großen wirtschaftlichen Erfolg, war eine Entdeckung von größter Tragweite, die dem Entdeckerlande bis zum Weltkriege die führende Stelle in der chemischen Feinindustrie der ganzen Welt verschafft hat". In der Elektrotechnik, der Metallurgie, der Optik und auf anderen Gebieten liegen die Dinge ebenso. Die Wissenschaft würde daher nicht weniger der Leidtragende sein als die Industrie und es wäre niemand gedient als einem persönlichen Steckenpferd, wenn man die private Forschung beschneiden würde. Daß daneben vor allem in der Grundlagenforschung staatliche Initiative Außerordentliches zu leisten vermag, beweisen die rund 40 Institute der Kaiser-Wilhelm-Gesellschaft zur Förderung der Wissenschaften. Sie haben den schon von Leibniz ausgesprochenen Gedanken, Stätten für die freie Forschung zu schaffen, überaus glücklich verwirklicht und auch in technischen Sonderfragen (Erforschung der Kohle, Metalle, Farbstoffe, Mineralien) Hervorragendes geleistet. Auch andere Staaten haben gewaltige Summen in solche Forschungsanstalten investiert.

Über den dem Aufwand oft nicht entsprechenden Nutzen von Reglementierungen wurde bereits gesprochen. Sie sollten auch deshalb auf das unbedingt notwendige Maß beschränkt werden, weil sie von übereifrigen oder ihrer Sache nicht gewachsenen Organen oft in einer den Absichten ihrer Urheber nicht entsprechenden Weise durchgeführt werden und dadurch viel Ärger erregen.

f) Technik und Kultur. Der Technik wird immer wieder vorgeworfen, sie sei kulturfeindlich, da sie nur ein Mittel zum Befriedigen menschlicher Bedürfnisse sei, keinen Selbstzweck und auch keine Eigengesetzlichkeit wie Kunst und Wissenschaft habe, Arbeit und Arbeitsleistung atomisiere und entpersönliche, das Wissen mechanisiere und entgeistige, die Landschaft verunziere und die Schrecken des Krieges vermehre.

Tatsächlich sind Kunst, Wissenschaft und Technik gleichwertige Kulturgüter, und die Maschine braucht keineswegs ein Feind der

menschlichen Ordnung und der Kunst zu sein. Die Technik ist nur
die jüngste Erscheinung in der Geschichte der Menschen. Z s c h i m -
m e r bezeichnet die Idee der Technik als die organische Erscheinung
eines größeren Phänomens der Kulturentwicklung überhaupt; nach
B a v i n k ist die Technik neben Kunst, Wissenschaft und dem
ethisch-religiösen Reiche ein gleichberechtiges Kulturgebiet. Andere
bedeutende Nicht-Techniker kommen zu ähnlichen Ergebnissen, und
die Geschichte der großen Erfindungen, siehe Seite 124, beweist, daß
bedeutenden Erfindern die Vervollkommnung ihres Werkes immer
wichtiger als die Sucht nach Gewinn ist und daß sie außer geistigen
auch seelische und charakterliche Kräfte brauchen.

Die Verschandelung der Landschaft durch die Technik gehört in
Deutschland, von seltenen Ausnahmefällen abgesehen, einer vergangenen Epoche an. Zahllose neuere Brücken und andere Eisen- und
Eisenbetonbauwerke genügen höchsten künstlerischen Ansprüchen,
und ein Werk wie die Reichsautobahnen wird noch kommenden Jahrhunderten Vorbild für musterhaftes Gestalten und Einfügen technischer Werke in die Natur sein.

Ein weiterer Stein des Anstoßes sind Schallplatten und Radio,
weil sie die Musik angeblich mechanisiert und durch Verdrängen der
häuslichen Musik zur Verarmung unseres künstlerischen Lebens beigetragen haben. Auch dieser Vorwurf ist leicht zu entkräften. Die
von Grammophon und Radio ausgesandten Tonwellen sind zweifellos
nicht immer eine reine Ohrenweide, aber die nachdenklichen Worte
eines weisen Dichters:

> Musik wird oft nicht schön empfunden,
> weil sie stets mit Geräusch verbunden,

wurden lange vor der Zeit des Grammophons und Radios gesprochen.

Entscheidend für das Beurteilen der angeblichen Mechanisierung
der Musik durch die Technik aber ist, daß trotz einer Entwicklungszeit von nur 20 Jahren von Schallplatten oder Originalaufführungen
übertragene Musik einen bemerkenswert hohen Stand erreicht hat
und weit mehr vom Geiste der Komponisten verrät als das Klavier-
spiel kunstbeflissener höherer Töchter. Gute Hausmusik verdient ge-
wiß Förderung. Es ist aber durchaus unzulässig, wenn man einfach
darüber hinweggeht, daß erst der Rundfunk Millionen kunst-
hungriger auf dem Lande lebender Menschen die Teilnahme an den
Darbietungen unserer besten Bühnen und Konzertsäle ermöglicht hat.
Außerdem gestattet die durch die Maschine ermöglichte Entlastung
von schwerer körperlicher Arbeit im Verein mit dem Rundfunk
zahllosen Menschen die Teilnahme an den Freuden der Kunst und
Wissenschaft, die früher nie hieran hätten denken können.

Aber auch insofern hat die Technik die Kultur gefördert, als sie hochentwickelten Völkern, deren geographische Lage ungünstig oder deren Lebensraum knapp ist, Mittel in die Hand gab, sich gegen kulturell unterlegene, aber geopolitisch günstiger gestellte zu behaupten. Dadurch, daß sie die Lebensmöglichkeit derjenigen Völker, die sie zu entwickeln und anzuwenden verstehen, ungeahnt stärkte, rückte sie als ebenbürtiger Erhalter und Förderer völkischen Lebens neben die Landwirtschaft. Bauer und Ingenieur sind also für ein „technisches Volk" kein Gegensatz, sondern etwas Zusammengehöriges, sich Ergänzendes. Der Ingenieur kann ohne den Ertrag der bäuerlichen Arbeit nicht leben, die Tätigkeit der Ingenieure macht die Arbeit der Bauern ertragreicher und leichter, und nur das Zusammenwirken beider vermag das Leben des Volkes zu sichern. Unsere hochentwickelte Technik schafft die Mittel zum Schutze der bäuerlichen Arbeit, ohne die es für uns keine Lebensmöglichkeit innerhalb unserer völkischen Grenzen gäbe. Das Bauerntum gibt aus seinem Verbundensein mit der Natur die lebendige Grundlage.

Man mag die Dinge wenden wie man will, auch von dem Vorwurf, die Technik sei kulturfeindlich, bleibt nichts übrig. Sie ist vielmehr das Mittel, „sich unser Leben unserem Erkennen gemäß zu gestalten und erhält den Sinn, den wir dem Leben selbst geben, und dient dem Zweck, den wir dem Dasein selbst zulegen. Sie wird die Kultur fördern, wenn unser Dasein dies anstrebt, aber nur reine Zivilisation hervorbringen, so lange wir kein höheres Ziel im Auge haben" (F. H a h n e). Die ungünstigen Einwirkungen der Technik auf die Kultur rühren fast ganz davon her, daß die Menschen nicht imstande waren, sich dem blitzschnellen, durch die Technik verursachten Wandel ihrer Lebensbedingungen anzupassen. Dazu war er viel zu überraschend, zu groß und zu neuartig. Wir müssen aber „die Pflicht unserer Zeit erfüllen, nämlich die gestörten Wechselbeziehungen zwischen Kultur und Technik wieder herstellen. Die Vorbedingung zum Lösen dieser Aufgabe ist die richtige Erkenntnis des Zieles und der Wege, die zu ihm führen" (G r a m m e l). Machen wir von der Technik den richtigen Gebrauch, so sind die Dinge, unter denen wir so lange gelitten haben, nur ein Übergangsleiden.

Daran, daß weite Kreise, darunter kluge und sachliche Männer, der Technik ablehnend gegenüberstehen, sind übrigens die Ingenieure zum Teil selber schuld, weil sie in Verkennung wichtiger psychologischer Zusammenhänge und in einseitiger Konzentrierung auf das rein Technische viel zu wenig taten, um die Öffentlichkeit über die Technik zu unterrichten, diese Arbeit vielmehr anderen überließen. Soweit sie etwas unternahmen, wandten sie sich fast ausschließlich an ihre eigenen Kreise, der Gedanke, vor die breite Öffentlichkeit zu treten, kam ihnen teils nicht, teils wurde der Versuch mit ungeeigneten Mitteln ausgeführt, teils hielten ihn die Ingenieure für unter ihrer Würde, teils fehlten ihnen wohl die Verbindungen und vielleicht auch die erforderliche Gewandtheit. Ein schlagendes Beispiel hierfür sind die schiefen Ansichten, die sich infolge dieser Passivität im Laufe der Zeit im Publikum über die Arbeit an der Maschine und am laufenden Band gebildet haben und heute fast allgemein geglaubt werden, weil über diesen Gegenstand fast ausschließlich Nicht-Techniker redeten und schrieben. Je bekannter der Betreffende war, je mehr wurde seine Ansicht unwidersprochen übernommen, ohne daß man viel nach seiner Sachkenntnis fragte. Schließlich wurden derartige Darstellungen sogar von manchen Ingenieuren geglaubt, zumal aus ihren Kreisen kein ernstlicher Widerspruch erfolgte. Die Technik war ja etwas so Bequemes, denn sie erleichterte nicht nur unser Dasein, sondern ließ sich dafür noch als Prügelknabe mißbrauchen, an dem man all seinen Ärger ungestraft auslassen konnte. Die Ingenieure verwandten zwar viel Geld und Geschick an das wirkungsvolle Propagieren ihrer Erzeugnisse, in der Propaganda über wichtige allgemeine, für ihr und zahlloser Ingenieure und Arbeiter Wohl und Wehe entscheidende Belange der Technik waren sie Stümper, die über diese Seite der Propaganda ungefähr so dachten, wie ein hoher Staatsbeamter der wilhelminischen Zeit über staatliche Propaganda. Spricht es nicht Bände, daß trotz der großen Zahl hervorragender mitten im Wirtschaftsleben stehender Fachgenossen in den letzten 30 Jahren nur ganz wenig Bücher über die Technik oder mit ihr zusammenhängende aktuelle Fragen von Ingenieuren geschrieben worden sind, die das Interesse nichttechnischer Kreise gefunden hätten. Der Grund kann offenbar doch nur der sein, daß auch die Elite unter den Ingenieuren die ausschließliche Beschäftigung mit dem laufenden Geschäft für viel wichtiger hält als wenigstens einen Teil ihrer Zeit allgemeinen Problemen zu opfern. Auch hieran ist die einseitig auf das Heranzüchten technischer Spezialisten gerichtete Erziehung an den Technischen Lehranstalten schuld, die in der Aufklärung ihrer Hörer über die Bedeutung der Technik für die Allgemeinheit um Jahrzehnte hinter der Wirklichkeit einherhinkt, und ihnen weder die Weite des Blickes noch andere wichtige Qualitäten zu vermitteln verstanden hat, die dem akademischen technischen Studium erst seinen rechten Sinn und Rang zu geben vermögen.

g) Technik und Wissenschaft. Alle bisherigen Betrachtungen haben die enge Verbundenheit von Wissenschaft und Technik gezeigt, auf die wir auch weiterhin immer wieder stoßen werden. Wie in Chemie, Heilkunde, Biologie und Physik kommt auch in der Technik heute kein Staat mehr ohne planmäßige und großzügige wissenschaftliche Forschung aus, die geradezu eine Lebensnotwendigkeit für große industrielle Staaten geworden ist. Werner von Siemens hat schon im Jahre 1883 gesagt: „Die Industrie eines Landes wird niemals eine internationale, leitende Stellung erwerben und sich erhalten können, wenn dasselbe nicht gleichzeitig an der Spitze des naturwissenschaftlichen Fortschrittes steht"[1]). Die moderne Technik ist ohne die moderne Wissenschaft undenkbar und die Wissenschaft hätte ihren heutigen Stand nicht erreicht, wenn ihr die Technik nicht die sinnreichen und komplizierten Meßapparate zur Verfügung gestellt hätte, die viele folgenschwere naturwissenschaftliche Erkenntnisse erst ermöglicht haben. Aber auch in ihrem Wesen und ihrer Auswirkung sind Wissenschaft und Technik enger miteinander verwandt, als man gemeinhin annimmt. Die Wissenschaft sucht ihre Erkenntnisse unablässig zu erweitern und zu vertiefen, die Technik nach einem ihr innewohnenden Gesetz ihre Methoden und ihre Erzeugnisse unablässig zu verbessern.

Der Mensch hat aber sein Verlangen, vom Baume der Erkenntnis zu essen, immer teuer bezahlen müssen. Als er sich vor 300 Jahren auf das damals unerhörte Wagnis einließ, hinter die Geheimnisse der Natur zu kommen, gab er alle Dämme und Sicherungen, die seinem Forschen hätten Grenzen ziehen können, preis. Er mußte den einmal beschrittenen Weg weitergehen, ob er wollte oder nicht und ungeachtet der sich daraus ergebenden Folgen. Der mit der modernen Technik unternommene Versuch, die Macht des Menschen zu erweitern, hatte ähnliche aber umso schlimmere Folgen, je größer die Macht wurde, die eben diese Technik dem Menschen über die Natur verlieh. Nachdem man einmal angefangen hatte, Maschinen zu bauen, konnte jede weitere nur ein Zwischenglied auf der Suche nach einer noch vollkommeneren oder stärkeren, aber kein Abschluß, nichts Endgültiges sein. Oswald Spengler sagt etwa dasselbe mit den Worten: „Es gehört zum Wesen der persönlichen Menschentechnik, daß jede Erfindung die Möglichkeit und Notwendigkeit neuer Erfindungen enthält, daß jeder Wunsch tausend andere weckt, jeder Triumph über die Natur zu noch größeren reizt". Der bekannte Schilderer der englischen Gesellschaft John Galsworthy meint, Menschen seien gar nicht imstande, ihre eigenen Erfindungen zu kontrollieren, sondern könnten bestenfalls eine Anpassungsfähigkeit an die neuen Bedingungen schaffen, die diese Erfindungen schufen.

---

[1]) Etwa um die gleiche Zeit (1886) hat Rudolf Virchow von einer ganz anderen Seite her mit den Worten „in dem schweren Kampfe um das Dasein der Völker werden nur diejenigen bestehen, denen es gelingt, die Geheimnisse der Natur in immer neuen Richtungen zu enthüllen", denselben Gedanken geäußert.

Zu den bereits bekannten traten daher neue Arten von Maschinen um so schneller und in um so größerer Zahl, je mehr und je schneller die Naturwissenschaften neue Erkenntnisse und Entdeckungen zeitigten. Wozu dieser wilde Wirbel führen mußte, bei dem nur noch nach dem „technischen Fortschritt" aber nicht mehr danach gefragt wurde, ob er denn die Menschen besser und glücklicher macht, bei dem der Profit und nicht mehr die Ethik den Ausschlag gab, müssen wir heute schaudernd erleben.

Trotz der engen Verbundenheit von Naturwissenschaft und Technik besteht ein gewisser Gegensatz zwischen Wissenschaftlern und Ingenieuren. Manche Wissenschaftler halten die Tätigkeit der Ingenieure der ihrigen als nicht ebenbürtig, da sie nicht „um eines hehren Ideales, sondern schnöder Gewinnsucht wegen" geleistet werde. Nun ist es mit solch hochtrabenden Bewertungen immer eine mißliche Sache. Das Argument ist aber auch falsch, denn die meisten jungen Leute werden nicht wegen der Aussicht auf großes Einkommen Ingenieure, sondern wählen ihren Beruf wie die meisten Wissenschaftler, weil er ihren Neigungen entspricht und ihnen „Spaß macht". Aber auch der fertige Ingenieur ist im Durchschnitt finanziell schwerlich wesentlich günstiger gestellt als der Wissenschaftler, der, da er vorwiegend staatlicher Angestellter ist, unter Konjunkturschwankungen weniger zu leiden hat, siehe Seite 232. Dagegen ist die Zahl derjenigen, die eine ihnen zusagende Tätigkeit über alle anderen Erwägungen stellen, bei Wissenschaftlern zweifellos größer als bei Ingenieuren, die schon ganze Kerle sein müssen, wenn sie nicht einem einflußreicheren und höher bezahlten aber technisch weniger interessanten Posten den Vorzug geben sollen. Nun gibt es an sich wenige Ingenieure, die ganz in der reinen Technik aufgehen und sich gleichzeitig für leitende Posten in der Verwaltung eines Unternehmens eignen. Im übrigen werden in diesen Dingen Ingenieure um so mehr wie Wissenschaftler denken, auf ein je höheres Niveau die Technik kommt und je größer die Achtung des Publikums vor der Ingenieurarbeit wird, Seite 145. Alles in allem käme man den tatsächlichen Verhältnissen aber näher, wenn man sagte, die Technik müsse von dem unmittelbaren Ertrag ihrer Arbeit leben, die Wissenschaft nicht. Wenngleich aus dieser Formulierung kein Werturteil über die Wissenschaften abgeleitet werden kann, so kann man aus ihr noch weniger eine Minderwertigkeit der Technik folgern.

„Wesen und Kennzeichen der Wissenschaft ist: rationelles Vorhersagen. Die großen Fortschritte der Technik sind erst dann zu erwarten, nachdem die Wissenschaft ohne Rücksicht auf den Sonderfall die Fragen allgemein geklärt hat" (W i. O s t w a l d). Auch wer die Wissenschaft nicht um ihrer selbst willen liebt, sollte aber wissen, daß sie uns so gut wie niemals einen leichten industriellen Gewinn in den Schoß wirft, wenn wir sie lediglich praktischer Zwecke wegen unterstützen. Sie ist eine kühle und stolze Spröde, die um ihrer selbst geliebt sein will, dann aber ihr gebrachte Opfer auch materiell immer wieder reich belohnt. S a u e r b r u c h sagt: „Wissenschaftlicher Fortschritt reift wie die Frucht auf dem Felde. Die Technik erfuhr gerade von solchen Erfindungen her stärkste Impulse, die nicht unter dem Gesichtspunkt augenblicklicher Verwertbarkeit gemacht worden sind. F a r a d a y dachte nicht an den Elektromotor und H e r t z nicht an den Rundfunk, aber die gesamte Elektrotechnik hätte sich nicht zu ihrer heutigen Blüte entwickeln können, wenn nicht jemand aus seinem Eigensten heraus in bisher unbekannte Gebiete des Lebens vorgedrungen wäre."

Die systematisch betriebene sog. Grundlagenforschung, die zunächst nur rein wissenschaftlichen Zwecken diente, bekam schnell große erfinderische Bedeutung, indem sie sich auf bestimmte technische Ziele einstellte. In der synthetisch-chemischen Industrie, bei der Entwicklung von Leichtmetallen, Edelmetallen und „Ersatzstoffen", wie z. B. dem natürlichem Gummi überlegenen Buna, wirkte sie wahre Wunder. Dank der durch sie erschlossenen Erkenntnis konnte zu der Natur der Sonne, des Regens und der Winde die Natur der Hochdruckkonklaven, des Lichtbogens und elektrothermischer Bäder treten, die denen, die sie zu erfinden und anzuwenden verstehen, für die Menschen unentbehrliche, ihnen aber von einer mißgünstigen Natur versagte oder nur kümmerlich gewährte Stoffe in fast unerschöpflicher Menge in den Schoß werfen.

Der Umstand, daß oft sehr erhebliche Zeit vergeht, bis eine wissenschaftliche Erkenntnis so ausgereift ist, daß die Technik sich ihrer mit Erfolg bedienen kann, verführt manche Ingenieure zu einem abwegigen Urteil über den Wert der Wissenschaft. B a v i n k sagt dazu mit Recht: „Im Anfang einer neuen Erkenntnis ist die reine intuitive Einsicht eines alten Praktikers der vorläufig noch unfertigen Theorie oft weit überlegen. Auf die Dauer aber muß die durch sorgfältige Zergliederung gewonnene Einsicht das bloße „Gefühl" besiegen und sich auch in praktischer Hinsicht ihm als weit überlegen erweisen"[1]), Seite 248.

Darin besteht ein grundsätzlicher Unterschied, daß die Wissenschaft unabhängig von den Zeitumständen das Vollkommene, die Technik das durch die jeweiligen Zeitumstände bedingte Erreichbare anstrebt. Daher liegt, ähnlich wie in der Politik, die Beschrän-

---

[1]) B a v i n k , B.: Ergebnisse und Probleme der Naturwissenschaften. Leipzig 1940.

kung, der Kompromiß, die Notwendigkeit, das Wünschenswerte sorgfältig gegen das mit den zur Verfügung stehenden Mitteln Erreichbare abzuwägen, in der Natur der Technik. Eines dieser Mittel ist
die Wissenschaft, von deren Entwicklungshöhe das Leistungsvermö-
gen der Technik in hohem Maße abhängt. Die Wissenschaft hat
ferner im allgemeinen „Zeit", die Technik nicht, weil sie häufig unter
dem Zwang der Verhältnisse innerhalb sehr beschränkter Frist etwas,
wenn auch vielleicht Unvollkommenes schaffen muß, das auch
seinen Schöpfer nicht immer befriedigen wird. „Die Wirkungsstätte
der Ingenieure ist die Welt mit ihren drängenden Aufgaben"
(A. S t o d o l a).

So wenig wie die Technik ist aber auch die Wissenschaft um ihrer
selbst willen da, denn „alle Wissenschaft, die Beachtung und Förderung seitens der Gesellschaft beansprucht, muß den Nachweis ihrer
Nützlichkeit und Notwendigkeit führen ... Ihre einzige Daseins-
berechtigung ist ihr sozialer Nutzen" (W i l h e l m O s t w a l d).

Ein ähnlicher Zwiespalt wie zwischen Ingenieuren und den Wissenschaftlern, die die vorwärtsstürmende Technik nicht begreifen können, weil ihr Entschlußkraft und Anpassungsfähigkeit verlangender
Charakter ihrem auf Beschaulichkeit eingestellten statischen Wesen
fremd ist, besteht zwischen einem kühnen Konstrukteur und einem
wissenschaftliches Durchdringen seiner Arbeit liebenden Ingenieur,
der nicht einzusehen vermag, daß es oft wichtiger ist, mit vereinfachten Berechnungsverfahren oder nach dem Gefühl etwas Unvollkommenes zu schaffen, als einem Bedürfnis überhaupt nicht abzu-
helfen. Zwischen den beiden äußersten Flügeln der eigentlichen Ingenieure sind daher die Gegensätze oft ähnlich groß wie zwischen
den Ingenieuren gemeinhin und den reinen Wissenschaftlern. Aber
unabhängig von der Bewertung der Wissenschaft kann man sagen,
daß, wer den Kern einer Sache begriffen und einige Phantasie und
Unternehmungslust hat, in der Technik fast immer erfolgreicher sein
und schwierige Lagen besser meistern wird als ein Mensch mit großem theoretischem Wissen, aber ohne geistige Beweglichkeit, Phantasie und Entschlußkraft. Vor allem Ingenieure, die etwas schaffen,
gestalten, konstruieren wollen, müssen auf das Anschauliche, Praktische eingestellt sein, sonst ist ihr Erfolg meist kein großer. Gelehrte wissenschaftliche Rabulistik ist ihnen ebenso fremd wie eine
vom Gegenständlichen losgelöste, rein abstrakte Denkweise, und
ihr den Erfolg anstrebender, allem „Nutzlosen" abholder Sinn fragt
bei „gelehrten" Spekulationen, die die einfachsten Dinge und Erscheinungen zerreden oder in einen sterilen Pessimismus ausmünden,
nüchtern: à quoi bon?

Es wurde bereits auf die Förderung der Wissenschaft durch die Technik hingewiesen. Insbesondere Elektronenmikroskop, Röntgenröhre und Wilsonkamera haben die Grundlagen der Physik entscheidend beeinflußt.

Wenn den Ingenieuren von Wissenschaftlern zuweilen ihr Mangel an Wissenschaftlichkeit zum Vorwurf gemacht wird, so können die Ingenieure auf Erscheinungen hinweisen, die der Objektivität selbst hochbedeutender Gelehrter kein sehr günstiges Zeugnis ausstellen. Hierzu gehören z. B. folgende berühmt gewordene Definitionen des großen Philosophen H e g e l : „Die Wärme ist das Sichwiederherstellen der Materie in ihrer Formlosigkeit, ihre Flüssigkeit der Triumph ihrer abstrakten Homogenität über die spezifischen Bestimmtheiten, ihre abstrakte nur an sich seiende Kontinuität als Negation der Negation ist hier als Aktivität gesetzt", und „die Elektrizität ist die unendliche Form, die mit sich selbst different ist, und die Einheit dieser Differenzen; und so sind beide Körper untrennbar zusammenhaltend wie der Nordpol und Südpol eines Magneten. Im Magnetismus ist aber nur mechanische Tätigkeit." Auch der hervorragendste Wärmetechniker oder Elektroingenieur wird, wenn man die Worte Elektrizität, Magnetismus und Wärme wegläßt, schwerlich angeben können, was mit dieser Wortakrobatik gemeint ist.

Wenig Objektivität verrät die Ablehnung des zweiten Hauptsatzes der Wärmetheorie durch E r n s t H ä c k e l , weil er meinte, aus ihm ergäbe sich der sog. Wärmetod des Universums, der zu seiner Theorie, die Welt bestehe von Ewigkeit zu Ewigkeit, nicht gepaßt haben würde, oder die entrüstete mit der Begründung, der Versuch habe mit wirklicher Wissenschaft nichts zu tun, noch vor knapp 70 Jahren erfolgte Ablehnung der Einladung eines Physikers, sich einen Versuch anzusehen, durch einen gefeierten Professor. Auch Leuchten der Wissenschaft sollten daher die alte Weisheit beherzigen, „wir sind allzumal Sünder", und deshalb die Erhabenheit der Wissenschaft nicht mit der Erhabenheit ihrer eigenen Person verwechseln.

Sollte die Ansicht B a v i n k ' s , die Technik übertreffe die Wissenschaft vielleicht noch an Objektivität, zutreffen, so würde dies wohl mit davon herrühren, daß sich in der Technik schnell zeigt, ob etwas „richtig" ist, und davon, daß der Tatbestand sich fast immer einwandfrei rekonstruieren läßt. Noch so gelehrtes Reden allein hat eine falsch konstruierte Maschine nicht zum Laufen gebracht oder eine infolge falscher Theorien zusammengestürzte Brücke wieder heil auf ihre Fundamente gestellt.

Man kann über Geld denken wie man will, als Bewertungsmaßstab für viele Ideen und Taten hätte es den Vorteil, daß es nicht mehr vorhanden ist, wenn die Sache, in der es investiert wurde, nichts taugt, und von diesem Standpunkt aus könnte man es vielleicht bedauern, daß manche Theorien keine „Investitionsgüter" sind. Außerdem spielt sich die Technik vor einer breiteren und unnachsichtigeren Öffentlichkeit ab als irgendeine andere Betätigung, und auch der Umstand begünstigt die Objektivität der Technik, daß Ingenieure sich fortwährend mit den tausend Widerwärtigkeiten des praktischen Lebens herumschlagen müssen, was zu nüchternem Denken und dazu zwingt, den Boden nicht unter den Füßen zu verlieren.

Ingenieuren bereiten zwei neuere Erscheinungen in der Physik, der Hauptgrundlage der Ingenieurwissenschaften, Kopfzerbrechen: die erstaunliche Tatsache, daß im Gegensatz zum Schall die Lichtgeschwindigkeit von der Relativbewegung der Lichtquelle unabhängig ist, und der Angriff der neueren Physik auf das Kausalitätsgesetz (demzufolge eine bestimmte Wirkung eindeutig von einer bestimmten Ursache herrührt), das sie durch den Begriff der Wahrscheinlichkeit ersetzt. Die dem Ingenieur so selbstverständlich erscheinende Anschaulichkeit versagt gegenüber den aus der konstant bleibenden Lichtgeschwindigkeit sich ergebenden Folgerungen vollständig. Mit dem Verzicht auf das Kausalitätsgesetz geht aber „ein Stück unserer Weltanschauung verloren, an das zu glauben innerer Zwang und tiefe Beruhigung war" (S t o d o l a).

Man sprach schon von einer kranken Wissenschaft und warf der neueren Physik Unanschaulichkeit, Unfruchtbarkeit und Dogmatismus vor; S t o d o l a wieder hält den Vorwurf der Unfruchtbarkeit für ungerechtfertigt, weil die Physiker nie gewisse Versuche von grundlegender Bedeutung (Bestätigung der materiellen Wellenvorgänge) angestellt haben würden, wenn sie die Theorie nicht jeweilig gefordert hätte. Die meisten Ingenieure dürfte die Auffassung, „der Intellekt wird sich seiner Grenzen bewußt und trachtet nicht mehr danach, den Schleier des Bildes von Sais zu lüften, sondern begnügt sich damit, aus der Tiefe einiges ‚Beobachtbare' herauszufischen" (S t o d o l a), am meisten befriedigen, müssen sie sich doch dauernd mit dem jeweils Erreichbaren begnügen, Seite 211, und brachten sie doch tausend kleine Erfahrungen ihres täglichen Lebens zu der Erkenntnis S t o d o l a 's auf viel bescheidenerem Wege. Diese Beschränkung ist aber für sie weder Enttäuschung noch Resignation[1]), sondern das natürliche Einreihen in eine Weltordnung, die an Gewaltigen und Wunderbarem dadurch nichts verliert, daß der Mensch hinter viele ihrer Wunder nicht kommen kann.

---

[1]) R u d o l f V i r c h o w meinte: „Denn gleichwie es eine Hoffnung des Forschens und eine Gemeinschaft der Wissenden gibt, so gibt es auch eine Demut des Wissens, eine Resignation der Erkenntnis."

Es sind heute nur noch außerordentlich wenige Menschen imstande, in diesen erhabensten Gefilden forschend zu arbeiten, und die Zahl derer, die ihre Arbeiten wirklich verstehen, ist gleichfalls bescheiden. Der Rest der wissenschaftlich Gebildeten ist mehr oder weniger darauf angewiesen, ihnen zu glauben. J. H. R a n d a l l sagt hierzu: „Unsere Einstellung (zu den Wundern der Wissenschaft) hat viel Ähnlichkeit mit der des mittelalterlichen Gläubigen ... Der einzige Unterschied ist, daß unsere Wunder (Radio usw.) nie versagen. Die Gründlicheren unter uns suchen deshalb angestrengt etwas von dem, was sie glauben, zu verstehen ... Unser Glaube ist der Glaube, der die Maschine geboren hat und dem jeder technische Einfall, der unser Leben und unsere Zivilisation ermöglicht, entspricht."

Aus den weiter vorn geschilderten Gründen liegt die Neigung, ja der Zwang zu einer gewissen Gleichförmigkeit im Verhalten und den Ansichten, zu einer Art geistiger Typisierung der Menschen, mindestens innerhalb bestimmter Bereiche ebenso in der Natur der modernen Technik wie der Zwang, sich auf fremde Feststellungen zu verlassen, d. h. an ihre Richtigkeit zu „glauben". Daraus haben sich weit über den Sektor der Technik hinaus eigentümliche Nebenwirkungen ergeben. Die in der Technik (und auch sonst) oft unvermeidliche korporative Arbeit bringt es mit sich, daß zahlreiche Ingenieure sich in große Organisationen zu ihrer Verrichtung einordnen müssen, ohne daß sie viele der Voraussetzungen, auf denen sie sich aufbaut, kennen oder imstande sind, deren Richtigkeit nachzuprüfen. Sogar das eigentliche Ziel ihrer gemeinsamen Anstrengungen wissen sie häufig nicht.

Wenn nun selbst Ingenieure (ähnlich wie Ärzte) auf ihrem ureigensten Gebiet in so hohem Maße darauf angewiesen sind, anderen korporativ zu „glauben", so ist es erst recht nicht verwunderlich, daß bei technischen Laien die Neigung, sich bei mit der Technik zusammenhängenden Dingen korporativ auf die Richtigket der Maßnahmen oder Äußerungen übergeordneter oder von ihnen für klüger gehaltenen Personen unbesehen zu verlassen, stark zugenommen hat, weil die materiellen Erfolge der Technik so groß sind und viele Erfindungen das scheinbar Unmögliche möglich gemacht haben.

So kam es, daß viele Menschen auch bei nicht-technischen, z. B. politischen Angelegenheiten, deren Grundlagen und treibenden Motive sie nicht übersehen, immer weniger den einzigen Mentor zu Rate ziehen, der ihnen in solchen Fällen zur Verfügung steht, den gesunden Menschenverstand[1]), und anstatt selbständig zu denken,

---

[1]) Das Verhältnis des „gesunden Menschenverstandes" zu dem, was wir Wissen oder allgemeine Bildung nennen, läßt sich durch eine Analogie

sich lieber korporativ auf die Richtigkeit der Maßnahmen fremder Menschen verlassen, die sie — manchmal zu Unrecht — für gescheiter als sich selber halten. Diese Neigung dehnte sich von einzelnen Individuen allmählich auf große Gemeinschaften aus und brachte es schließlich zuwege, daß ganze Völker mehr oder weniger leicht ein Opfer des Massenwahns wurden oder sich fast widerstandslos sinnlosen Maßnahmen politischer Scharlatane fügten. Es will manchmal scheinen, als ob im technischen Zeitalter der gesunde Menschenverstand nicht nur nachgelassen habe, sondern als ob die Menschen auch geringeren Gebrauch von ihm machen würden.

Ein sachlich Urteilender wird daher etwa zu folgendem Ergebnis kommen:

Technik und Wissenschaft sind Gebiete von so ungeheurer Ausdehnung geworden, daß auch der klügste Mensch schon aus Mangel an Zeit nur noch kleine Teile von ihnen zu überblicken und nur noch auf einem verhältnismäßig eng begrenzten Teilgebiet zu arbeiten vermag. Wissenschaft und Technik können daher nur dann Höchstleistungen erzielen, wenn die erforderliche Zahl von Menschen nach gesunden Prinzipien zum Erreichen verhältnismäßig beschränkter Ziele bereitwillig zusammenarbeitet, wenn diese Teilarbeiten zum Verwirklichen eines großen Zieles sinngemäß koordiniert werden und wenn Wissenschaft und Technik sich, bald gebend, bald nehmend, gegenseitig bereitwillig unterstützen. Zu dieser das gesamte moderne Leben kennzeichnenden korporativen Arbeitsleitstung sagt ein bekannter englischer Diplomat und Schriftsteller[1]): „Die menschlichen Angelegenheiten können nicht mehr durch einen einzelnen individuellen Willen gelenkt oder als Ganzes durch eine einzelne individuelle Intelligenz begriffen werden. Sie sind über die Leistungsfähigkeit irgendeines einzelnen Gehirns hinausgewachsen. Die künftige Staatskunst muß ein korporatives und kein Einmann-Geschäft werden." Da Wissenschaft und Technik aufeinander angewiesen sind, sollten ihre Vertreter das Moltke'sche Wort vom getrennten Marschieren und gemeinsamen Schlagen beherzigen. Die Arbeits- und Denkweise des Ingenieurs ist auf seinem Platze ebenso nötig wie die des Wissenschaftlers auf dem seinigen. Ob Ingenieure

---

aus der Mathematik recht plastisch klarmachen. So wie auch derjenige, der von Mathematik nichts versteht, doch fast immer erkennen kann, ob ein gewisser Einfluß sich positiv oder negativ auswirkt, ob er also, mathematisch gesprochen, ein $+$ oder ein $-$ Zeichen hat, so vermag der unverbildete „gesunde Menschenverstand" auch solchen Individuen, die nur unzulängliche politische oder wirtschaftliche Kentnisse bzw. Urteilskraft haben, zu zeigen, ob sie wenigstens in der rechten Richtung marschieren oder nicht. Damit ist aber in zahllosen Fällen schon viel gewonnen.

[1]) Harold Nicolson: Curzon. The Last Phase. London 1934.

oder Wissenschaftler, Juristen oder Soldaten, Ärzte oder Bauern, ein Volk braucht die Mitarbeit aller, wenn es éxistieren, der Fortschritt, wenn er wahrer Fortschritt sein will. Nicht der Dünkel auf ein angeblich besonders hochwertiges Tätigkeitsgebiet kann Maßstab für die Bewertung eines Standes oder Individuums sein, sondern letzten Endes nur das, was sie auf ihrem Gebiet für die Allgemeinheit leisten.

Eine solche sich in eine große Gemeinschaft dienend einfügende Mitarbeit könnte auch vielen wieder den Halt geben, den sie früher an ihrer dörflichen oder gewerblichen Gemeinschaft gehabt haben. Außer dem religiösen Glauben ist sie vielleicht allein imstande, unser Denken und Handeln in die Sphäre zu erheben, die wirkliche Größe gibt. Das Sicheinsfühlen mit einer großen Gemeinschaft ist auch in anderer Beziehung eine starke Quelle von Kraft. Jede Lebensauffassung nämlich, die die Dinge ausschließlich vom Standpunkt des einzelnen Individuums aus betrachtet, die nur unter diesem Gesichtspunkt danach fragt, ob etwas falsch oder richtig, gut oder schlecht, gerecht oder ungerecht ist, verstrickt sich in unentwirrbare Widersprüche, Pessimismus und Enttäuschung. Sieht man aber dieselben Dinge vom Standpunkt einer größeren Gemeinschaft aus an, so bekommen viele ein anderes Aussehen und erscheinen weit weniger als ein Spielball des blinden Zufalls. Selbst manches, was einem sonst bitter „ungerecht" zu sein schien, wirkt dann sinnvoll. Einem Ingenieur sollte dies um so eher einleuchten, als ihm seine berufliche Tätigkeit immer wieder zeigt, daß er nur in Gemeinschaft mit anderen Großes vollbringen kann.

Ein Ingenieur sollte mit allen Mitteln versuchen, sich ein möglichst umfassendes Wissen auf anderen Gebieten anzueignen, so wie es anderen Berufen nur nützen kann, wenn sie auch von technischen Dingen etwas verstehen, weil sie die Technik dann gerechter beurteilen und ihre eigene Tätigkeit fruchtbarer gestalten können. Ein Zeichen von Dünkel ist es, wenn ein Angehöriger eines bestimmten Berufes bei Äußerungen von Vertretern anderer Berufe über sein Arbeitsgebiet nicht in erster Linie darauf achtet, ob sie das, worauf es ankommt, richtig erkennen, sondern auf kleinen Unstimmigkeiten oder unvollkommenen Formulierungen herumreitet, die auf die Sache ohne Einfluß sind.

h) Technik und Zukunft. Auch wer der Ansicht wäre, daß die Technik den Menschen mehr genommen als gegeben hat, würde töricht handeln, wenn er deshalb versuchte, die Geschehnisse der letzten 150 Jahre rückgängig zu machen. Man muß sich vielmehr mit den Tatsachen abfinden und aus ihnen lernen. Nicht auf das Bejammern der durch die Maschine ausgelösten Entwicklung kommt

es an, sondern darauf, sie in eine gesündere Richtung zu drängen
und die Folgen der Maschine den seelischen Bedürfnissen der Menschen anzupassen, was nur allmählich gelingen kann. Manche Ablehnung der Maschine durch Gebildete rührt wohl mit von einer
Art Ressentiment her, das sich auch bei klugen Menschen findet
und über das wir bereits auf Seite 60 gesprochen haben. S p e n g -
l e r sagt hierzu: „Man begeistert sich an den verlegenen Schilde-
rungen antiken Großstadtlebens ..., aber demselben Stück Wirklichkeit in heutigen Weltstädten geht man klagend und naserümpfend
aus dem Wege. Man würde eine Dampfmaschine als Symbol menschlicher Leidenschaft und Ausdruck vitaler Energie erst dann gelten
lassen, wenn Heron von Alexandrien sie erfunden hätte". Infolge
dieser Einstellung interessiert der moderne Ingenieur, der zwar
kein Perpetuum mobile, keinen Stein der Weisen und keinen Homun-
culus zu schaffen versucht, aber riesige Wüsteneien in einen Gottes-
garten verwandelt und die Weite der Ozeane für Auge und Ohr auf
die Bedeutung von Ententümpeln herabgedrückt hat, viele Gebildete
noch immer weniger als mittelalterliche Alchimisten.

Da gegen Unsachlichkeit und Überheblichkeit der Hieb die beste
Parade ist, sollten Ingenieure eine solche negative Einstellung als
das kennzeichnen, was sie ist, als das Lamentieren Hilfloser, die es
für eine Tat halten, wenn sie hinter dem vorwärtsstürmenden Wagen
der Technik herschimpfen, die die Errungenschaften der Technik
zwar bereitwillig benutzen, sich jedoch nach einem imaginären
Hellas sehnen, aber natürlich als die Herren und nicht als die Sklaven, ohne die die griechische Kultur ebenso wenig möglich gewesen
wäre wie die unsrige ohne Technik und Maschinen.

Die Technik wird ohne großzügige Verständigung der Völker
untereinander niemals der Welt das geben können, was sie braucht
und von ihr erwartet. Aber mit ihr und untermauert von einer
Ethik, deren Größe einigermaßen der Größe der Technik entspricht,
müßte sie Ergebnisse zeitigen, die die Worte vollauf rechtfertigen[1]):
„Die Entfaltungsmöglichkeiten des technischen Zeitalters, an dessen
Schwelle wir stehen, sind unabsehbar. Es schafft neue materielle
Grundlagen für alle kommenden Kulturen ... Die künftigen Kultur-
epochen, die aus dem technischen Zeitalter hervorgehen werden,
werden sich ebenso hoch über die Lebensform der Antike und des
Mittelalters erheben, wie diese über die prähistorischen Kulturen der
Steinzeit." Arbeiten die Ingenieure in diesem Glauben, so haben
sie keinerlei Ursache, sich für weniger wert als irgendein anderer

---

[1]) R. N. C o u d e n h o v e - K a l e r g i : Revolution durch Technik.
Leipzig-Wien 1932.

Stand zu betrachten, und werden das werden, was sie sein sollten: Baumeister einer besseren Welt!

Die Welt steht vor ungeheuren Aufgaben, wenn sie aus dem Zustand herauskommen will, in den sie Inkompetenz, Scheelsucht, Egoismus und gedankenloses Beibehalten veralteter Methoden gebracht hat. Der nun schon mehrere Jahre angestaute Bedarf an Produktionsgütern und an Stoffen für die Bauwirtschaft, die lange Zeit hindurch nur unzulänglich ausgeführten Reparaturarbeiten, der feh-

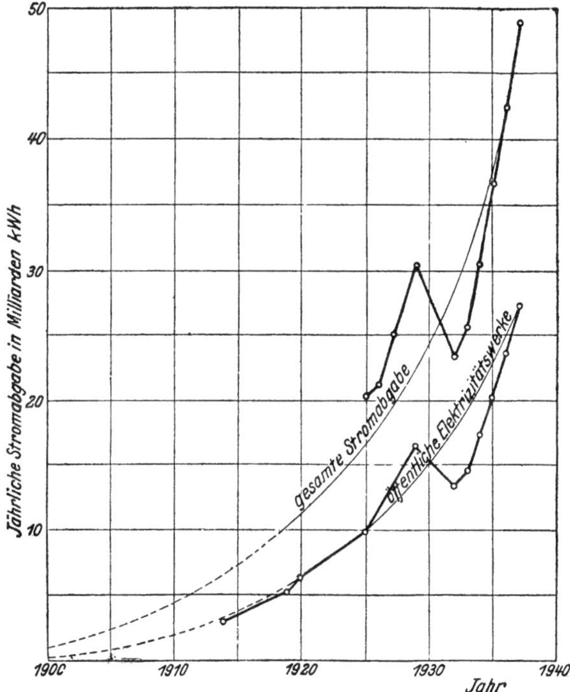

Abb. 2. Deutsche Stromerzeugung in Milliarden kWh seit dem Jahre 1900. (Nach Statistisches Jahrbuch des Deutschen Reiches 1938, S. 85, und Grundfragen der Elektrizitätswirtschaft, erschienen 1939.)

lende Schiffsraum, die abgenutzten Transportmittel, die furchtbaren Verwüstungen durch Flugzeuge und Artillerie zwingen zu größter Rationalisierung der menschlichen Arbeitskraft in allen Berufen. Auch deshalb sollte das Erfinden um des Erfindens willen, das Herausbringen entbehrlicher Parallelkonstruktionen, das andauernde Abändern bewährter Maschinen bekämpft werden, weil es die Kräfte eines Landes nutzlos zersplittert und die Aufmerksamkeit der In-

genieure von wirklich wichtigen Dingen ablenkt. Für die Lösung
dieser vielfältigen Aufgaben ist die Mitarbeit der Ingenieure schon
wegen der Sachlichkeit ihres Denkens, der Systematik ihrer Unter-
suchungsmethoden und ihrer Eigentümlichkeit, nach dem Vollkommenen zu streben und sich mit dem Erreichbaren abfinden zu
können, unentbehrlich. An ihre Hingabe und Zielstrebigkeit werden
nicht weniger große Anforderungen gestellt werden als an ihr Verständnis für Fragen von allgemeinem Interesse. Sie müssen aber endlich begreifen lernen, daß die Technik den ihr zustehenden Rang im

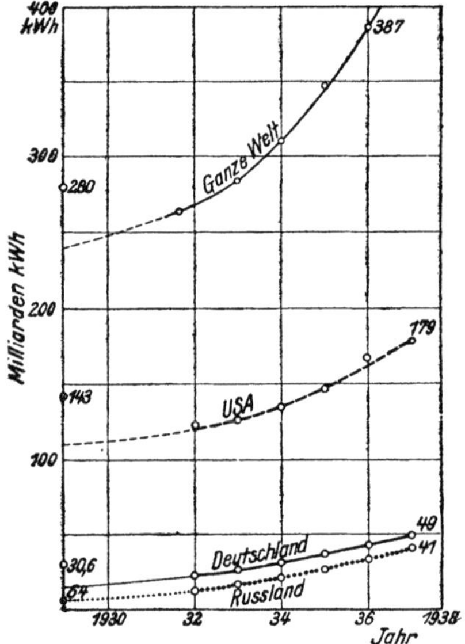

Abb. 3. Jährliche Stromerzeugung
von öffentlichen Elektrizitätswer-
ken und von industriellen Kraftwerken in verschiedenen großen
Staaten seit dem Jahre 1929.
(Nach Statistisches Jahrbuch des
Deutschen Reiches 1938, S. 85.)

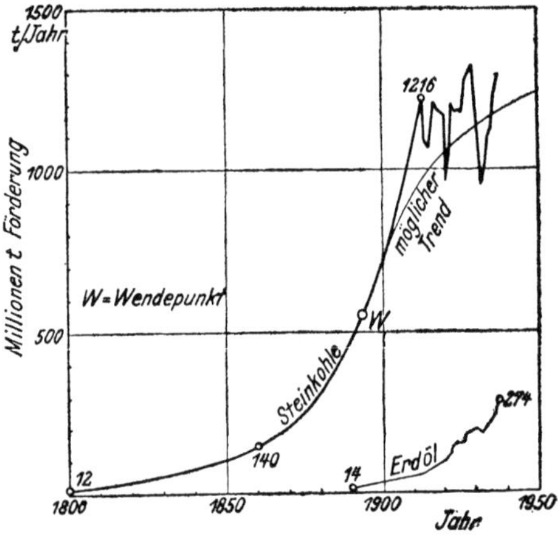

Abb. 4. Weltgewinnung an Steinkohle seit dem Jahre 1800 und an
Erdöl seit dem Jahre 1890. (Nach
Statistisches Jahrbuch des Deutschen Reiches 1938.)

öffentlichen Leben nur dann wird erringen können, wenn sie nicht
mehr ähnlich handeln, wie ein auf dem Wege zur Großmachtstellung
begriffener Staat handeln würde, der zwar eine vorzügliche Innen-
politik betriebe, aber auf eine eigene Außenpolitik verzichtete und
sich darauf verließe, daß sie ein anderer Staat für ihn treuhänderisch
besorgt.

Da Erfindungen und Neuerungen einander in atembeklemmender
Hast jagen, wird des öfteren die Meinung laut, der technische Fort-

schritt sei sehr lange ungesund übersteigert worden, weshalb sein jetziges Tempo nur noch kurze Zeit anhalten könne. Es ist daher interessant, drei Grundlagen der Maschinenindustrie, nämlich die Jahreserzeugung an Strom, Steinkohle und Roheisen daraufhin anzusehen, ob die ihr Wachstum angebenden Kurven eine Neigung verraten, flacher zu verlaufen. Nach Abb. 2 und 3 zeigt die Kurve der Stromerzeugung keines, ist vielmehr steiler geworden. Dagegen

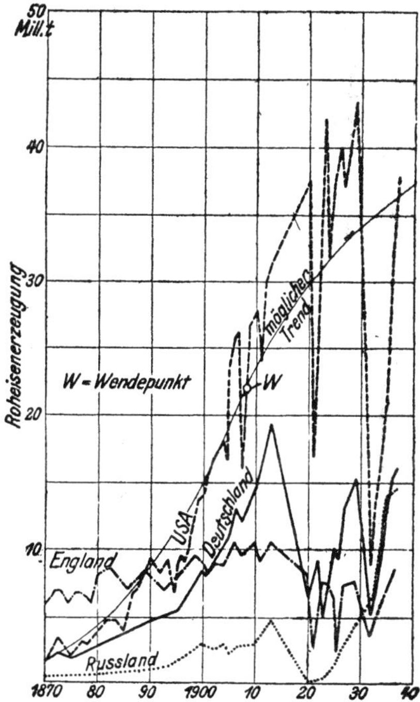

Abb. 5. Roheisenerzeugung verschiedener großer Industriestaaten in Millionen Tonnen (1 t = 1000 kg). (Nach Gemeinfaßliche Darstellung des Eisenhüttenwesens. 10. Aufl., S. 123. Düsseldorf 1918, und Statistisches Jahrbuch des Deutschen Reiches 1938.)

hat es den Anschein, als ob bei der Weltförderung der Steinkohle, Abb. 4, und bei der nordamerikanischen Roheisengewinnung, Abb. 5, bereits ein Trendwechsel (Wendepunkt W) erfolgt sei und die Entwicklung ähnlich verlaufe wie bei manchen biologischen Prozessen, wo sie zunächst bis zu einem Wendepunkt parabelartig zunimmt und dann allmählich abklingt, Abb. 6.

Ein solcher Verlauf ist vor allem bei technischen Entwicklungen naheliegend, bei denen allmählich eine gewisse Sättigung eintreten muß, wie z. B. der Länge des Bahnnetzes oder der Zahl der Kraftwagen eines Landes. Auch die Roheisenerzeugung wird hierzu gehören, weil ein erheblicher Teil des Eisens für solche Güter verwendet wird. Ein erfolgter Trendwechsel in der Gewinnung an Roheisen und Kohle könnte aber in seiner Einwirkung auf den technischen Fortschritt dadurch kompensiert werden, daß an die Stelle schwerer, den Aufwand von verhältnismäßig wenig Arbeit verlangender Produkte durch weitgehende Bearbeitung verfeinerte Produkte von leichterem Gewicht getreten sind (Radioapparate, Kühlschränke, Staubsauger, Kraftwagen, sanitäre Einrichtungen). Hierauf weist die noch immer zunehmende Stromerzeugung hin, da sie zum Teil dem Herstellen und Betreiben der betreffenden Erzeugnisse dient. Aber auch eine Verlangsamung des technischen Fortschrittes brauchte nicht nachteilig zu sein, wenn dadurch die übermäßige Einspannung

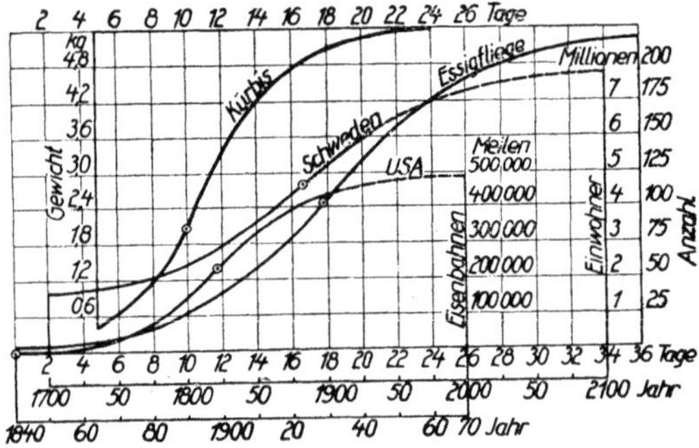

Abb. 6. Beispiele für den zeitlichen Verlauf biologischer und wirtschaftlicher Vorgänge. Die die Vermehrung von Essigfliegen (in 0,24 l-Flasche), das Wachstum des Kürbis, die Entwicklung der Bevölkerung (Schweden) und der Eisenbahnen (USA.) darstellenden Kurven zeigen einen ausgesprochenen Wendepunkt. (Gegenüber der Originalabbildung in der Erstveröffentlichung erweitert durch die Kurve der Entwicklung der Bevölkerung und der amerikanischen Eisenbahnen.)

vieler Ingenieure für rein technische Zwecke gelockert und ihr Leben harmonischer werden würde.

i) Technik und Volk. Jedes Individuum, jede Gemeinschaft, jeder Staat müssen ihr Verhalten und ihre Arbeit zunächst so einrichten, daß sie das nackte Leben fristen können. Erst wenn eine gewisse Existenzgrundlage geschaffen ist, können sie sich Aufgaben widmen, deren Lösung zwar erwünscht, zum Befriedigen der unmittelbaren Lebensbedürfnisse aber nicht unbedingt notwendig ist. Je mehr sich ihr Wohlstand hebt, um so mehr kann sich ihre Tätigkeit von den dringendsten Bedürfnissen des Alltags freimachen. In dem Zwischenstadium zwischen diesem erstrebenswerten fortgeschrit-

tenen Zustand und dem Beginnen mit kargen Mitteln sind Schwierigkeiten unvermeidlich. Da die Technik sich noch in ihm befindet, ergeben sich Spannungen, für die weniger die Technik als das überschnelle Wachstum, das ihr Durchgangsalter verrät, weniger böser
Wille als Mangel an Erfahrung schuld ist.

Jede kleine und einfache Organisationsform kann nur dann gedeihen, wenn es der höheren, von der sie einen Teil bildet, gut
geht. Sie muß daher ihre Arbeit und ihr Verhalten nach der letzteren
ausrichten. Ähnliches gilt für parallel arbeitende Organisationen,
die sich entweder aufeinander einstellen oder von einer ihnen übergeordneten Form gesteuert werden müssen. Bleibt eine von ihnen
zurück oder wird sie von einer anderen zu sehr überschattet, so
leidet das Ganze. Immer und überall müssen sich die Teile in die
größeren Einheiten und diese ins Ganze nach einem gesunden und
dauerhaften Ordnungsgesetz einfügen, wenn das Ganze und seine
Teile gedeihen sollen. Aber auch innerhalb derselben Organisationsform muß Ausgeglichenheit herrschen, wenn sie blühen soll. So wie
in einem industriellen Unternehmen zwischen Kaufleuten, Ingenieuren, Arbeitern und den in der Verwaltung tätigen Angestellten ein
vernünftiges Gleichgewicht bestehen muß, so müssen in einem Staate
Industrie, Landwirtschaft und die übrigen Stände richtig aufeinander
abgestimmt sein. Damit aber die Ingenieure hierzu das ihrige beizutragen vermögen, müssen sie diese Zusammenhänge kennen und
für sie Verständnis haben.

Ingenieure sind in hohem Maße auf die Gemeinschaftsarbeit mit
anderen Menschen der verschiedenartigsten Bildung, sozialen Stellung, Lebensanschauung, Bedürfnisse und Tätigkeit (Kopf- und Handarbeiter) angewiesen. Auch hieraus ergibt sich wieder für sie die
Notwendigkeit eines über ihr engeres Arbeitsgebiet hinausgehenden
Wissens und einer starken Anteilnahme an öffentlichen Angelegenheiten.

Ingenieure arbeiten überwiegend mit fremdem Gelde. Sie müssen
daher nicht nur etwas technisch Hochwertiges und preislich Konkurrenzfähiges schaffen, sondern aus dem ihnen anvertrauten Kapital einen bestimmten Nutzen herauswirtschaften können. Ein wesentliches Moment für die Ingenieurtätigkeit sind also Preiswürdigkeit
und Nutzen. Aber auch in einem völlig unkapitalistischen Staate
müßte wirtschaftliches Umgehen mit Gut und Arbeit eines der obersten Gesetze jeder Technik sein, da sich aus den zahllosen möglichen
technischen Lösungen nur auf diese Weise die wertvollen herausfinden lassen. Der Umstand, daß für einen Versuch oft Hunderttausende ausgegeben werden, hat oberflächliche Ingenieure zu der
leider auch sonst im letzten Jahrzehnt nicht selten anzutreffenden

Meinung verführt: „Geld spielt gar keine Rolle." Hätte die deutsche Technik diese Auffassung, die außer in Zeiten nationaler Not auf allen Gebieten unweigerlich zu Schlendrian, Mißwirtschaft und Rückschritt führen muß, nicht stets energisch abgelehnt, so hätte sie niemals gelernt, die Rohstoffe (Kohlen, Erze und Mineralien, pflanzliche und tierische Produkte) ebenso wie die bei der Fabrikation entstehenden, früher als wertlos angesehenen Abfallprodukte (Thomasschlacke, heizwertarme Gase, durch Öl und andere Stoffe verunreinigte Abwässer, metallischen oder mineralischen Staub enthaltende Abluft oder Abgase, Sink- und Faulstoffe aus industriellen Abwässern, Sulfitlauge usw.) bis zum äußersten auszunutzen und eine einzig dastehende „Wirtschaftlichkeit der Materie" zu erreichen, die wegen unserer beschränkten Rohstoffquellen von größter Bedeutung ist. In diesem Sinne könnte man von der Technik dasselbe sagen, was namhafte Gelehrte von der Wissenschaft gesagt haben, daß ihre einzige Daseinberechtigung ihr sozialer Nutzen ist, wobei sozialer Nutzen soviel bedeuten würde wie sparsames und kluges Umgehen mit den beschränkten verfügbaren Mitteln zum Wohle der Allgemeinheit.

Vom technischen und wirtschaftlichen Erfolg der Ingenieurarbeit hängt das Wohlergehen vieler Tausende ab, die der Ingenieur persönlich überhaupt nicht kennt. Versagt der Ingenieurstand, so kann ein ganzes Volk darunter schwer leiden müssen. Die Tätigkeit der Ingenieure hat größere soziale, handels- und machtpolitische Probleme aufgeworfen als diejenige irgendeines anderen Standes. Da sie über Reichtum, Macht und Ansehen einzelner Individuen und ganzer Völker entscheidet, mußte sie auch stärkere Reaktionen auslösen. Von welcher Seite aus man also Technik und Ingenieure betrachten mag, überall zeigt sich ihre Verbundenheit mit der Allgemeinheit. Ein Ingenieur muß daher die großen, im Sinne des Guten wie des Bösen in der Technik schlummernden Möglichkeiten und die Auswirkungen der Technik auf das Leben der Allgemeinheit wenigstens in großen Zügen kennen. Er allein wird zwar auch dann den Mißbrauch der Technik nicht verhindern, ohne diese Kenntnis sie aber auch nie in dem Sinne einsetzen können, der sie zu einer Angelegenheit des öffentlichen Wohles macht.

Zusammenfassend kann gesagt werden, daß es möglich sein müßte, viele durch die mißbrauchte Technik verschuldete Übelstände durch folgende verhältnismäßig einfache Maßnahmen wirkungsvoll zu mildern oder zu beseitigen:

Eine bereits auf der Schule beginnende Aufklärung über die grundlegende Bedeutung der Technik für unser gesamtes soziales, wirtschaftliches und politisches Leben.

eine allgemeine Aufklärung über die Gefahren unzweckmäßiger Eingriffe der Technik in die Natur und die Notwendigkeit des Angleichens des sittlichen Fortschrittes an den technischen,

die Abkehr der Ingenieure von ausschließlich spezialistischen Interessen,

eine lebhafte Beteiligung geeigneter Ingenieure an öffentlichen Angelegenheiten,

das Zugestehen des entscheidenden Einflusses an Ingenieure überall da, wo technische Dinge entscheidend wichtig sind, gleichgültig, ob es sich um das private oder staatliche, zivile oder militärische Gebiet handelt,

ein tatkräftiges Eintreten aller Ingenieure für diese Ideen mit den vielfältigen Mitteln der modernen Information.

Immer und überall muß die organische Einordnung der Technik in unser Leben, das Herbeiführen eines gesunden Verhältnisses zwischen Technik, Mensch und Natur und das Wiederfinden des durch die mißverstandene Technik und Wissenschaft so kaltschnäuzig und selbstgerecht gewordenen Menschen zu sich selber letztes Ziel der Anstrengungen sein.

k) Technik und Glauben. Es kann nicht überraschen, daß Theologen und Laien in einer Zeit, die so leidenschaftlich zu einer religiösen Wiederbelebung drängt, sich auch mit den Beziehungen zwischen Technik und christlichem Glauben in zunehmendem Maße beschäftigen. Ein Buch wie das vorliegende kann daher an diesem Gegenstand nicht stillschweigend vorübergehen, und ein Ingenieur, dem sein Beruf mehr als eine reine Erwerbsquelle bedeutet, wird ungeachtet seiner Einstellung zu Glaubensdingen nicht geringschätzig auf ein Ringen um letzte, wenn auch ihm selber vielleicht fremde Fragen herabsehen.

B a n g e r t e r meint, wir müssen den Geist der Technik kennen, wenn wir die Hintergründe der religiösen Krisis der Gegenwart verstehen wollen[1]). Zweifellos stimmt die Ansicht „Es gibt keine christliche Technik, Technik kann aber ausgeübt werden in der Haltung: Lasset uns sein wie Gott, oder in der Haltung: Wir sind Mitarbeiter an der Welt Gottes. Über das Verhältnis der Technik zum christlichen Glauben aber läßt sich sagen, daß so wie an den Auswüchsen des technischen Zeitalters nicht die Technik sondern ihre stümperhafte Anwendung schuld ist, nicht die Technik an sich, sondern „die falsch verstandene Technik des sich selbst falsch verstehenden

---

[1]) Mehrere der folgenden Zitate sind den Büchern „Der Geist der Technik und das Evangelium" von O. Bangerter und „Die Technik und das Evangelium" von H. Schlemmer entnommen. Siehe auch Baumgarten, Schweizerische Bauzeitung 1940, S. 119/120.

Menschen dem christlichen Glauben im Wege steht" (B a n g e r t e r), denn „das technische Zeitalter aber nicht die Technik ist der Religion gefährlich" (A. F a u t). E. J ü n g e r hält die Technik für die Feindin jeder Gläubigkeit und deshalb für die antichristliche Macht schlechthin. Er übersieht dabei das Irrationale, das auch sie zum Vollbringen bedeutender Taten unbedingt braucht. Andere meinen, es falle dem Techniker, der doch immer auf etwas Neues bedacht sei, schwer, an das Abgeschlossene, der Entwicklung Entzogene, ihm daher Verdächtige der christlichen Glaubenslehre zu glauben. Beide Einwände lassen sich aber ebenso gut gegen Heilkunde, Physik oder Chemie erheben. Übrigens sollte doch schon die Tatsache, daß viele Ingenieure von überragendem Wissen und Verstande gläubige Christen gewesen sind, zu einem vorsichtigeren Urteil mahnen. Aber auch der der Technik vorgeworfene Mangel an Demut trifft nicht zu. Beispielweise läßt sich die Behauptung, sie wolle sich über die Natur erheben, indem sie z. B. „das rhythmische Auf und Ab des Leibes durch die eigensinnig fortschreitende Rotationsbewegung, den Flügelschlag durch den Propeller ersetze" (H. F r e y e r), oder die Ansicht, der Mensch wolle nichts so, wie es die Natur gemacht hat (J. J. R o u s s e a u), leicht dadurch widerlegen, daß sich der Techniker häufig große Mühe gibt, die Natur nachzuahmen und von ihr abweichende Lösungen oft erst versucht, wenn er auf diese Weise nicht weiterkommt. Bei erdgebundenen Verkehrsmitteln und Flugzeugen hat sich der Ingenieur nämlich für die Drehbewegung erst entschieden, als er merkte, daß sie für seine Zwecke und mit den ihm zur Verfügung stehenden Hilfsmitteln zweckmäßiger als die hin und hergehende ist. Nicht-Techniker geheimnissen aber in technisches Schaffen oft ganz abwegige Beweggründe hinein, an die die betreffenden Ingenieure überhaupt nicht gedacht haben und kommen dadurch zu Folgerungen, die andere Nicht-Techniker vielleicht verblüffen, mit der Wirklichkeit aber nicht übereinstimmen, siehe die Bemerkungen über „Romantiker in der Technik" auf Seite 60. Die vollständige Drehbewegung ist nächst dem Feuer die bedeutendste Erfindung überhaupt. Auf ihr beruhende Vorrichtungen sind aber wie alles Menschenwerk, das die Leistungen der Natur in einzelnen Punkten übertrifft, nicht so vielseitig brauchbar wie die entsprechenden Schöpfungen der Natur, Seite 217. (Der Gehapparat ermöglicht im Gegensatz zu Fahrzeugen mit Rädern das Laufen in der Ebene und das Erklettern von Felsen und Bäumen, das Gleiten auf Skiern und das Schwimmen, das Schreiten und Springen über Hindernisse.) Für die belebte Natur scheidet die volle Drehbewegung schon deshalb aus, weil sie den Anschluß der Glieder an das Gefäß- und Nervensystem des Rumpfes nicht gestattet. Durch den Gebrauch der Drehbewegung bei seinen Maschinen hat der Mensch sich also nur, wie viele andere Geschöpfe, den Bedingungen angepaßt, unter denen er zu leben gezwungen ist, also offenbar einem aller Kreatur auferlegten Gesetze gemäß gehandelt.

Wer sagt, die Technik, die den Menschen von der Natur weitgehend unabhängig gemacht und ihm eine so große Machtfülle verliehen hat, habe ihn auch dazu verleitet, sich für eine Art Gott zu halten, vergißt, daß diese Überheblichkeit bei allen Berufen, sogar bei Theologen, vorkommt und daß fast alle großen Erfinder Zeiten tiefster Hoffnungslosigkeit durchmachen mußten, Seite 125. Mindestens bedeutende Erfindungen entstehen nun einmal nicht in einem göttergleichen Schöpferakt sondern „im Schweiße unseres Angesichts". Gerade schöpferisch veranlagte Ingenieure werden ungeachtet ihrer Einstellung in Glaubensdingen am wenigsten zu einer bramarbassierenden Prahlerei neigen, wie: „Sollte nun die Geistesgemeinschaft der Techniker, in deren Augen die Leistungen jenes allmächtigen Gottes kümmerlich und stümperhaft erscheinen, sollten diese menschlichen Schöpfer nicht zehntausendmal höher gepriesen werden" (O. W i e n e r), die in dem Munde eines James Watt, Werner von Siemens oder Guglielmo Marconi ganz undenkbar ist, obgleich sie doch auch etwas von Technik verstanden haben.

Aus dem Ausspruch Rudolf Diesel's, er könne nicht sagen, ob seine Erfindungen einen Zweck und die Menschen glücklicher gemacht haben, wurde vereinzelt gefolgert, es sei ihm durch sein eigenes Schicksal wohl deutlich geworden, daß die Technik an sich dem Menschen kein Glück bringen könne. Ähnliche Aussprüche, die doch nur die Erkenntnis von der Vergänglichkeit alles Irdischen zum Ausdruck bringen, haben aber hervorragende Vertreter aller Berufe, selbst Träger von Mitra und rotem Hut (z. B. der bedeutende englische Kardinal H. E. Manning, 1807—1892) getan.

Die Technik hat im Gegensatz zu allen diesen Stimmen mit dem christlichen Glauben in Wirklichkeit zahlreiche Gemeinsamkeiten. Ohne guten Willen, Hingabe und Opferbereitschaft wären nämlich viele große technische Werke nie zustandegekommen und ohne unablässiges Streben nach Erkennen der Wahrheit hätte das Schaffen der Ingenieure keinen Bestand. Die Technik war in den letzten 150 Jahren nicht nur ein unentbehrliches Instrument zum Erfüllen des Gebotes: „Mehret euch und machet euch die Welt untertan", Seite 153, sondern stellte den Menschen in früher ungeahntem Maße als dienendes Glied mitten in eine große Gemeinschaft hinein: „Mit dem Durchbruch der technischen Freiheit wird der egoistisch beschränkte Individualismus zwangsläufig zu einer riesenhaften Verflechtung des Einzelschicksals in das Schicksal der Volksgemeinschaft" (S c h w e rb e r), „Gott hat uns nicht als Einzelwesen in die Welt gestellt, sondern er hat uns in die Gemeinschaft der Familie und des Volkes hineingestellt ... und will nicht, daß wir ihn nur meditierend lieben, sondern in der Tat durch den Nächsten ..." (B a n g e r t e r).

Wenn man der Beschäftigung mit technischen Dingen überhaupt einen Einfluß auf die Haltung in religiösen Angelegenheiten beimißt, so führt sie viel eher zur Religion hin als von ihr weg, weil sie tiefe Einblicke in die unfaßbare, die gesamte Schöpfung durchdringende Weisheit erschließt und weil sie einem Ingenieur die Grenzen seines Wissens und Könnens um so nachdrücklicher bewußt werden läßt, je mehr er weiß und kann. Gläubige Ingenieure mit originellen Leistungen werden sich auch am allerwenigsten für Juniorpartner Gottes sondern für seine vor anderen Menschen ausgezeichneten Werkzeuge halten („Gott ist der Künstler, ich bin sein Werkzeug", Graf Z e p p e l i n). Der religiöse Glaube wird den Ingenieur schließlich am ehesten davor bewahren, daß er über dem technischen Fortschritt den sozialen und sittlichen vergißt.

Von manchen „Frommen" werden sich viele gläubige Ingenieure freilich dadurch unterscheiden, daß sie in der Freude an einem gesunden Körper und an den Wundern der Natur nichts ihrem Seelenheil Abträgliches, sondern etwas den Menschen zu seinem Schöpfer Erhebendes, ein hohes Lied auf seine Allmacht, und in allen seinen Geschöpfen Kinder Gottes, wie sie selber eines sind, erblicken. Schon deshalb werden sie bemüht sein, die Technik in den Dienst der Allgemeinheit zu stellen und ihre Werke liebevoll in die Natur einzuordnen. Da ihnen schließlich ihr Beruf täglich zeigt, daß tatkräftiges Handeln mehr Segen stiftet als tiefsinniges Bereden, werden sie ein Christentum des guten Willens und der hilfsbereiten Tat einem Christentum des reinen Lippendienstes vorziehen.

Es zeigt sich also nirgends ein triftiger Grund, der dafür spräche, daß Technik und religiöser Glaube sich ausschließen. Beide sind auf zwei verschiedenen Ebenen liegende Dinge, die von verschiedenen Quellen unseres Innern genährt werden und sich vorzüglich miteinander vertragen. Gläubige Ingenieure werden sich bemühen, ihre Taten in Übereinstimmung mit den Grundsätzen ihres Glaubens zu bringen, gläubige und ungläubige Ingenieure können bei Aufrichtigkeit und Takt ausgezeichnet miteinander harmonieren. Bei Ingenieuren ist es eben auch nicht anders als bei den übrigen Menschen, entweder glauben sie an „Gott als einen souveränen, von uns ganz unabhängigen Herrn, der jenseits aller Beziehungen steht und auf den alle irdischen Verhältnisse bezogen sind" (B a n g e r t e r) oder sie haben diesen Glauben nicht, in welchem Falle auch die scharfsinnigsten Darlegungen sie nicht zu ihm hinführen werden.

Eine summarische Verdächtigung der Technik als etwas dem Seelenheil Abträgliches wäre eine falsche Lehre. Der Kirche, die so lange zu den Auswüchsen der Industrialisierung geschwiegen hat, würde sich aber heute mehr denn je ein dankbares Betätigungsfeld erschließen, wenn sie sich um das Erkennen und Verkünden der großen segensreichen Möglichkeiten, die die Technik bietet, bemühen und tatkräftig dabei mitwirken würde, daß sie in christlichem Geiste als ein praktischer Dienst am Nächsten aufgefaßt, ausgeübt und eingesetzt wird.

Wege hierzu zeigt einer der führenden englischen Kirchenmänner unserer Zeit, William Temple[1]. So wie viele Männer des öffentlichen Lebens der Ansicht sind, daß die Lebensfähigkeit eines politischen Systems sich darin offenbare, ob es einem Lande die Vollbeschäftigung geben kann oder nicht, meint er als Diener der Kirche, das christliche Mitgefühl verlange die Schaffung einer Gesellschaftsordnung, welche eine dauernde Arbeitsmöglichkeit garantiert. Da die Wirtschaftsordnung einen außerordentlich starken erzieherischen Einfluß zum Guten oder Bösen ausübe, sei es Aufgabe der Kirche, eine Wirtschaftsordnung zu kritisieren und die hieraus sich ergebenden Folgerungen zu ziehen. Deshalb müsse sie auf jedem Felde menschlicher Betätigung danach fragen, welches Ziel ihm Gott gesteckt habe, müsse dieses Feld in die gottgewollte „natürliche Ordnung" einfügen und sich energisch dagegen wenden, wenn Menschen etwas um seiner selbst willen anstreben, das nur als Mittel zu einem höheren Zweck Wert hat. Denn ihrem Wesen nach vertrete die Kirche den Willen Gottes, der alle menschlichen Interessen und Tätigkeiten umfasse. Diese Gedankengänge laufen aber auf eine starke Beschäftigung der Kirche mit vielen Problemen hinaus, die die moderne Technik aufgeworfen hat.

3. Homo sapiens.

Wenn im folgenden einige Betrachtungen über bestimmte menschliche Eigenschaften angestellt werden, die wegen ihrer Allgemeingültigkeit ebenso gut in einem nicht der Technik gewidmeten Buch stehen könnten, so geschieht es, weil sie an vielen Mißerfolgen in der Technik mehr schuld sind als unzureichende technisch-wissenschaftliche Kenntnisse. Manche Ingenieure kommen nämlich bei einem Fehlschlag gar nicht auf den Gedanken, daß ihr unzweckmäßiges Verhalten hieran schuld sein könnte und sind selbst dann tief beleidigt, wenn sie ein Wohlmeinender schonend hierauf aufmerksam macht. Aber auch außerhalb ihrer persönlichen Sphäre über-

---

[1] William Temple: Christianity and Social Order. Harmondsworth, England.

sehen viele, daß — wie schon auf den ersten Seiten dieses Buches gesagt wurde — der Mensch mit allen seinen Vorzügen, Schwächen und Leidenschaften auch in der Technik der Mittelpunkt und das Maß aller Dinge ist, und gelangen dadurch bei manchen Erscheinungen zu einer irreführenden Auffassung.

Mit drei Sachen haben Ingenieure dauernd zu tun: Mit Baustoffen, Herstellungsverfahren und Menschen, mit den letzteren als Käufer, Betreiber und Nutznießer von Maschinen einerseits, als Mitwirkende bei allem, was mit ihrer Herstellung und ihrem Vertrieb zusammenhängt, andererseits. Kenntnis der Menschen ist daher für sie nicht weniger wichtig als Kenntnis der Baustoffe und Verfahren; ohne Menschenkenntnis werden sie weder vollen beruflichen Erfolg haben, noch die großen Zusammenhänge zwischen Technik und öffentlichem Leben richtig verstehen; mit Menschenkenntnis erzielen sie größere sachliche Leistungen, ersparen sich manchen Ärger, erreichen vieles freiwillig und freudig, was ein anderer nur mit Zwang fertigbringt und begreifen Dinge und Vorgänge, die sonst unverständlich bleiben würden.

Zunächst sollen einige Eigenheiten erörtert werden, die sich bis zu einem gewissen Grade auch bei tüchtigen und kenntnisreichen Menschen finden, weshalb es verfehlt wäre, sich über sie besonders zu erregen.

Das Leben lehrt immer wieder, daß selbst wertvolle Charaktereigenschaften, falls sie übertrieben oder mit gewissen anderen Eigenschaften gemischt sind, die ihre negative Seite voll hervortreten lassen, für den Betreffenden zu einer Schwäche und für seine Umgebung zu einer Qual werden können: Großes Selbstbewußtsein und Eitelkeit, große Korrektheit und Selbstgerechtigkeit, viel Tatkraft und Rücksichtslosigkeit, großer Wagemut und Mangel an Überlegung, übertriebene Sachlichkeit und Pedanterie, tiefgründige Gelehrsamkeit und Weltfremdheit, großes Spezialwissen und Einseitigkeit, starke Phantasie und Flüchtigkeit, ausgeprägter Individualismus und Rechthaberei, Hang zum Grenzenlosen und Mangel an gesundem Menschenverstand sind nahe miteinander verwandt.

Eine unglückliche Mischung solcher Eigenschaften oder ihre stark einseitige Entwicklung gibt die Besserwisser, die Kleinigkeitskrämer, die Ressentiment-Menschen, die Nörgler, die Rechthaber, die Doktrinäre, die Jäger nach Phantomen und die ideologisch Verrannten.

Wer eine starke Vorliebe für Ordnung und Gründlichkeit hat, neigt oft zu übertriebenem Organisieren. Wenngleich gute Organisation der halbe Erfolg ist, so schadet auch hier ein Übermaß, weil durch das Aufbauen umständlicher Organisationen manchmal mehr Zeit verloren geht als bei geschicktem Improvisieren. Mit einem aus ein paar Balken behelfsmäßig zusammengenagelten Gerüst lassen sich z. B. auch größere Montagearbeiten oft schneller und billiger als mit hochwertigen Montagekränen ausführen. In zahllosen bedeutungsvolleren Fällen verhält es sich nicht anders. Auch der Aufwand an Formularen, Fragebogen, Rundfragen, Anweisungen und dergleichen mancher überorganisierter privater und amtlicher Organisationen steht in gar keinem Verhältnis mehr zu dem mageren Ergebnis. Hat aber unnützes Organisieren erst einmal Wurzel gefaßt, so hält es sich bald für die Hauptsache und breitet sich wie ein alles verschlingender Ölfleck aus.

Wer alles in eine Theorie zu kleiden versucht, verliert leicht den Blick für die Wirklichkeit und wird doktrinär, wer alles zu ernst nimmt, regt sich schließlich über die gleichgültigsten Dinge auf, hält für grundsätzlich falsch, was nicht genau so ausgeführt wird, wie er es gewohnt ist und vergißt, daß ein Scherzwort eine etwas verfahrene Sache meist schneller wieder in Ordnung bringt als pathetische Rhetorik. Zu allen Zeiten und auf allen Gebieten haben zelotische Jünger der Sache ihres Meisters mehr geschadet als genutzt, ob es sich nun wie bei G i a c o m o   S a v o n a r o l a um religiös-soziale oder wie bei F r a n z   A n t o n   M e s m e r (1734—1815) um medizinische Dinge handelt. Auch in der Technik richtet Zelotentum manchen Schaden an; daß er nicht so groß ist wie auf anderen Gebieten, rührt mit davon her, daß die einzelnen Perioden in der Technik rascher ablaufen und daher begangene Fehler sich viel schneller zeigen und nicht so gut totgeschwiegen werden können. Schließlich lassen sich auch tüchtige Ingenieure manchmal zu dem Trugschluß verleiten, sie hätten die Ursache einer Erscheinung gefunden, während sie tatsächlich nur eine und oft nicht einmal die wichtigste gefunden haben. Eine starke Neigung zum Improvisieren ist ein typisch englischer, eine noch stärkere Neigung zum Organisieren ein typisch deutscher Charakterzug. Da die Technik dauernd im Fluß begriffen ist, wird zuviel Improvisieren im allgemeinen weniger schaden als zu viel Organisieren, das die Entwicklung leicht hemmt.

Die Neigung mancher Deutscher, auch eine an sich gute Sache zu übertreiben und sich im Gegensatz zum Engländer, der das „praktisch Mögliche und Vernünftige" tut, eigensinnig auf „rein grundsätzliche, praktische bedeutungslose Dinge zu versteifen" (G. R i t t e r) und ihr mangelhafter Sinn für Proportionen zeigen sich auch in technischen Angelegenheiten, weshalb sie zuweilen trotz größerer Rührigkeit geringeren Erfolg haben und weniger Sympathien finden[1]).

---

[1]) Der Historiker A. J. F. T a y l o r sagt: „Die Geschichte der Deutschen ist eine Geschichte von Extremen. Sie enthält jedes Ding außer Mäßigkeit und im Verlauf von tausend Jahren haben sie alles erprobt außer Normalität."

Die deutsche Organisiersucht offenbart sich in der Technik u. a. darin, daß man nicht bei etwas alles in allem Bewährten und Entwicklungsfähigem bleibt, sondern sich um fragwürdiger theoretischer Vorteile willen unter oft ungebührlichem Aufwand an Geld, Zeit und Arbeit an Neukonstruktionen von höchst zweifelhaften Erfolgsaussichten macht und dabei wichtige Forderungen, wie Einfachheit und Betriebssicherheit, übersieht. Insbesondere der Schrei nach Kohlenersparnis hat in dieser Beziehung in unserer jüngeren Vergangenheit wiederholt zu sehr teueren, nutzlosen „Entwicklungsarbeiten" geführt.

Die Denkweise der meisten Menschen ist zu spezialistisch eingestellt, d. h. sie sehen in allen Erscheinungen nur isolierte Einzelfälle, aber nicht den inneren Zusammenhang oder das gemeinsame System, in das sie bei Entkleidung von Zufälligem passen. In den folgenden Abschnitten wird daher gezeigt, welche Analogien oft zwischen Sachen bestehen, die scheinbar nichts miteinander zu tun haben und auf ganz verschiedenen Gebieten liegen. Auch dieserhalb sollten wir den Dingen auf den Grund gehen, weil uns dann aus allen möglichen Bereichen und Anlässen Anregungen zuströmen, die andere nicht erhalten, wodurch wir vieles uns sonst Verborgenbleibende zu begreifen und vorauszusehen vermögen.

Vier Dinge können der sachlichen Höhe der Arbeit eines Ingenieurs Abbruch tun: Eitelkeit, Verliebtheit in sich selber, Kotau vor dem Schlagwort und mangelhafte intellektuelle oder charakterliche Ausgeglichenheit. Eitelkeit und Selbstvergötterung sind gefährliche Narkotika, weil sie den Blick trüben und die Tatkraft lähmen; viele Söhne scheitern im Leben nur an der Affenliebe ihrer Eltern. Im übrigen ist der Mensch ein Gewohnheitstier, das zwar sehr am Gewohnten hängt, sich aber mit Geduld und Ausdauer auch an etwas anderes gewöhnen läßt. Es ist erstaunlich, wie leicht manche kluge Menschen schlauen Schmeichlern erliegen. Durch geschicktes Schmeicheln läßt sich übrigens auch mancher Auftrag leichter hereinholen oder mancher Posten bequemer erringen als durch überlegene Ingenieurkunst.

In sich selber verliebte Ingenieure kleben zu stur an einer Idee, einem konstruktiven Entwurf oder bestimmten Maßnahmen, die aus oft zufälligen Gründen ihre Phantasie gepackt haben.

Ferner sind auf fast sämtlichen Gebieten viele Menschen unbewußt Opfer des Schlagwortes, das eine Art seelisches Bedürfnis zu sein scheint. Auch in der Technik ist es eine Großmacht. Je gesünder die Sache ist, auf die es geprägt wurde, um so leichter können wirklichkeitsfremde Fanatiker und Schwärmer oder sehr wirklichkeitsbewußte Geschäftemacher Unfug mit ihm stiften. Selbst so wohl-

begründete Forderungen wie sparsames Umgehen mit den Energiequellen, Stahl oder andern Rohstoffen, der menschlichen Arbeitskraft
usw. unterliegen, wie Beispiele unserer jüngsten Vergangenheit zeigen,
der Gefahr solcher Übertreibungen. Viele Menschen fallen deshalb so
leicht auf ein Schlagwort herein, weil sie keine Ahnung davon haben,
wieviel Dinge in der Technik bei der Verwirklichung einer führenden Idee berücksichtigt werden müssen, wenn eine brauchbare
Lösung herauskommen soll, und nehmen eine Stellungnahme gegen
ihr jeweiliges Idol deshalb so übel, weil sie infolge ihrer geringen
geistigen Schulung und ihres mangelhaften Wissens etwas für eine
einmalige Erkenntnis halten, was für klügere und kenntnisreichere
Leute nur eine unter vielen Tatsachen ist. Es gehört daher auch in
der Technik ebenso wie in der Politik oft sehr viel Zivilcourage dazu,
gegen eine gerade populäre Strömung zu schwimmen. Ganz ohne
Schlagwort kommt indessen auch die solide Technik nicht immer
aus und ein geschicktes Schlagwort kann großen praktischen Nutzen
haben. Worauf es aber ankommt, ist, daß ein Ingenieur weiß, daß
und wozu er einem Schlagwort folgt, daß er Subjekt und nicht Objekt
des Schlagwortes ist.

Schließlich kann mangelhafte Ausgeglichenheit bestimmter Eigenschaften untereinander ein schweres Hemmnis sein. Insbesondere
dann, wenn eine von ihnen die anderen ungebührlich überwiegt, entstehen die ideologisch Verrannten, die auch in der Technik viel Unheil anrichten, weil sie einem bestimmten Punkte eine ganz unge-
bührliche Bedeutung beimessen und daher andere wichtige Dinge
völlig übersehen. Freilich kann beim genialen Ingenieur etwas große
Leistungen ermöglichen, was für einen durchschnittlich intelligenten
nur nachteilig ist, weil dem Genie zuweilen gerade diese übertriebene Einseitigkeit, dieses Versessensein auf eine Idee die Beharrlichkeit verleiht, die zu großen Erfolgen oft ähnlich wichtig ist wie der
Wert der Idee selber.

Schließlich darf man bei manchen in der Welt der Technik sich
abspielenden Vorgängen nicht vergessen, daß der Ausspruch des
großen Schweden O x e n s t i e r n a : „Die Welt wird mit wenig
Weisheit regiert" sich leider überall bestätigt, daß auch recht tüchtige Ingenieure zuweilen mit Wasser kochen und daß an manchem
einer sogenannten „bekannten Persönlichkeit" zugeschriebenem Erfolg der Zufall[1]) oder die Arbeit Ungenannter oft mehr schuld ist
als ihre angebliche große Voraussicht.

---

[1]) Auch Geschichtsschreiber stellen nach H. Nicolson, Seite 74, öfters
die Dinge fälschlicherweise so dar, als ob ein Staatsmann schon vom frühen
Anfang an die Vorteile der für sein Land schließlich vorteilhaften Lösung
klar erkannt und auf ihre Verwirklichung hingearbeitet habe, während er
erst allmählich zu der richtigen Einsicht gekommen sei.

Nur verhältnismäßig wenige Menschen sind an scharfes Beobachten gewöhnt und können eine Sache logisch zu Ende denken. Entweder vermögen sie ihre Sinne überhaupt nicht richtig zu gebrauchen, Seite 106, oder sie beobachten oberflächlich und sehen daher eine zufällige Erscheinung als typisch an oder glauben, sie hätten etwas Bestimmtes beobachtet, während sie es in Wirklichkeit nur vermuten oder vielleicht gerne wahr hätten[1]). Die für den Unbeteiligten oft unverständlichen, einander entgegengesetzten gerichtlichen Zeugenaussagen über ganz einfache Ereignisse haben ihre Parallele in einander nicht weniger widersprechenden, mit großer Bestimmtheit vorgetragenen Aussagen technischer Beobachter, bei denen ein dritter oft kaum feststellen kann, was Dichtung und Wahrheit, Vermutung und Einbildung, Wunschtraum oder glatter Irrtum ist.

Das Unvermögen, etwas logisch zu Ende denken zu können, zeigt sich selbst bei ganz einfachen Dingen, besonders wenn sie teilweise ein dem eigenen etwas fremdes Arbeitsgebiet betreffen. Viele Ingenieure sind dann allzu leicht geneigt, eine für völlig andere Verhältnisse gültige Feststellung auch für den Fall, bei dem sie zu entscheiden haben, als zutreffend anzusehen oder finden sich bereitwillig mit etwas ab, weil es eine Behörde oder „bekannte Persönlichkeit" so gesagt hat, ohne zu überlegen, ob es dann auch im vorliegenden Fall zutreffen kann.

Schließlich gibt es häufig mehrere praktisch gleichwertige Lösungen, von denen man genau so gut die eine oder die andere wählen kann. Infolge des Hanges vieler unserer Landsleute, auch bei einer ihre Interessen gar nicht ernstlich berührenden und an sich unerheblichen Sache beinahe spontan Partei zu ergreifen, macht der eine Ingenieur oft aus der, der zweite aus einer anderen gleichwertigen Ausführungsmöglichkeit eine Prinzipienfrage. Obgleich nun in der einzelnen Frage mehrere Lösungen gleichwertig sind, so vertragen sich bei einem aus mehreren solcher Fragen bestehenden Komplex natürlich nur ganz bestimmte Lösungen miteinander, wenn eine brauchbare Gesamtlösung herauskommen soll.

Eine zusammenfassende Betrachtung der eben erörterten etwas negativen Eigenschaften zeigt, daß sie überwiegend von einem Mangel an Takt, gutem Geschmack und Gefühl für Proportionen, d. h. davon herrühren, daß die betreffenden etwas nicht besitzen, was Ingenieure auch sonst brauchen. So wie ein Ingenieur ohne guten Geschmack und Gefühl für technische Proportionen keine harmonische,

---

[1]) Schon R o g e r B a c o n (1214—1294) schrieb das Unwissen der Menschen dem Autoritätsglauben, der Macht der Gewohnheit, Sinnestäuschungen (schlechte Beobachtungsgabe) und dem törichten Irrglauben zu, alles zu wissen.

d. h. hochwertige Maschine bauen kann, so ist ohne dieselben Eigenschaften ein harmonischer Mensch nicht denkbar. Wir sollten uns daher bemühen, Mängel in dieser Beziehung auszugleichen, denn wer nicht selber eine einigermaßen harmonische Persönlichkeit ist, kann auch keine Harmonie um sich verbreiten und das, was er schafft, nicht mit ihr erfüllen.

Die Technik zeigt im Kleinen wie die Weltgeschichte im Großen, daß eine neue Idee um so leidenschaftlicher bekämpft wird, je umwälzender und größer sie ist, selbst wenn sie sich schließlich für ihre schärfsten Gegner als segensreich erweist. Auch in der Technik muß man zwischen einer Idee (bzw. Erfindung) und den Personen unterscheiden, von denen sie stammt oder die sie vorwärtstreiben, und sollte daher nicht die Idee schlechtmachen, weil ihre Urheber oder Anhänger einem unsympathisch sind. Gegen diese Forderung sündigen aber viele Menschen unablässig, obgleich sie bei einiger Aufmerksamkeit merken könnten, daß eine gute Idee noch lange segensreich weiterwirkt, wenn ihre ihrer Größe nicht gewachsenen Anhänger längst von der Bildfläche verschwunden sind. Mit Bezug auf neue Gedanken sind die meisten Menschen leidenschaftliche Anhänger des Status quo. Sie lieben körperlich und geistig die Ruhe mehr als die Bewegung; das Geführtwerden mehr als das Führen; das Altvertraute mehr als das Neue; das geruhsame Betrachten und Bereden einer Sache mehr als energisches Handeln; das Geborgensein mehr als den Kampf mit dem Ungewissen, Werdenden. Selbst dem Tüchtigen fällt es zuweilen schwer, sich zu etwas aufzuraffen, was er nicht gewohnt ist und was auf dem Gleichmaß seines Lebens herausfällt. Innere Ausgeglichenheit ist aber für den Erfolg eines Ingenieurs nicht weniger wichtig als Anpassungsvermögen an neue Erscheinungen und Tatsachen und als geistige Wendigkeit. „Entweder-Oder-Menschen" mögen zunächst bestechen, in der Technik kommen aber, von genialen Ausnahmen abgesehen, die „Sowohl-Als-auch-Menschen", auf lange Sicht betrachtet, weiter, denn gerade im ruhigen Abwägen der Vor- und Nachteile einer Sache, im leidenschaftslosen Auswählen des Brauchbaren, auch wenn es einem gefühlsmäßig nicht zusagt, besteht die Kunst der Ingenieure. Deshalb sollten wir auch die Berechtigung unserer Ansichten und Empfindungen von Zeit zu Zeit ebenso kontrollieren wie die Handlungen von Menschen, die uns unterstellt und für die wir mitverantwortlich sind. Ein gewisses Maß von Kontrolle und Kritisiertwerden ist, wie gerade unsere Zeit schlagend bewiesen hat, für sämtliche Menschen (auch für einen selber) unentbehrlich und segensreich. Wenngleich man für eine zutreffende Kritik seiner Fehler dankbar sein sollte und daher gut daran tut, gegen Kritik lieber etwas zu unempfindlich als zu empfindlich zu sein, so gibt es doch Fälle, wo sie nicht gegen den spricht, auf den sie gemünzt ist, sondern gegen den, von dem sie stammt. Beispielsweise wird der Lieferer und Hersteller von Maschinen auch eine unberechtigte Kritik oft stillschweigend einstecken und zu den „geistigen" Spesen rechnen, die im Interesse des Geschäftes nun einmal getragen werden müssen.

In der Technik ergeben sich ähnlich wie in der Politik immer wieder Lagen, die selbst ein die Materie beherrschender Mensch wohl logisch beurteilen, deren Ausgang er aber schließlich auch nicht sicherer voraussagen kann als ein Ignorant. Da dieser lediglich infolge der Gesetze der Wahrscheinlichkeitsrechnung gelegentlich „Recht behält", der kluge Mensch manchmal nicht, halten sich ausgemachte Nichtwisser für geistige Größen, wenn sie zufällig einmal richtig geraten haben. Der Umstand, daß großes Wissen manchmal den Blick trübt, besagt natürlich nicht, daß ein Mensch, der nichts weiß, etwa deshalb ein klareres Urteil hätte. Wenn man gewissen Gebildeten mit Recht geistigen Dünkel zum Vorwurf macht, so ist die Zahl Ungebildeter bzw. Unwissender, die den Dünkel haben, in Fragen sachverständig mitreden zu wollen, von denen sie nichts verstehen, ganz sicher nicht kleiner.

Man kann die Menschen in vorwiegend statisch und vorwiegend dynamisch Veranlagte einteilen. Statisch veranlagte Menschen eignen sich in der Technik mehr für Forschen und Berechnen als für Konstruieren und Betreiben von Maschinen. Dynamisch Veranlagte sind mehr Freunde der Selbsthilfe als von Vorschriften und Reglementierungen, sie verlassen sich lieber auf sich selber als auf die Zusammenarbeit mit anderen, sie marschieren lieber allein als in geschlossenen Verbänden.

Um im Leben dauernden und echten Erfolg zu haben, muß man ein Ziel erkennen und die zu seinem Erreichen erforderlichen Mittel und Wege finden und benutzen können, aber auch zur rechten Zeit merken, wenn man an der Grenze angelangt ist, deren Überschreiten einem die Götter nicht ungestraft gestatten, jenseits welcher jeder weitere Schritt vorwärts nur noch schadet. Dieses freiwillige Haltmachen ist auch in der Technik oft die schwierigste der drei Aufgaben und gelingt, je größer das Ziel ist und je mehr es in Reichweite zu sein scheint, nur Leute von hohem menschlichen Niveau.

III. Die Eigenart des Ingenieurberufes.

Wahr ist, was fruchtbar ist.
Goethe.

a) Grundlagen der Ingenieurtätigkeit. In früheren Jahrhunderten bezeichnete man mit Ingenieuren hauptsächlich Menschen, die die Kriegsbaukunst ausüben und Kriegsgeräte herstellen und bedienen, Titelbild. In diesem Sinne wird das Wort in Deutschland seit dem 17. Jahrhundert benutzt[1]). Um 1750 entstand in Italien, Frankreich und England der Begriff des Zivilingenieurs. Der Gebrauch des Wortes Ingenieur für die Tätigkeit, die man sich heute darunter vorstellt, ist in Deutschland erst etwa 100 Jahre alt. In diesem Buche wird der Begriff Ingenieur auf Hochbauer, Tiefbauer und Berg- und Hüttenleute ausgedehnt. Vieles von dem, was es zu sagen hat, gilt aber auch für industriell tätige Chemiker, zumal unser Zeitalter fast ebensogut das chemische wie das technische genannt werden kann.

Aufgabe der Ingenieure ist es, mit den Mitteln der Technik durch Verbessern und Verbilligen vorhandener und Erfinden neuer Maschinen, sowie durch zahlreiche hiermit zusammenhängende Maßnahmen die Bedürfnisse des einzelnen und eines ganzen Volkes zu decken. Ingenieure haben wohl von allen Ständen mittelbar und unmittelbar am meisten zum Verbilligen der Gebrauchs- und Verbrauchsgüter beigetragen, deren ununterbrochene Preissenkung vor allem die letzten 50 Jahre kennzeichnet und in diesem Ausmaße etwas Neues in der Weltgeschichte ist. Der Abnahme der Herstellungskosten des Endproduktes und seiner Zunahme an Güte bzw. Leistung müssen sich als den primären Forderungen fast alle Maßnahmen der Ingenieure unterordnen, sonst ist ihre Arbeit meist verfehlt, so klug und gründlich sie im einzelnen sein möge. Bald ist niedrigerer Preis, bald bessere Qualität die wichtigere Forderung und nicht selten wird das billigste bzw. preiswerteste Endprodukt nicht mit den billigsten oder den hochwertigsten Maschinen erzielt.

An der Herstellung derselben Maschinen arbeiten gleichzeitig und unabhängig voneinander zahlreiche Ingenieure und Firmen in einem oft erbitterten Wettbewerb. So wie im Kampf ums Dasein sich unter

---

[1]) S c h i m a n k , H.: Das Wort Ingenieur. Z. VDI 1939, S. 325—331.

Pflanzen, Tieren und Menschen die lebenstüchtigsten am besten durchsetzen und auf die Dauer allein erhalten bleiben, so unterliegen auch die Maschinen einem unablässigen Sichtungsprozeß, der die weniger brauchbaren zugunsten der besseren ausscheidet und allmählich verschwinden läßt. Dieser Prozeß mag sich im einen oder anderen Falle durch Geld oder Propaganda verzögern lassen, vermeiden läßt er sich nicht.

Ingenieure kommen daher mit gründlichem fachlichem Wissen allein nicht aus, sondern brauchen Eigenschaften, die zusammen mit ihrem Fachwissen das ausmachen, was man Lebenstüchtigkeit nennt. Sie hängt von vielen Umständen ab, und der Besitzer eines gewaltigen Bizeps ist für den Lebenskampf oft weit weniger tüchtig als ein mit erheblichen körperlichen Gebrechen behafteter, aber kenntnisreicher und willensstarker Mann. Immer aber muß sich ein Ingenieur, der mit sauberen Mitteln nach oben kommen und dort bleiben will, rühren und sein Wissen um Menschen und Maschinen dauernd neuen Erkenntnissen und Tatsachen anpassen. Nach P. S i l - b e r e r [1]) besteht das dem Ingenieurberuf Gemeinsame im Gegensatz zu anderen Berufen wie Ärzten, Pfarrern und Juristen darin, daß Ingenieure praktisch-technische Probleme mit intellektuellen Mitteln zu lösen haben, weshalb die Anforderungen an ihren Beruf wesentlich andere als bei den übrigen Berufen sind.

Der Aufgabenkreis von Ingenieuren ist außerordentlich groß. Er erstreckt sich auf die Versorgung mit Kraft, Licht und Wärme ebenso wie auf Bekleidung und Ernährung; auf das friedliche Leben eines Volkes ebenso wie auf seinen Schutz vor Feinden; auf geistige Dinge ebenso wie auf materielle. Er berührt den Menschen schon vor seiner Geburt und über seinen Tod hinaus, es gibt wohl kein Gebiet, das er nicht mittelbar oder unmittelbar umfaßt. Die Ingenieure spielen außerdem wieder eine überaus wichtige Rolle auf dem Gebiete, von dem ihr Name stammt, im Kriegswesen.

Man übertreibt daher nicht, wenn man den Ingenieurberuf als einen der umfassendsten aller Berufe ansieht, und darf mit gutem Grunde behaupten, daß die Technik seit etwa 150 Jahren sich als ein Geschichte machender Faktor allerersten Ranges erwiesen hat. Die Dinge liegen in der Tat so, daß bei Beginn der französischen Revolution (1789), die viele Menschen für eine außerordentliche Tat halten, bereits etwas existierte, dessen die ganze Welt revolutionierende Wirkung sich erst unserer Zeit ganz offenbarte: Die D a m p f - m a s c h i n e. Während aber die französische Revolution, reichlich gerechnet, im Jahre 1814, also nach 25 Jahren, abgeschlossen war, befinden wir uns auf einem Gipfel der durch die Dampfmaschine ver-

---

[1]) Bulletin Schweizer. Elektrotechn. Verein 1943. S. 2.

ursachten technischen Revolution, die seit rund 1½ Jahrhunderten die ganze Welt in Atem hält.

Aber auch dadurch zeichnet sich der Ingenieurberuf aus, daß ihn Männer der verschiedensten Veranlagung und Lebensauffassung mit Befriedigung und großem Erfolg ausüben können. Leonardo da Vinci, einer der berühmtesten Maler aller Zeiten, war als Ingenieur nicht weniger hervorragend; Leibniz, „der umfassendste Geist der Barockzeit und ein Wissenschaftler von höchsten Graden", hielt sich nicht für zu gut, um Maschinen zu erfinden; der Staatsmann, Naturforscher und weltberühmte Verfasser von „Das Zeitalter der Vernunft" und „Die Menschenrechte", der Anglo-Amerikaner Thomas Paine, Seite 174, baute die erste große eiserne Brücke (Baustoff: Gußeisen, Spannweite: 72 m) und war auch auf anderen Gebieten erfolgreich als Ingenieur tätig. James Watt war ein „ungemein gebildeter" Mann, Robert Fulton, der erste Erbauer erfolgreicher Dampfschiffe und anderer Maschinen, ein hochbegabter Porträtmaler, George Stephenson, der Erfinder der Dampflokomotive, ein leidenschaftlicher Liebhaber von Pflanzen und Tieren, James Nasmyth, der Erfinder des Dampfhammers, ein Mann mit großen wissenschaftlichen Interessen, Werner von Siemens, der Schöpfer der Elektroindustrie, ein ebenso leuchtender Stern am Himmel der Wissenschaft wie Carl von Linde, der die Kälteindustrie geschaffen hat. Schriftsteller wie Max Maria von Weber, Heinrich Seidel oder Max Eyth, religiöse Männer wie Morse, Marconi, Gottlieb Daimler oder der deutsche Industriegründer Friedrich Wilhelm Harkort, der von sich sagte: „Mich hat die Natur zum Anregen geschaffen und nicht zum Ausbeuten", stehen neben unsentimentalen Erfindern und Forschern, Thomas A. Edison, der sich „bis ins hohe Alter hinein sein kindlich-liebenswürdiges, von innerer Bescheidenheit getragenes Wesen" erhalten hatte, oder Charles A. Parsons mit seiner „ungemeinen Güte" neben manchen beinahe brutalen Schöpfern großer Industrien. Aber auch in sich selbst weisen viele bedeutende Ingenieure miteinander anscheinend unvereinbare Gegensätze auf. Z. B. war der hervorragende amerikanische Elektrotechniker Karl Steinmetz in elektrotechnischen Fragen ein scharfsinniger Denker, aber mit den wirtschaftlichen Bedürfnissen, die die meisten großen Erfindungen ins Leben rufen, völlig unvertraut[1]), während Hugo Junkers eine fast seherische Gabe für technische Entwicklungen neben einem erstaunlichen Mangel an Menschenkenntnis hatte[2]).

---

[1]) Leonardo, N. L.: Das Leben des Karl Proteus Steinmetz. Berlin und Leipzig 1930.
[2]) Blunk, R.: Hugo Junkers. Der Mann und das Werk. Berlin 1940.

Edison's Freund H e n r y F o r d sagte: „Edison ist bestimmt der größte Forscher, den die Welt hat und vielleicht der schlechteste Geschäftsmann." Schließlich spielen auch rassische Verschiedenheiten, Milieu, ja selbst das Glaubensbekenntnis eine Rolle. Z. B. war die Arbeitsweise des Bayern O s c a r v o n M i l l e r eine andere als die des Niedersachsen G e o r g K l i n g e n b e r g , der auf demselben Gebiete und zur selben Zeit tätig war, und Protestanten (wenigstens solche calvinistischer Richtung) waren infolge „ihrer größeren Zuwendung auf Arbeit im Diesseits und auf Erwerb am Aufbau des deutschen Industriestaates viel stärker beteiligt als Katholiken, obgleich Kohle und Eisen überwiegend in katholischen Gegenden lagen."[1]

In diesem Zusammenhang ist Zar P e t e r d e r G r o ß e (1672 bis 1725) mit seinem großen Ingenieurwissen und handwerklichen Können bemerkenswert, weil er ähnlich wie E m a n u e l S w e d e n b o r g , Seite 16, und T h o m a s P a i n e besonders kraß zeigt, daß ein widerspruchsvoller Charakter offenbar eine Eigentümlichkeit mancher Menschen mit starker technischer Ader ist. Er konnte im Essen und Trinken ebenso unmäßig wie mit den primitivsten Lebensbedingungen zufrieden sein, er verspottete zynisch die Kirche und war von seiner besonderen Huld bei der heiligen Jungfrau fest überzeugt, er war grausam, brutal, unberechenbar und der fügsamste Lehrling auf den Schiffswerften, er war ein furchtbarer Autokrat und ein fanatischer Revolutionär, er hatte eine kindliche Freude an groteskem Mummenschanz und ein leidenschaftliches Interesse für jede Art von Technik.

Auch die Durchführung einer technischen Aufgabe (z. B. Einführung des Kraftwagens, Seite 132), die Formgebung einer Maschine oder die Aufmachung eines Projektes verraten häufig persönliche oder nationale Eigentümlichkeiten, da sich der leichtentzündliche Franzose (élan, gloire) anders verhält als der konservative, etwas nüchterne Engländer (business as usual), der wettbewerbsfreudige (competitive minded) Amerikaner oder der systematisch vorgehende, aber zuweilen allzu gründliche Deutsche. Manche Orientalen bestehen schließlich auf dem strikten Wortlaut einer getroffenen Vereinbarung selbst in Fällen, wo schon der technischen Zweckmäßigkeit wegen sich der durchschnittliche Mitteleuropäer anders verhalten würde.

Ingenieure wie G o t t l i e b D a i m l e r oder K a r l B e n z , die einfachen Kreisen entstammen, hängen oft mehr an der heimischen Scholle und verhalten sich in vielen Dingen anders als kosmopoli-

---

[1] S c h n a b e l , F.: Deutsche Geschichte im XIX. Jahrhundert, Bd. 3, Freiburg 1934.

tisch veranlagte Naturen wie z. B. R u d o l f D i e s e l. Die Kenntnis dieser Zusammenhänge ist von großem Werte, weil z. B. der lebenslustige, die Dinge leicht nehmende Rheinländer auch in geschäftlicher Beziehung anders angefaßt werden muß als der beschauliche, haushälterisch veranlagte Württemberger, der Amerikaner anders als der Russe, der Engländer anders als der Franzose. Ingenieure, die sich in die Eigenart anderer Menschen einfühlen und ihr Rechnung tragen können, werden daher nicht nur als geschäftliche Partner willkommener, sondern häufig auch geschäftlich erfolgreicher sein.

Die Ingenieurtätigkeit läßt sich ganz roh etwa in folgende Kategorien unterteilen:

1. Beschaffen und Veredeln der erforderlichen Rohstoffe.

2. Befriedigung des unmittelbaren, oft durch plötzlich eintretenden Notstand sich ergebenden Bedarfes an Maschinen und technischen Bauwerken.

3. Erkennen von neuen Bedürfnissen.

4. Entwickeln entsprechender Maschinen bis zum marktfähigen Zustand und Verbessern vorhandener Maschinen.

5. Herstellen der Maschinen und der hierzu benötigten Werkzeuge und Vorrichtungen.

6. Erledigung der einschlägigen verwaltungstechnischen und organisatorischen Aufgaben von der Gewinnung der Rohstoffe bis zum Verkauf der fertigen Maschinen.

7. Verkaufen der Erzeugnisse.

8. Betreiben und Instandhalten der Maschinen in den Maschinen erzeugenden und gebrauchenden Industrien.

9. Beschaffen des erforderlichen wissenschaftlich - technischen Rüstzeuges und Erziehung des technischen Nachwuchses.

10. Erledigen technischer Aufgaben der Gemeinden, Behörden und des Staates.

In der Maschinenindustrie kann man etwa unterscheiden zwischen Berechnungs-, Konstruktions-, Fabrikations-, Versuchsfeld-, Betriebs-, Verkaufs-, Werbe- und Verwaltungsingenieuren. Hinzu kommen in anderen Industrien und Betrieben zahlreiche Ingenieurgruppen, deren Bedeutung nicht geringer und deren Betätigung nicht weniger vielfältig ist.

Die Ingenieure kann man aber auch einteilen in solche,

die mehr die Tätigkeit eines Beamten oder mehr die eines schaffenden Künstlers oder Geschäftsmannes ausüben,

die vorwiegend Neues schaffen oder vorwiegend Bekanntes verbessern, die vorwiegend wissenschaftlich bzw. konstruktiv oder vorwiegend in der Fertigung bzw. beim Betreiben von Maschinen tätig sind,

die vorwiegend eigentliche Ingenieuraufgaben (Konstruieren und Fabrizieren) oder vorwiegend verwaltungstechnisch-kaufmännische Aufgaben erledigen,

die vorwiegend mit Personen innerhalb oder vorwiegend mit Personen außerhalb des eigenen Unternehmens zu tun haben.

Wenngleich es ohne schöpferisch tätige Ingenieure keinen technischen Fortschritt gäbe, so braucht die Technik zum Erfüllen ihrer vielfältigen Aufgaben die zahlreichen anderen Arten von Ingenieuren ebenso notwendig wie ein Heer außer der kämpfenden Truppe z. B. die Intendantur braucht. Es ist daher sachlich falsch und für Technik und Ingenieure abträglich, wenn eine bestimmte Art von Ingenieuren sich allein für wirkliche Ingenieure und alle übrigen weder für ganz vollwertig noch für wirklich notwendig hält.

Je nach der Art ihrer Beschäftigung werden an Wissen, Können und Veranlagung von Ingenieuren außerordentlich verschiedene Anforderungen gestellt. Den Ingenieurberuf können daher die verschiedenartigsten Menschen ergreifen, wenn sie nur Freude an technischen Dingen haben. Wieviel es aber selbst bei technisch hervorragend begabten Menschen auf sie ankommt, sieht man an R o b e r t B o s c h , der sich ursprünglich nicht zum Ingenieur berufen fühlte und seine große Aufgabe erst erkannte, als er sich selbständig gemacht hatte. Da aber selbst zum Erledigen einfacher Aufgaben die loyale Zusammenarbeit zahlreicher Ingenieure mit den verschiedensten Fähigkeiten, Veranlagungen und Temperamenten nötig und wirkliches Ingenieurtum ohne Aufgehen in einer großen Gemeinschaft nicht möglich ist, Seite 81, sollte das Verständnis für kameradschaftliches Verhalten im Nachwuchs früh geweckt und schon die Jugend an einen ungezwungenen, hilfsbereiten Umgang mit anderen gewöhnt werden.

Ingenieure unterscheiden sich von anderen studierten Berufen z. B. dadurch, daß sehr viele von ihnen gemeinsam mit Nicht-Ingenieuren (meist Kaufleuten und Handarbeitern) in ihnen nicht gehörenden Unternehmungen zum Erzielen von Gewinnen tätig sind und Nicht-Ingenieure (Kaufleute und Juristen) die Verwertung des Ertrages ihrer Arbeit und ihr privates Leben öfters stark beeinflussen.

Solche Unternehmungen betreiben entweder das Konstruieren, Erzeugen und Verkaufen technischer Gegenstände oder führen technische Arbeiten (Herstellen von Bauwerken der verschiedensten Art, Erforschen und Erschließen von Rohstofflagerstätten usw.) in fremdem Auftrag aus oder stellen Kleidungs-, Nahrungs- oder andere nichttechnische Artikel her, wobei der Ingenieur nur eine sekundäre

Rolle spielt, oder dienen überhaupt nur rein händlerischen Zwecken, wie z. B. dem An- und Verkauf technischer Artikel, bei dem der Ingenieur hinter dem Kaufmann ganz zurücktritt. Überwiegend händlerische Unternehmungen werden weniger Wert auf ein ausgeprägtes Standesbewußtsein ihrer Ingenieure legen. Auch dadurch, daß selbst in gleichartigen Unternehmungen Tätigkeit und Ansehen der Ingenieure sehr verschieden sind, wurde ihr Stand nicht so geschlossen, homogen und schlagkräftig wie derjenige von Juristen und Ärzten, zumal bei vielen anderen Ingenieurkategorien sich neue Differenzierungen der Tätigkeit, Denkweise und Lebensführung ergeben. Deshalb und weil sie sich über ihre großen Gemeinsamkeiten nie recht klargeworden sind, rückten sie Äußerlichkeiten, wie z. B. den Unterschied zwischen studierten und nicht studierten Fachgenossen in den Vordergrund, was die ohnehin nicht starke Geschlossenheit ihres Standes noch weiter schwächte.

Mit aus diesen Gründen gibt es auch so wenig Fachgenossen, die Wesentliches zur Vertiefung unserer Kenntnisse über die allgemeine Bedeutung der Technik beigetragen oder durch andere als rein fachliche Leistungen die Aufmerksamkeit der Öffentlichkeit auf sich gezogen haben. Auch der Hochschulbetrieb blieb ganz auf das Züchten von in ihrem engsten Berufe aufgehenden Nur-Ingenieuren gerichtet, und bei manchen Fachgenossen, die es zu überragenden industriellen Stellungen brachten, war das Gefühl der Verbundenheit mit ihrem Stande schwächer als andere Rücksichten. Es zeigte sich eben überall, daß „der technische Mensch erst seiner bewußt zu werden beginnt, ... während der kapitalistische sich bereits in einer ganzen Kultur ausgeprägt hat" (H. H a r d e n s e t t).

Kaufleute und Juristen werden in industriellen Unternehmungen mit Recht immer eine wichtige Rolle spielen. Worauf es aber ankommt, ist, daß Ingenieuren die ihnen gebührende Stellung und der Einfluß eingeräumt wird, der sie als gleichberechtigt neben die historischen Berufe treten läßt, was nur gelingen kann, wenn sie selber sich über Wesen und Bedeutung der Technik und die allen Ingenieuren gemeinsamen Interessen klar und willens sind, für die daraus sich ergebenden Folgerungen auch zu kämpfen.

Wir haben die Forderung erhoben, daß sich Ingenieure nicht mit dem Ersinnen, Herstellen, Betreiben und Verkaufen von Maschinen begnügen dürfen, sondern auch Einfluß auf den Einsatz der Technik im öffentlichen Leben gewinnen, also erheblich universaler als bisher tätig sein müssen. Die praktische Durchführung dieser Aufgabe denken wir uns so, daß sämtliche Schüler technischer Lehranstalten im Rahmen des normalen, solides technisches Fachwissen vermittelnden Studienplanes gründlich über Wesen und Bedeutung der Technik im öffentlichen Leben unterrichtet werden, wobei dem einzelnen der Besuch von historischen, politischen oder volkswirtschaftlichen Sondervorlesungen jederzeit freisteht. Eine spezialistische, die allgemeine Bedeutung der Technik in den Vordergrund stellende Ausbildung schon während des Studiums würde nichts nützen, weil die universalere Ingenieurbetätigung eines Menschen sich aus den Erfahrungen und Bedürfnissen der Praxis und nicht vom grünen Tisch her entwickeln muß. Haben tüchtige junge Ingenieure ein paar Jahre erfolgreicher, in der üblichen Weise geleisteter Praxis hinter sich, so werden sie (und ihre Vorgesetzten) schnell merken, ob sie sich für eine universalere Tätigkeit eignen und im bejahenden Falle ganz automatisch ihren Gesichtskreis zu erweitern versuchen.

Daß eine universalere Betätigung der Ingenieure sachlich berechtigt ist, zeigt die Juristerei, die mit fast allen Gebieten des öffentlichen Lebens gleichfalls eng verknüpft ist. So wie die gesamte Rechtspflege leiden müßte, wenn den Juristen plötzlich nur noch die Legislative oder nur noch die Jurisdiktion zuständen, so muß auch die gesamte Technik gehemmt werden, wenn die Ingenieure sich ausschließlich mit dem Herstellen und Vertreiben der Handelsware „Maschine" aber nicht mit dem Einsatz der Technik im öffentlichen Leben beschäftigen, weil sie dann nur eine Seite des Problems kennenlernen und daher vieler Erfahrungen und Anregungen verlustig gehen, die ihrer Tätigkeit erst die rechte Tiefe, Weite und Fruchtbarkeit geben.

b) Bedeutung der Wissenschaft. Die um ihrer selbst willen betriebene Wissenschaft stößt bei drei ganz verschiedenen Kreisen auf Unverständnis oder Ablehnung: bei Industrierittern, bei weiten mittelständischen Schichten darunter auch manchen Ingenieuren und bei vielen kleinen Leuten von geringer Bildung. Auf leichten Profit erpichte Geschäftemacher halten sie für einen ihren Gewinn schmälernden Luxus, gewisse Mittelstandskreise denken aus Trägheit nie ernstlich über ihre wahre Bedeutung nach, für viele kleine Leute ist sie nicht viel mehr als ein verschrobener Zeitvertreib weltfremder Stubengelehrter. Die erste dieser drei Kategorien ist in allen Industrieländern im schnellen Aussterben begriffen, über die zweite wird die Entwicklung gleichfalls hinweggehen, die Einstellung der dritten Kategorie ist deshalb beklagenswert, weil gerade ihr Los durch die Wissenschaft sehr gefördert werden kann. Nur wenn die Wissenschaft als freie Schrittmacherin der Technik auftritt, können nämlich beide zusammen mit den Schätzen der Natur Reichtum und Wohlstand der Gesellschaft und insofern auch den Lebensstandard des kleinen Mannes mächtig heben, als die Wissenschaft im Bunde mit der richtig eingesetzten Technik durch verstärkte Nachfrage nach industriellen Gütern aller Art steigende Löhne und durch bessere Arbeitsmethoden und Werkstoffe steigende Gewinne und sinkende Preise, also gerade das ermöglicht, was der kleine Mann braucht.

Die für den Ingenieur grundlegende Wissenschaft ist die Physik, deren Hauptaufgabe in der Erforschung der Grundgesetze alles Seins und Geschehens besteht. Nach C. R a m s a u e r[1]) hat sie daher für die Technik eine weit über die Grenzen einer Einzelwissenschaft hinausgehende allgemeine Bedeutung, da sie immer wieder neue Impulse für das Entstehen neuer Techniken gibt (Erfindung des galvanischen Elementes durch Volta erschloß die Gleichstromtechnik, Entdeckung der Induktion durch Faraday die Wechselstromtechnik, Entdeckung der elektrischen Wellen durch Hertz die Rundfunktechnik usw.). Im Laufe der Zeit wächst die Unabhängigkeit der einzelnen Techniken von der Physik; beispielsweise ist die Kältetechnik schon ganz selbständig geworden, während die Elektroakustik erst anfängt, eine selbständige Technik zu werden. Jede neue technische Entwicklung gehe aber nur soweit, wie der ihr von der Physik erteilte Impuls ausreicht, eine Spezialtechnik könne aus sich heraus keine grundlegenden Fortschritte schaffen.

Ohne die hochentwickelte Wissenschaft wäre unsere hochentwickelte Technik undenkbar. Die gewaltige Förderung, die sie ihr verdankt, kennzeichnet der Engländer H. G. W e l l s[2]) mit den Worten: „In ihrer Einstellung zur Wissenschaft waren die Deutschen weiser als wir. Die Berufsgelehrten zeigten hier nicht denselben Haß gegen die neue Wissenschaft. Sie gestatteten ihre Entwicklung. Der deutsche Geschäftsmann und der deutsche Fabrikant wieder hegten gegen den Mann der Wissenschaft nicht dieselbe Verachtung wie ihre britischen Konkurrenten. Die Deutschen waren der Ansicht, daß das Wissen für jene, die es befruchtet, eine gute Ernte zeitigen könnte ... Die wissenschaftliche Arbeit Deutschlands in den sechziger und siebziger Jahren begann im nächsten Jahrzehnt Früchte zu tragen, und der Deutsche bekam langsam in der Technik und Industrie die Oberhand über Britannien und Frankreich." Jeder Ingenieur sollte daher die Wissenschaft hochschätzen und zu fördern suchen. Für ihn ist sie aber nur eines der Werkzeuge, das er bei seiner Arbeit braucht. Der Umstand, daß sie den meisten Ingenieuren nur Mittel zum Zweck ist, ist mit daran schuld, daß manche Wissenschaftler von einer Profanierung der Wissenschaft durch die Technik sprechen, anstatt die Worte eines der hervorragendsten Wissen-

---

[1]) R a m s a u e r , C.: Die Schlüsselstellung der Physik für Naturwissenschaft, Technik und Rüstung. Die Naturwissenschaften 1943, S. 285/288.

[2]) W e l l s , H. G.: Die Geschichte unserer Zeit. Berlin 1932.

schaftler unserer Zeit, M a x P l a n c k , zu beherzigen: „Ich bin mein Leben lang davon überzeugt gewesen, daß jede Theorie ihre Begründung und ihre Rechtfertigung nur in dem Maße findet, wie sie angewendet werden kann, sonst bleibt sie im besten Falle geistvolles Akademikertum und ohne sachliche Höhe.

In manchen Zweigen der Technik, wie z. B. in der Elektrotechnik, im Flugzeug- und Wärmekraftmaschinenbau spielen Wissenschaft und Theorie eine große Rolle, in anderen dienen sie mehr dazu, eine Maschine zu verfeinern und das Letzte aus ihr herauszuholen oder die Ursachen von Erscheinungen zu ergründen, für die eine Erklärung zunächst fehlt. Schließlich können mit Hilfe der Wissenschaft oft einander scheinbar widersprechende Erfahrungen in ein logisches System eingereiht, dadurch ihres zufälligen Charakters entkleidet und für zukünftige Fälle erst ganz nutzbar gemacht werden.

Es gibt aber Erfindungen, die frei von aller Wissenschaft lediglich durch intuitives Gefühl für das Richtige und oft gegen den Widerstand der Theoretiker gemacht wurden, lange bevor die Wissenschaft in der Lage war, die ihnen zugrunde liegenden Erscheinungen zu erfassen. Auch hat wissenschaftliche Spekulation wiederholt zu Enttäuschungen geführt und dem Werk tüchtiger Praktiker Abbruch getan, besonders wenn stark theoretisch eingestellte Menschen oder Fanatiker der Versuchung unterlagen, nicht die Theorie den Tatsachen anzupassen, sondern den umgekehrten Weg zu beschreiten. Selbst angesehene Ingenieure stehen daher der Theorie manchmal etwas kühl gegenüber. Aber bei vielen Maschinen kommt die Zeit, wo das Ausbleiben oder die Ablehnung ihrer wissenschaftlichen Behandlung weitere Fortschritte verlangsamt oder verteuert, besonders wenn sie mit anderen Maschinen in Wettbewerb treten müssen oder wenn die in ihnen auftretenden oder die von ihnen ausgelösten Wirkungen so groß geworden sind, daß sie von den Baustoffen nicht mehr ohne weiteres angenommen werden[1]). D o l i v o - D o b r o - w o l s k y , der Schöpfer des Drehstrommotors, Seite 134, sagt über den Gegensatz zwischen reinen Wissenschaftlern und reinen Empir: kern, es hätten sich in den Entwicklungsjahren des Wechselstromes die Theoretiker, die alles kritisierten, aber selbst nichts fertigbrachten, und die reinen Praktiker gegenübergestanden, die nur weniges auszubilden vermochten und nur „fortwurstelten".

Der Schritt von der betriebs- zur marktfähigen Konstruktion ist ohne Hilfe der Wissenschaft oft nur mit viel Kosten und Zeitverlust möglich. In einem Lande, wo das Geld knapp und das Interesse des breiten Publikums an der Technik nicht stark ist, ist man daher auf frühzeitige wissenschaftliche Behandlung mehr angewiesen, als z. B.

---

[1]) M ü n z i n g e r , F.: Dampfkraft. Berlin 1933.

in Amerika, das über große Mittel verfügt und wo die Öffentlichkeit am technischen Fortschritt lebhaften Anteil nimmt. Wenngleich also in der Technik schöpferisches Gestalten das Primäre ist, so sollte ein Ingenieur doch immer danach streben, Erscheinungen, die er beobachtet, und Erfahrungen, die er sammelt, wissenschaftlich zu verarbeiten und systematisch zu ordnen, im übrigen aber das Wort „wissenschaftlich", das heute für die nebensächlichsten Dinge mißbraucht wird, aus Achtung vor der Wissenschaft recht sparsam benutzen.

Aber auch aus folgendem Grunde wird die Wissenschaft von Ingenieuren nicht immer richtig gewurdigt. Bei der Berechnung eines technischen Vorganges oder einer Maschine handelt es sich um zwei Dinge: Um das richtige Aufstellen der Ansätze für die Berechnung und um deren richtige mathematische Durchführung. Das Aufstellen der Ansätze ist Sache des Ingenieurs, die Rechnung könnte oft ebensogut ein Mathematiker besorgen. Nur wenn die Ansätze die tatsächlichen Verhältnisse zutreffend wiedergeben, kann ihre mathematisch-theoretische Behandlung ein richtiges Ergebnis zeitigen. Aus Mangel an Erfahrung oder Einfühlvermögen wird aber oft von Ansätzen ausgegangen, die sich mit der Wirklichkeit nicht decken. Man kommt dann zu Resultaten, die trotz aller wissenschaftlichen Verbrämung irreführend sind und schweren Schaden anrichten können. Menschen, die diese Zusammenhänge nicht übersehen, machen in solchen Fällen fälschlicherweise der Wissenschaft einen Versager zum Vorwurf.

Schließlich sind auch sehr tüchtige Wissenschaftler manchmal nicht imstande, aus ihrer an sich richtigen Untersuchung die richtigen praktischen Folgerungen zu ziehen. Beispielsweise hatte ich, da mir die Materie zu fremd war, einen namhaften Forscher gebeten, einige die Verwertung von Natronlauge als Arbeitsmittel für die Krafterzeugung betreffende Fragen zu beantworten. Da mir seine Schlußfolgerungen mit dem Inhalt seines an sich ausgezeichneten Gutachtens nicht recht vereinbar erschienen, bat ich um eine Aussprache, an derem Ende er sich meiner Auffassung anschloß und erklärte, er hätte nicht gedacht, wie anders man vom Standpunkt des Ingenieurs aus eine Sache auffassen könne und zu welch verschiedenen Schlüssen man dann kommen müsse.

c) Bedeutung der Erfahrung. Das Wort „Probieren geht über Studieren" gilt auch für die moderne Technik. Nicht selten führt Probieren schneller und billiger zum Ziel als Berechnen oder Diskutieren. Es darf nur nicht in planloses Herumtasten ausarten. Erfahrung ist eines der stärksten Fundamente der Technik. Ein erfahrener Ingenieur vermag durch Vielzahl und geschickte Kombination ihm bekannter

Tatsachen und durch sein geschultes Auge oft in wenigen Augenblicken Möglichkeiten und Schwächen zu erkennen, auf die ein junger Fachgnosse, der noch keine Erfahrungen hat sammeln können, auch wenn er hochintelligent ist, erst nach langem Überlegen kommt. Beispielsweise erwiesen sich sehr kluge Ideen von Leibniz (er ersann u. a. das Aneroid-Barometer, die Verschwinde-Lafette, Fördertrommeln mit kegelförmiger Gestalt, die Rechenmaschine) als undurchführbar, weil er aus Mangel an praktischer Erfahrung übersah, daß ihm die erforderlichen Hilfsmittel noch fehlten. Erfahrung in Gemeinschaft mit einer erfinderischen Ader machen aber Menschen ohne theoretisches Wissen manchmal zu reinen Empirikern mit allen ihren Schwächen.

Kein Glied unseres Körpers ist für erfolgreiches Ingenieurschaffen so wichtig und kein Glied ließ eine verkehrte Erziehung Dezennien hindurch so verkümmern wie das Auge. Es ist in vielen Fällen ein zuverlässigerer Statiker und ein unbestechlicherer Beurteiler als jede Theorie und Berechnung, wenigstens solange man sich nicht auf Neuland bewegt, wo alle Vergleichsmöglichkeiten mit bekannten Erscheinungen fehlen, und das Auge sich noch nicht „justieren" konnte. Ist eine solche Einstellung aber einmal erfolgt, so ist es für den Unerfahrenen erstaunlich, wie sicher ein erfahrener Ingenieur oft mit einem Blick sieht, ob etwas falsch oder richtig ist. Er kann allerdings nicht immer angeben, wo der Fehler liegt, denn er fühlt die Schwäche oft mehr, als er sie verstandesmäßig erkennt, und wird dann nur sagen können, „so würde ich es nicht machen". Bei anderen und mir selber konnte ich immer wieder feststellen, wie berechtigt sich ein solches „Gefühl" über kurz oder lang oft erweist. „Schreibtisch-Ingenieure"[1]), die es nicht haben und die glauben, alles was nicht mit Zirkel, Winkel und Formeln sich beweisen läßt, existiere nicht, halten die Worte „so würde ich es nicht machen", aber oft für kein Argument und kümmern sich daher um diesen Rat nicht. Eine Auseinandersetzung mit ihnen über konstruktive Fragen ist ähnlich unerquicklich, wie eine Unterhaltung über Fragen der Kunst mit einem amusischen Menschen.

Das Auge rechnet häufig schneller und fehlerloser als ein guter Mathematiker und erfaßt Zusammenhänge in Sekunden, zu deren Erkennen, ohne sie gesehen zu haben, umständliche Erläuterungen nötig sind. Die Zeichnung ist daher nicht nur das präziseste, sondern auch das kürzeste Verständigungsmittel der Menschen. Vom Auge gilt

---

[1]) Das in den beiden ersten Auflagen benutzte Wort „Mathematik-Ingenieure" wurde in der vorliegenden durch „Schreibtisch-Ingenieure" ersetzt, weil es das, worauf es hier ankommt, besser zum Ausdruck bringt und die Gefahr einer Herabsetzung des Wertes eines gediegenen mathematischen Wissens vermeidet.

aber auch der Satz, daß mit keinem anderen Organ unseres Körpers
so viel gestohlen wird, was in die urbanere Sprache der Technik
übersetzt etwa besagen will, daß ein geschultes Auge ein mächtiger
Anreger ist und auf den entlegensten Gebieten wertvolle Analogien
oder Anregungen sieht, die „Schreibtisch-Ingenieuren" verborgen
bleiben, selbst wenn man sie mit der Nase daraufstieße. Aus allen
diesen Gründen ist Sehenlernen für Ingenieure von allergrößter
Wichtigkeit.

d) Bedeutung des gesunden Menschenverstandes. Eine so auf das
Praktische eingestellte, vielseitige Tätigkeit wie die der Ingenieure
verlangt vor allem etwas, das „einfache" Menschen oft mehr haben
als studierte, nämlich gesunden Menschenverstand, d. h. die Fähigkeit, auf Grund einfacher, naheliegender und der Gelegenheit an-
gepaßter Überlegungen das Richtige zu tun. Gesunder Menschenverstand, der die grundsätzliche Richtigkeit eines Vorgehens mit
Hilfe einfacher Überlegungen schnell kontrollieren kann, nützt oft
mehr als theoretische Spitzfindigkeiten und schützt auch vor ungebührlichem Überschätzen der Theorie. Viele schwere Mißerfolge
in der Technik wie im übrigen Leben rühren nämlich weniger von
fehlerhaften Feinheiten der Berechnung als von ganz groben, aber
gelegentlich auch tüchtigen Menschen unterlaufenden Irrtümern bei
der allgemeinen Beurteilung eines Problems her und könnten oft
vermieden werden, wenn man es einmal auf Grund eines oberen,
das andere Mal auf Grund eines unteren Grenzwertes betrachten
würde, die sich beide bei einigem Nachdenken oft fast von allein
ergeben. Zum Beispiel machte Charles A. Parsons[1]), der ein
guter Mathematiker war, bei seinen Arbeiten von der Mathematik
nur wenig Gebrauch und soll nicht einmal einen Rechenschieber besessen, es dagegen ausgezeichnet verstanden haben, auf Grund bekannter Formeln mit einfachen Überlegungen in unbekanntes Gebiet vorzustoßen, ohne sich dabei viel zu täuschen.

Die Folgen des Mangels an gesundem Menschenverstand zeigen
sich bei den verschiedensten Gelegenheiten. Zum Beispiel wird oft
viel Geld in die Entwicklung einer Maschine gesteckt, obgleich man
sich bei nüchterner Überlegung sagen müßte, daß es selbst bei einem
guten Umsatz nie wieder hereinkommen kann, oder überflüssige Konstruktionen werden lediglich aus Freude am Neuen herausgebracht,
oder Zeit und Geld an die Diskussion über Dinge verschwendet, die
zwar nicht gerade gleichgültig, aber gegenüber anderen durchaus
untergeordnet sind. Einen Mangel an gesundem Menschenverstand
verraten auch Ingenieure, die eine Rechnung mit verwickelten For-

---

[1]) H. W. Dickinson: A short History of the Steam Engine. Cambridge 1938.

meln auf mehrere Dezimalen genau in Fällen durchführen, in denen ein Blinder sieht, daß die Ausgangswerte schon vor dem Komma nicht mehr zuverlässig sind, oder in denen es im Rahmen des ganzen Problems praktisch gleichgültig ist, ob man die betreffende Größe 10 % kleiner oder größer wählt. Besonders wissenschaftlich aufgemachte „genaue" Rechnungen richten häufig Schaden an, weil sie eine Zuverlässigkeit vortäuschen, die nicht existiert, und weil auch studierte Menschen selbst vor falsch angewendeter Wissenschaft einen grenzenlosen Respekt haben.

Zuweilen müssen wichtige Entscheidungen so schnell getroffen werden, daß man keine Zeit zu längeren Berechnungen und Überlegungen hat, wenn man nicht Gefahr laufen will, daß einem inzwischen ein anderer zuvorkommt. Deshalb ist es z. B. beim Verkauf einer Maschine oder bei Lieferverträgen oft wichtiger, den angemessenen Preis oder einen anderen Wert im Bruchteil einer Stunde auf 10 %, als in einem Tage auf 1 % genau zu kennen, weil man dann entweder eine gewisse Sicherheit in den verlangten Preis einrechnen oder schon aus der Größenordnung des ermittelten Wertes erkennen kann, ob das Geschäft überhaupt Interesse bietet. Schließlich ist bei manchen Maschinen eine bestimmte Ausführungsart einer anderen zuweilen nicht nennenswert überlegen, so daß es gleichgültig ist, welche man wählt. Häufig verläuft die die Wertigkeit einer Maschine kennzeichnende Kurve in der Nähe ihres günstigsten Wertes so flach, daß die Unterschiede gegenüber dem Maximum auf einem ziemlich weiten Bereich kaum größer als die Genauigkeit der Rechnung sind. Wird z. B. als Wertigkeit eines Kraftwerkes die Summe der Kapital-, Kohlen- und Betriebskosten für eine erzeugte Kilowattstunde gewählt, so werden die Ergebnisse zweier voneinander unabhängiger, auf Kostenanschläge verschiedener Firmen sich stützender Berechnungen oft schon deshalb nicht zum selben Ergebnis gelangen, weil der Preis von Maschinen von Zufälligkeiten abhängt und überhaupt nicht immer eine starre Größe ist. Ein Ingenieur, der diese Dinge überblickt, wird sich deshalb in solchen Fällen für eine bestimmte Ausführung auf Grund praktischer Erwägungen und nicht errechneter, geringe Bruchteile eines Pfennigs betragender Unterschiede entscheiden. In dem eben erwähnten Falle eines Kraftwerkes können z. B. einfache oder stark überlastbare Maschinen weit vorteilhafter als wärmewirtschaftlich besonders hochwertige, aber empfindliche sein, weil ein auch nur kurzzeitiges Versagen der hochwertigeren Maschine oft viel größeren Schaden verursacht, als der Mehrverbrauch an Kohle der einfacheren während mehrerer Jahre kostet. Die Auswahl der zweckmäßigsten Maschine ist dann mehr Sache der Erfahrung und des gesunden Menschenverstandes als großer theoretischer Kenntnisse. Bei Dampfkesseln, Kraftwerken und manchen anderen Maschinen und technischen Bauwerken, die zahlreiche Kombinationen bekannter Einzelheiten zulassen, sind häufig mehrere, praktisch gleichwertige Lösungen möglich. Da es aber viele Ingenieure gibt, die ihr eigenes Geistesprodukt für das allein richtige halten, wird eine Unmenge Zeit nutzlos an Parallelkonstruktionen verschwendet, ohne daß die Öffentlichkeit gewahr wird, wie wenig Substanz hinter all dieser — oft wissenschaftlich verbrämten — Geschäftigkeit steckt. Gerade Dinge, die man ebensogut so als auch anders machen kann, sind ein beliebter Tummelplatz rede- und konferenzenfreudiger Menschen, die oft in dem Wahn leben, es geschehe ein Unglück, wenn nicht jedes Ding auf Erden organisiert, taxiert, normiert, typisiert und registriert, sondern dem Ermessen und Improvisieren des einzelnen etwas Spiel gelassen wird.

Fähigkeit zur Konzentration auf das Wichtige, Entschlußkraft und gesunder Menschenverstand sind eng miteinander verwandt. Wer eine dieser Eigenschaften nicht hat, besitzt oft auch die anderen nicht, und ist dann zum Bekleiden mancher Stellungen ungeeignet, so tüchtig er sonst sein möge.

e) Bedeutung der Zeit. Ein Ingenieur muß erkennen, ob die Zeit für die Einführung einer neuen Maschine reif ist, ob die zu ihrer Herstellung benötigten Baustoffe und Vorrichtungen vorhanden sind und die Entwicklung auf anderen Gebieten, von denen ihr Erfolg abhängen kann, genügend fortgeschritten ist. Auch eine vorzügliche Idee ist zum Mißerfolg verurteilt, wenn man sie vorzeitig zu verwirklichen versucht. Die Dampfüberhitzung, ohne die das neuzeitliche Dampfkraftwesen nicht möglich wäre, konnte sich z. B. erst etwa 100 Jahre, nachdem sie erstmals angeregt worden war, durchsetzen, weil es vorher keine geeigneten Baustoffe und den hohen Temperaturen gewachsene Schmiermittel gegeben hat. Das Automobil war erst lebensfähig, nachdem brauchbare Betriebsstoffe, Zündvorrichtungen und Luftreifen existierten. Die gewaltigen Leistungen der heutigen Flugmotoren waren erst erzielbar, als die Herstellung der Kraftstoffe aufs höchste verfeinert und Fertigungsverfahren von früher unvorstellbarer Genauigkeit geschaffen worden waren. Daran, daß solche Voraussetzungen fehlten, sind viele Erfindungen gescheitert, und manche Erfinder hatten nur deshalb einen schnellen Erfolg, weil sie zufällig sämtliche benötigten Hilfsmittel vorfanden.

Nichts in der Technik ist so beständig wie der Wechsel. Auch für die Technik gilt der Satz, daß selbst gut gebaute Wahrheiten nur 20 Jahre dauern, und nicht einmal diese Lebensdauer erreichen viele „technische Wahrheiten". Das Aufkommen neuer Bedürfnisse, Fertigungsverfahren oder Baustoffe kann die Sachlage mit einem Schlage ändern und eine Maschine aussichtsreich machen, die es vorher nicht war, oder den Todeskeim in eine blühende Fabrik legen, wenn sie ihre Erzeugnisse nicht rechtzeitig den neuen Tatsachen anzupassen versteht. Schließlich ist es oft richtiger, schnell aber mit einem gewissen Risiko zu bauen, als eine Konjunktur zu verpassen.

Richtiges Bewerten der Zeit ist daher für den Ingenieur von größter Bedeutung. Er muß sowohl den Zeitpunkt für das Anpacken eines Unterfangens als auch die Zeitdauer, innerhalb der es durchgeführt werden muß, zutreffend einschätzen können. Die Unkenntnis der Bedeutung der Zeit führt zu manchen Fehlurteilen über Erfolge und Mißerfolge von Ingenieuren, ihre falsche Einschätzung oft zu großen Verlusten. Auch die große Kunst des „Wartenkönnens" gehört hierher, gleichgültig, ob es sich um das Ausreifenlassen einer Idee oder technisch-wissenschaftlichen Arbeit, das Hervortreten mit einer Erfindung, einer wichtigen Erkenntnis, geschäftspolitische Maßnahmen oder nur um persönliche Dinge handelt, wie z. B. das Verlangen nach Beförderung.

f) Bedeutung des Risikos. Für den Ingenieur sind die Hilfsmittel und Arbeitsmethoden des Mathematikers und Physikers in vielen Fällen unentbehrlich. Sobald er aber Neuland betritt, wo nur die Erfahrung zeigen kann, ob die ihm für seine Berechnungen zur Verfügung stehenden Ausgangswerte und Annahmen zuverlässig sind, kann ihm die reine Wissenschaft nur bis zu einem bestimmten Punkte den Weg weisen, darüber hinaus muß er sich auf Erfahrung, Instinkt und gutes Glück verlassen. Ist also schon im rein technischen Teil seiner Tätigkeit der Erfolg trotz Umsicht, Fleiß und Sorgfalt oft dadurch unsicher, daß er einen der 20 oder 30 Einflüsse übersehen oder nicht ganz richtig eingeschätzt hat, oder daß ein für sein Werk verhängnisvolles Ereignis eintritt, das sich jeder menschlichen Voraussicht entzog, so gilt dies kaum weniger für den geschäftlichen Teil. Wenigen anderen Berufen macht die Tücke des Objekts so viel zu schaffen wie Ingenieuren. Immer wieder ergeben sich Lagen, in denen auch tüchtige und erfahrene Ingenieure nicht sicher sagen können, wie sich eine bestimmte Maßregel auswirken wird. Dies kann außerordentlich quälend sein, wenn z. B. eine neuartige Maschine dringend benötigt wird und ohne Erprobung geliefert werden muß, weil, bis man über ihre Bewährung klar sieht, viele Monate vergangen und zahlreiche Maschinen mit demselben Fehler auf den Markt gekommen sein können. Oder es kann eine in größeren Mengen auf Vorrat gebaute Maschine sich aus einem unvorhergesehenen Grunde nicht bewähren oder durch eine andere überflügelt und damit unverkäuflich werden. Je bedeutender und vom Bekannten abweichender etwas Neues ist, um so größer ist das mit seiner Einführung verbundene Risiko.

Ohne Wagemut und Entschlußkraft lassen sich Fortschritte nicht erzielen. Große Ingenieure haben Großes riskiert und oft ihre ganze Existenz aufs Spiel gesetzt. Je größer aber ein Wagnis ist, um so weniger soll man es ohne Zwang noch weiter erhöhen und daher auch die geringste Kleinigkeit, die auf den Erfolg von Einfluß sein könnte, sorgsam beachten. Je besser vorbereitet die Absprungstelle ist, um so weiter trägt der Sprung und um so breiter darf der Abgrund sein, über den man setzt. In der Art, wie er ein Wagnis anpackt und durchführt, unterscheidet sich der ernsthafte Ingenieur vom Spekulanten und Hasardeur.

g) Bedeutung des Spezialistentums. Die moderne Technik ist ein so umfangreiches verwickeltes Wissensgebiet, daß der einzelne selbst in einem verhältnismäßig kleinen Arbeitsbereich nicht mehr alles selber zu erledigen vermag. Dinge, die noch vor einem halben Menschenalter als etwas ganz Einfaches erschienen, erfordern heute großes Spezialwissen, obgleich sie oft nur ein kleiner Teil einer Maschine sind. Ein Beispiel hierfür sind die den Laien so einfach anmutenden Kolben hochbelasteter, leichter Verbrennungsmotoren, bei denen nur ein Fachmann erkennt, welche Sonderkenntnisse und zähe Arbeit ihre Hochzüchtung erforderte. Aber bereits bei den Ausgangsstoffen hat sich infolge der immer größeren und vielseitigeren an sie gestellten Anforderungen eine weitgehende Spezialisierung nicht nur bei ihren Herstellern, sondern auch Gebrauchern als unerläßlich erwiesen. Ein schönes Beispiel hierfür sind Stähle, zu deren Kennzeichnung noch im Jahre 1910 Begriffe wie Festigkeit, Streckgrenze, Dehnung und Härte genügten, die sich einfach feststellen ließen, weil sie nur bei Zimmertemperatur gemessen zu werden brauchten. Die Verhältnisse änderten sich, als Hochdruckbehälter für die chemische Industrie, weittragende Geschütze, Hochleistungswerkzeuge, Kraftwagen und Verbrennungsmotoren, elektrische Maschinen, Dampfkessel und Dampfturbinen ganz neue Forderungen an die Baustoffe stellten. Allein auf dem doch immerhin beschränkten Gebiete des Dampfkesselbaues mußten infolge der immer größeren Dampfdrücke (bis 200 Atmosphären) und Dampftemperaturen (bis 550°) Stähle entwickelt werden, die auch bei so hohen Temperaturen noch genügend fest und gegen Korrosion durch Flüssigkeiten, Dämpfe oder Gase, gegen den Angriff von Laugen oder die Verzunderung durch heiße Rauchgase genügend unempfindlich sind. Das Glühen oder Schweißen stellte weitere Anforderungen, und zu den bekannten Legierungsstoffen (Phosphor, Silizium, Mangan und Kohlenstoff) mußten seltene Metalle (Nickel, Chrom, Molybdän, Vanadium, Titan), zu bekannten Festigkeitsbegriffen, die dem Umstand nicht Rechnung trugen, daß von einer bestimmten Temperatur an die Höhe dieser Temperatur und die Dauer der Belastung auf die zulässige Baustoffbeanspruchung von großem Einfluß sind, mußten außer der Kerbzähigkeit neue Festigkeitsbegriffe, wie Warmstreckgrenze, Kurzzeitfestigkeit, Langzeitfestigkeit, Zeitstandfestigkeit, Dauerstandsfestigkeit und Dauerbelastbarkeit, zu den bekannten Berechnungsverfahren und Sicherheitsbeiwerten neue Verfahren und Sicherheitszahlen, zu den zahlreichen, letzten Endes auf Zerreißversuchen beruhenden Baustoffprüfungen zerstörungsfreie Verfahren mittels Durchleuchtung (Röntgenstrahlen), elektrischer Widerstandsmessung, Ultraschall oder Magnetpulver hinzutre en, die eine außerordentlich weitgehende Anpassung an Material und Größe des Prüfkörpers oder Art, Lage und Erstreckung der schadhaften Stellen gestatten. Da eine nennenswerte Verbesserung der Festigkeitseigenschaften von Stählen und anderen Baustoffen in absehbarer Zeit nicht wahrscheinlich ist, der Leichtbau (Flugzeuge, Kraftwagen, schnelle Schiffe usw.) aber immer wichtiger wird, gewann die zweckmäßige Formgebung (Gestaltfestigkeit) große Bedeutung. Um mit ihrer Hilfe das Letzte aus den Baustoffen herausholen zu können, war die Entwicklung äußerst genauer und kompendiöser Instrumente zum Messen der an oft sehr schlecht zugänglichen Stellen der laufenden Maschine auftretenden Beanspruchungen nötig, weil sie sich häufig nicht genügend zuverlässig berechnen lassen. Die Technik braucht daher viele Spezialingenieure, die auf einem engen Gebiete so eingehende Kenntnisse haben müssen, daß sie oft nur schwer Zeit zum Beschäftigen mit Fragen außerhalb desselben erübrigen können. Die Beschränkung auf ein kleines Sondergebiet hat aber zu erheblichen Mißständen geführt, weil aus dem eben erörterten Grunde viele Spezialisten die Fühlung mit benachbarten Arbeitsgebieten und das Verständnis für große Zusammenhänge verlieren und einseitig und wirklichkeitsfremd werden. Im folgenden werden unter „Spezialisten" im negativen Sinne des Wortes Menschen verstanden, die die Dinge nur von einem engen Standpunkt aus zu beurteilen vermögen und deshalb oft zu falschen Ergebnissen kommen.

Spezialisten versagen hauptsächlich dadurch,

daß sie die Bedeutung von Erscheinungen auf einem fremden Arbeitsgebiete für den Bereich, in dem sie selber tätig sind, nicht erkennen,

daß sie zu wenig darauf achten, ob die für die Aussichten einer neuen Maschine maßgebenden technischen oder sonstigen Voraussetzungen schon oder noch bestehen,

daß sie bei der Entwicklung einer neuen Maschine Risiken eingehen, die in keinem Verhältnis zum möglichen Nutzen stehen.

Folgende Beispiele mögen dies zeigen. Der Bau großer hohen Ansprüchen gewachsener Dampfkessel wurde im wesentlichen durch die von Stahlgerippen getragenen feuerfesten Decken und Wände ermöglicht, die die in Deutschland üblichen gemauerten Gewölbe und Wandungen ersetzten und das Überspannen auch der breitesten Feuerräume und das Herstellen ausgedehnter feuerfester Wandungen gestatteten. Nur wenige Ingenieure erkannten seinerzeit die Bedeutung dieser amerikanischen Konstruktion, die überwiegende Mehrzahl richtete ihr Augenmerk auf nebensächliche, aber mehr in die Augen fallende, gleichfalls aus Amerika stammende Dinge. Als man sich vor 30 Jahren an den Bau sog. Nebenproduktengewinnungsanlagen machte, bestand der Anreiz im Anfall von Teer und Ammoniak. Trotzdem wurden für die Entwicklung weitere Mittel aufgewendet, als ein paar Jahre nachher die preiswerte Gewinnung von Stickstoff durch den elektrischen Lichtbogen geglückt und damit eine wesentliche wirtschaftliche Grundlage der Nebenproduktengewinnung weggefallen war. Etwa 10 Jahre später wurde fast derselbe Fehler bei der Entwicklung von Schwelanlagen für Braunkohle wiederholt, indem die Spezialisten nicht beachteten, daß das Haupterfordernis für eine Rentabilität, nämlich auskömmliche Ölpreise, noch fehlten. Beide Male ging viel Geld verloren.

Schließlich lassen sich, häufig aus Prestigegründen, Ingenieure immer wieder zum Bau einer neuartigen teuren Maschine verleiten, von der im günstigsten Falle nur ganz wenige Ausführungen benötigt werden und gehen für sie mit so hohen Vertragsstrafen verbundene Garantien ein, daß deren Nichterfüllung die Prosperität eines Unternehmens gefährden kann. Als viertes Beispiel möchte ich wieder ein persönliches Erlebnis anführen. Geheimrat K l i n g e n - b e r g beauftragte mich im Jahre 1914 ohne meinen Hinweis auf meine geringen jenesmaligen Kenntnisse im Dampfturbinenbau zu beachten, meine Firma bei einer Aussprache über die Verhütung von Schaufelbrüchen infolge von Wasserschlägen zu vertreten, zu der ein großes Elektrizitätswerk die führenden Ingenieure zahlreicher Dampfturbinenfabriken eingeladen hatte. Da der Einberufer und die Eingeladenen ausschließlich über die turbinentechnische Seite sprachen, hatte ich es schon angesichts meines jugendlichen Alters nicht leicht, mit meiner Auffassung durchzudringen, daß nicht ein konstruktiver Fehler der Turbine, sondern ein Überspeisen der Kessel und unzweckmäßig angeordnete Dampfleitungen schuld seien, es daher mehr auf die Beseitigung dieser Mängel als auf den Bau wasserschlagsicherer Turbinen ankomme. Als K l i n g e n b e r g nach meiner Rückkehr meine Verwunderung darüber merkte, daß er nicht einen erfahrenen Turbineningenieur statt meiner entsandt hatte, sagte er: „Hätte auch ich einen Spezialisten geschickt, so wäre die Zusammenkunft fast mit Sicherheit fruchtlos verlaufen, weil Spezialisten bei solchen Gelegenheiten fast nie an Ursachen außerhalb ihres Fachgebietes denken."

Das übertriebene Spezialistentum in der Technik hat seine Parallele in der Heilkunde. So wie manche Spezialärzte den Menschen nicht mehr als Ganzes betrachten und daher trotz ausgezeichneter Sonderkenntnisse oft den Ort der Beschwerden mit dem Sitz, die Symptome mit der Ursache eines Leidens verwechseln, so machen Spezialingenieure dadurch, daß sie nur noch an ihr Arbeitsgebiet denken, ähnlich schwere Fehler. Ingenieurspezialisten halten vor allem Dinge, die sie von Jugend auf kennen, für unabänderlich und gewissermaßen sakrosankt. Sie merken weder, daß die Technik ein dauerndes Werden und Vergehen, eine immerwährende Erneuerung von Überholtem ist, noch erkennen sie manchmal den Wald vor lauter Bäumen. Dies ist einer der Gründe, weshalb Kaufleute und Juristen in technischen Dingen zuweilen klarer sehen, und deshalb kommt soviel darauf an, im Ingenieur Interesse an großen Zusammenhängen außerhalb seines engeren Arbeitsgebietes zu erwecken. Am falschen Einsatz der Technik ist das Spezialistentum auch schuld, wobei man sich freilich darüber klar sein muß, daß es im allgemeinen viel einfacher und leichter ist, wichtige spezialistische Einzelheiten als den springenden Punkt und die großen Zusammenhänge einer Sache zu erkennen.

Wir sehen also, daß die gesunde Entwicklung der Technik darunter leidet, daß die einzelnen Spezialisten ihre Sonderinteressen oft zu sehr in den Vordergrund rücken und das Publikum kaum feststellen kann, welcher Spezialist denn nun „recht hat". Dadurch hat sich eine zunehmende Zufallsherrschaft des letzten oder lautesten Spezialisten, ein wirres Durcheinander an sich zwar richtiger, miteinander aber unverträglicher Meinungen und Maßnahmen und eine Summenleistung herausgebildet, die den vielen hohen Einzelleistungen nicht entspricht. Dieser Übelstand läßt sich nur durch die auf freiwilliges Unterordnen unter eine leitende Idee beruhende Koordinierung der Spezialisten mildern, die ihre lebhafte Anteilnahme an allgemeinen Fragen zur Voraussetzung hat. Auf das Herbeiführen dieses Zustandes sollte — nicht nur in der Technik — das Bemühen aller Einsichtigen gerichtet sein. Würden die Spezialisten sich etwas mehr mit allgemeinen Angelegenheiten und etwas weniger mit ihrem Fachgebiet beschäftigen, so würde die Gesamtentwicklung sicher günstiger verlaufen und die Welt sich wahrscheinlich wohler fühlen, auch wenn das Tempo des wissenschaftlich-technischen „Fortschrittes" vielleicht etwas verlangsamt werden würde.

Diese Überzeugung den Menschen beizubringen und sie zu einem entsprechenden Verhalten zu veranlassen, ist großenteils eine Sache der Erziehung.

h) Bedeutung geschickter Menschenbehandlung. Da sich große technische Leistungen nur durch die Gemeinschaftsarbeit ganzer Arbeitsgruppen unter einigen führenden Köpfen erzielen lassen, müssen diese es verstehen, die am gemeinsamen Werk Beteiligten zu willigem Zusammenwirken zu bringen und den einzelnen so anzufassen, wie es seine Individualität und das gemeinsame Ziel erfordern, d. h. ihn richtig zu behandeln. So unentbehrlich manchmal ein scharfer Befehl ist, so kommt in der Technik auch ein überragender Mann mit Befehlen allein auf die Dauer nicht aus. Er muß vielmehr Verstimmungen beseitigen, seine Mitarbeiter von der Richtigkeit seiner Ansichten überzeugen, sie für seine Ideen begeistern und bei Schwierigkeiten aufmuntern können. Ein solches Verhalten, das oft große Selbstüberwindung verlangt, muß auch von den Führern kleiner und weniger wichtiger Arbeitsgruppen verlangt werden. Strenge und Nachgiebigkeit, Befehlen und Überzeugen, Tadel und Lob, jedes zu seiner Zeit, immer aber Treue und Gerechtigkeit gegenüber den Untergebenen sind für den Enderfolg unentbehrlich.

Auch der Verkauf einer Maschine, das Beilegen von Schwierigkeiten bei ihrem Betrieb, das Vertrösten bei Überschreiten der Lieferzeit verlangen viel Geschick, und es ist nicht immer einfach, die richtige Grenze zwischen den Interessen der eigenen Firma und denen des Kunden zu finden, zumal geschäftliche Rücksichten ein starres Beharren auch auf einem juristisch unbezweifelbaren Recht oft verbieten. Bei mehreren annähernd gleichwertigen Lösungen lege man sich einem Kunden gegenüber so lange nicht fest, als man seinen Standpunkt wenigstens nicht ungefähr kennt. Ein schroffes Nein, das für beide Parteien meist gleich peinlich ist, läßt sich bei geschäftlichen Verhandlungen oft vermeiden, indem der Teil, der etwas haben möchte, vorfühlt, bevor er die entscheidende Frage stellt, und indem der andere, der etwas gewähren soll, zusehends zurückhaltender wird, je mehr sich die Verhandlungen dem kritischen Punkte nähern, wenn er das Gewünschte nicht gewähren will. Ihrer Aufgabe gewachsene Unterhändler müssen sich in delikaten Fragen schon durch bloße Andeutungen verstehen.

Geschickte Menschenbehandlung setzt gute Menschenkenntnis voraus. Wer führen will, muß imstande sein, zu erkennen, was der einzelne zu leisten vermag, für welche Tätigkeit er sich eignet, welche charakterlichen Stärken und Schwächen er hat und wie er angefaßt werden muß. Wie der gebildete, so will auch der einfache Mensch von Ehrgefühl vor allem „ästimiert" sein. Gute Arbeit ver-

langt auch ideelle Anerkennung, und ein zur rechten Zeit ge-
sprochenes freundliches Wort nützt oft mehr als klingender Lohn.

i) Bedeutung der schöpferischen Begabung. Der Kern der Technik,
das Schaffen von Neuem, hat mit Wissenschaft oft weniger zu tun als
mit dem intuitiven Erfassen des Richtigen, gleichgültig, ob es sich um
das Hervorbringen von etwas Neuem oder um die zweckmäßige Kombination bereits bekannter Dinge unter sich oder zusammen mit etwas
Neuem zum Erreichen eines neuen Zweckes handelt. Ein Mensch
ohne mathematische Kenntnisse und ohne wissenschaftliche Vorbildung kann ein vorzüglicher Ingenieur, ein ausgezeichneter Mathematiker dagegen für eigentliches Ingenieurschaffen völlig ungeeignet
sein. Jedes Neugestalten von Werken der Technik ist, wie schon
in Abschnitt b) erwähnt wurde, eine Art künstlerischer Vorgang und
ohne Kombinationsgabe, Intuition und Phantasie ebensowenig möglich wie das Schaffen von Werken der Kunst. Der Erfinder des
Dampfhammers, N a s m y t h , sagt: „Ein Ingenieur, der sich nicht im
Kopfe eine Konstruktion und ihr Arbeiten vorstellen kann, wird
viel Enttäuschungen erleben", und fährt dann fort: „Die frühe Pflege
der Phantasie gibt erst die richtige Beweglichkeit zu allen Vorgängen.
Geschäft, Handel und Maschinenbau gehen alle viel besser mit ein
wenig gesunder Einbildungskraft[1])."

Gegen alles, was nach Phantasie aussieht, haben aber schon
Schullehrer und dann später banausische Vorgesetzte eine große
Abneigung, obgleich sie, gepaart mit Selbstkritik und Beobachtungsgabe, eine unentbehrliche Hilfe beim Forschen und bei der technischen Auswertung der Forschungsergebnisse ist. „Ohne Phantasie
kann der Mensch keine Verbindung zwischen den Phänomenen,
keine Theorie, keine Wissenschaft herstellen, ... immer bedarf sie
der Korrektur durch empirische Beobachtung" und „Reine Phantasie
hat für die Wissenschaft (dasselbe gilt auch für die Technik) die
gleiche Bedeutung wie für die Kunst das Gemälde eines Mannes,
der die Technik des Malens nicht kennt."

Die Fähigkeit, in der Technik etwas Neues hervorzubringen, läßt
sich zwar entwickeln, muß aber angeboren sein, denn auch die beste
Schule kann sie den, dem ihr Samenkorn nicht in die Wiege gelegt
wurde, nicht lehren. Es erfordert erfinderische Tätigkeit zum Fassen
und Formulieren der ihm zugrunde liegenden Idee, logisches Denken,
Berechnen und Konstruieren zum Überführen der Idee in einen aus-
führungsreifen Entwurf und zahllose Arbeiten auf dem Versuchsstand
und in der Werkstätte, bis aus dem Entwurf eine betriebs- und marktfähige Maschine geworden ist. Es muß also ein sehr langer Weg zu-

---

[1]) M a t s c h o s s , C.: Große Ingenieure. München-Berlin 1937.

rückgelegt werden, bis der Erfindungsgedanke sich in einem verkaufsfähigen Produkt verkörpert hat. Die glücklichsten Ergebnisse werden erzielt, wenn der Erfinder ein guter Konstrukteur ist, weil dann die bis zur Vollendung der fertigen Konstruktion erforderliche Strecke am schnellsten durchlaufen wird und die Gefahr am kleinsten ist, sich in uferlosen Projekten zu verlieren. Die Vereinigung beider Eigenschaften in einem Individuum ist aber selten, selbst hervorragende Erfinder hatten bescheidenes konstruktives Können. Erfinden spielt sich also meist anders ab, als gemeinhin angenommen wird. Die populäre Vorstellung des Erfinders als eines Menschen, der durch einen glücklichen Gedanken mit einem Schlag in den Besitz von Ehre und Reichtum kommt oder von der Mitwelt verkannt dahinvegetiert, ist fast immer eine Chimäre. Infolge von Abstammung, Veranlagung, Erziehung und Entwicklungsgang können sich bedeutende Erfinder (wie natürlich Ingenieure überhaupt) in ähnlichen Fällen sehr verschieden verhalten. Als sie mit ihren Erfindungen vor die Öffentlichkeit traten, mußte sich z. B. Karl B e n z , der ein „ein wenig trockener, genauer und hausväterlicher Techniker und Handwerker" war, noch recht und schlecht durchplagen, während der „gebildete, wendige und von 100 guten Ideen beseelte" G o t t l i e b D a i m l e r bereits bedeutende Fabriken mit großem Erfolge geleitet und ein beträchtliches Vermögen erworben hatte. Daimler dachte von Anfang an an den Motorwagen und das Motorboot, Benz aber zunächst nur an den ersteren. Während aber Daimler ursprünglich vorschwebte, jeden Wagen auf einfache Weise ähnlich zu motorisieren, wie man es bei kleineren Booten durch Anhängen eines Außenbordmotors tun kann, vertrat W i l h e l m M a y b a c h (1846—1929) die Ansicht, Motor und Wagengestell müßten eine organische Einheit bilden, die sich dann verhältnismäßig schnell durchsetzte. Da über Entstehen und Folgen von Erfindungen höchst unklare Vorstellungen herrschen, aber beide Dinge für die Würdigung der Ingenieurtätigkeit wichtig sind, werden sie in Kapitel IV und V näher behandelt.

Je mehr die Maschine Gegenstand des täglichen Bedarfes wurde, um so stärker wurde ihre Formgebung Gegenstand künstlerischer Ansprüche. Heute gilt als selbstverständliche Pflicht jedes Ingenieurs, dem, was er konstruiert, eine nicht nur zweckmäßige, sondern auch ansprechende Gestalt zu geben, weil dann die Maschine das Auge erfreut, für ihre Herstellerin wie den ganzen Ingenieurstand als gute Visitenkarte wirkt und weil eine gefällige äußere Form sehr oft eine technisch zweckmäßige Lösung verrät. Bei technischen Schöpfungen ist der Eindruck der Schönheit ein durchaus zeitbedingter, mit ihrer Entwicklung wechselnder Begriff. Kraftwagen und Flugzeuge sind hierfür zwei kennzeichnende Beispiele, weil unsere Generation bei ihnen eine Wandlung der Form miterlebt hat, die nicht weniger gründlich ist als die Wandlung ihrer Leistungsfähigkeit und der an sie gestellten Ansprüche, die die Wandlung der Formgebung großenteils erst verursachten. Ein im Jahre 1900 gebauter Kraftwagen, den wir seinerzeit als vollkommen schön empfanden, macht heute auf uns diesen Eindruck nicht mehr, weil selbst ein Nichtingenieur fühlt, wie technisch unzweckmäßig und daher unharmonisch manche Teile bemessen, ausgebildet und angeordnet waren. Auf den Kenner sehr schneller Flugzeuge machen langsamere einen etwas unbeholfenen Eindruck, weil er instinktiv an hohe Geschwindigkeiten denkt und fühlt, daß sie mit den älteren Formen unerreichbar sind. Um die Schönheit von Maschinen beurteilen zu können, ist daher außer Kunstempfinden ein Gefühl für Dynamik oft ebenso notwendig wie zum Beurteilen von Werken der Architektur ein Gefühl für Statik. Viele abfällige Stimmen des Publikums über mangelnde Schönheit technischer Werke werden verstummen, wenn es mit Wesen und Zweck von Schöpfungen der Technik besser vertraut geworden ist. Daß technisches und künstlerisches Schaffen so oft in Gegnsatz zueinander gesetzt werden, rührt mit davon her, daß den Ingenieuren im Anfang des Maschinenzeitalters vielfach jedes Vorbild und daher auch ein einigermaßen sicheres Gefühl für die zweckmäßige, d. h. harmonische und daher als schön empfundene Formgebung fehlte. Aber selbst damals sind ohne Vorbilder Neukonstruktionen entstanden, die trotz ihrer längst veralteten Formen die Hand des Genies noch heute verraten und auch für ein verwöhntes modernes Auge von hohem ästhetischem Genuß sind. Später, als die Grundformen festlagen und es sich mehr um Verbessern und Verbilligen handelte, ging das Konstruieren aus der Hand von Ingenieurkünstlern, die viele große Erfinder waren, in die von Ingenieurhandwerkern über: das Genie wurde zunehmend durch den Routinier ersetzt, dem es nur auf möglichst billige Herstellung ankam und der oft bar jeden Schönheitsgefühls war. Ähnlich wie beim stürmischen Hochschießen amerikanischer Städte wurden alle Kräfte der Ingenieure bei dem nicht weniger stürmischen Aufbau der modernen Technik für das Erfüllen der unmittelbarsten Bedürfnisse derart in Anspruch genommen, daß für künstlerisches Gestalten Muße und Spannkraft nicht mehr ausreichten. Dadurch entstanden Konstruktionen, die mit Recht als häßlich bezeichnet werden und vielfach auch in technischer Beziehung nicht zweckmäßig waren. Während derselben Periode standen aber auch Architektur, Malerei und Bildhauerei nicht immer unter einem glücklichen Stern. Aber so wie ein höchste Leistungen hergebender Körper schön sein muß, weil nur dann das seiner Größe angemessene Gewicht zweckmäßig verteilt sein kann, und unser in Jahrtausenden geschultes Auge diese Zweckmäßigkeit als harmonisch und schön empfindet, kann auch nur eine harmonisch gestaltete und daher als schön empfundene Maschine mit einem angemessenen Baustoffaufwannd höchste Ansprüche erfüllen. Großes „totes" Gewicht ist also häufig eine Verschlechterung und keine Verbesserung einer Maschine. H e n r y F o r d sagt hierzu, daß überflüssiges Gewicht an einer Maschine ebenso zwecklos, ja womöglich noch zweckloser sei als die Kokarde an eines Kutschers Hut. Das andauernde Hinaufschrauben der an Werke der Technik gestellten Anforderungen hatte denn auch infolge der immer stärkeren Ausnutzung der Baustoffe, die der Wettbewerb bedingt, in einer gewissen Zwangsläufigkeit gefällige Formen zur Folge. Dies zeigen z. B. moderne Brücken, die frei von den Zutaten sind, mit denen man sie früher zu schmücken versuchte und die wir heute um so störender empfinden, je mehr es zunehmender Erfahrung glückte, ihre Schönheit aus ihren Bauelementen heraus zu entwickeln und sie harmonisch ins Landschaftsbild einzufügen. Heute ist eine ästhetisch befriedigende, ja hervorragende Formgebung von Kraft-, Arbeits- und Werkzeugmaschinen, Verkehrsmitteln und anderen technischen Schöpfungen fast die Regel und nicht selten bedienen sich Firmen, um sie zu erreichen, des Rates und der Mitarbeit bildender Künstler. Aber auch hier schadet ein Mangel an Wirklichkeitssinn und gesundem Meschenverstand oft einer an sich guten Sache. Beispielsweise können hohe Fabrikschornsteine oder Wasserkraftbauten ein schönes Stadt- oder Landschaftsbild zweifellos ebenso beeinträchtigen, wie sie an anderen Orte keineswegs stören. Manche ästhetisierende Abhandlung und Bauten der letzten Jahre erwecken aber den Eindruck, als ob es bei Kraftwerken nicht in erster Linie auf die preiswerte Erzeugung von Strom oder Wärme sondern auf das restlose Erfüllen übertriebener architektonischer Forderungen ankomme und hierfür Geld in Hülle und Fülle vorhanden sei.

k) Ingenieur und Wissenschaftler. Wir haben gesehen, daß ein Hauptunterschied zwischen Ingenieur und Wissenschaftler außer in der verschiedenen Arbeitsmethode und der in manchen Dingen anderen Denkweise vor allem im Risiko besteht, das einen Ertrag der Ingenieurarbeit trotz Fleiß, Können und Umsicht immer wieder in Frage stellt. Ferner sind in technischen Dingen häufig mehrere Probleme so eng miteinander verwebt, daß sie sich nicht scharf voneinander trennen und einzeln verfolgen lassen, was eine weitere Unsicherheit mit sich bringt. Schließlich spielt der Begriff des Wirkungsgrades vielleicht in keinem anderen Berufe eine derartige Rolle wie in der Technik. Auf den allerverschiedensten Gebieten wird verlangt, daß von dem einer Maschine zugeführten Aufwand an Stoff oder Energie ein tunlichst hoher Prozentsatz des theoretisch Möglichen in derselben oder einer anderen Form wiedergewonnen wird. Eine bestimmte Wasser- oder Strommenge soll in einer Turbine oder einem Elektromotor ein Höchstmaß von Arbeit leisten; von der in der Kohle einem Kessel zugeführten Wärmemenge soll im erzeugten Dampf tunlichst viel wiedergewonnen werden; die Zerspannungsleistung einer Werkzeugmaschine soll ein Höchstmaß der verbrauchten Antriebsleistung betragen. In zahlreichen anderen Fällen liegen die Verhältnisse ähnlich, der Ingenieur spricht sogar häufig vom Wirkungsgrad seiner und anderer Menschen Arbeit. Trotzdem ist der Wirkungsgrad fast niemals allein maßgebend, sondern neben ihm spielen z. B. bei Wärmekraftmaschinen ihr Preis, ihre mittlere jährliche Belastung, der Zinsfuß, der Preis des Brennstoffes, also Dinge eine Rolle, die man gleichfalls zahlenmäßig bewerten kann. Hierzu gesellen sich Einfachheit und Betriebssicherheit, gesicherte Brennstoffzufuhr und andere Punkte, deren Einfluß sich nur mit Erfahrung, gesundem Menschenverstand und „Gefühl" bewerten läßt. Immer wieder hat man es in der Technik mit solchen Problemen zu tun, bei denen durch wissenschaftlich-mathematische Methoden objektiv klärbare Dinge mit anderen verbunden sind, deren Klärung nur auf durchaus subjektive Weise möglich ist. In dieser Tatsache, die einem reinen Wissenschaftler vielleicht unsympathisch ist, besteht für den Ingenieur einer der größten Reize seines Berufes.

Ähnlich wie es eben im Zusammenhang mit dem Wirkungsgrad gezeigt wurde, müssen in anderen Fällen oft ähnlich verschiedenartige Forderungen miteinander in Übereinstimmung gebracht und gegeneinander abgewogen werden oder man muß zunächst Klarheit darüber schaffen, welcher Gesichtspunkt die führende Rolle spielen soll. Der Ingenieur muß daher ein Mann des Ausgleichens und der Kompromisse, des Anpassens und Aufpassens, der Geschmeidigkeit und des Verständnisses für fremde Bedürfnisse, wenn es not tut, aber auch entschlossen sein, sich allen Widerständen zum Trotz durchzusetzen und das scheinbar Unmögliche möglich zu machen. Eine Oase stiller Beschaulichkeit ist der Ingenieurberuf nicht.

l) Zusammenfassung. Wir haben erkannt, daß der Ingenieurberuf außer fachlichem Wissen und Können bestimmte Charaktereigenschaften erfordert und in manchem anders geartet ist als andere Berufe, aber Menschen der verschiedenartigsten Temperamente, Veranlagungen und Neigungen tiefe Befriedigung und die Möglichkeit bietet, mit ihren Gaben etwas zu leisten. Seine einzelnen Zweige stellen vom fast rein wissenschaftlich tätigen Ingenieur über den Konstrukteur und Erfinder bis zum vorwiegend kaufmännisch und verwaltungstechnisch tätigen Ingenieur höchst verschiedenartige Anforderungen. Eine ausgesprochene Ingenieurbegabung ist natürlich erwünscht, aber nicht unbedingte Voraussetzung für erfolgreiches Bekleiden einer Ingenieurstellung. Sie erleichtert nur das Erreichen führender Posten und macht einen Menschen für die verschiedensten Arten von Ingenieurtätigkeit vielseitiger verwendbar. Jedoch kann jemand, sofern er nur Freude an technischen Dingen hat, auch ohne ausgesprochene Ingenieurbegabung mindestens mittlere Stellungen erlangen und ein gutes, auch innerlich befriedigendes Auskommen finden. Auf führende Posten wird er um so leichter gelangen, je größer sein Fleiß und eine je stärkere Persönlichkeit er ist. Nach P. S i l b e r e r [1]) ist für den Ingenieurberuf „technische Intelligenz" wichtiger als besonders hohe allgemeine Intelligenz, die Gesamtpersönlichkeit wichtiger als die Begabung als Ganzes oder als diese oder jene Fähigkeit. Ingenieure seien im allgemeinen schlechte Psychologen, begreifen oft nur schwer „daß der Mensch grundsätzlich und nicht nur graduell etwas anderes als eine Maschine ist" und „verkaufen sich selber schlecht und verstehen es auch nicht gut, Waren zu verkaufen". Auf Seite 110 wurde bereits erwähnt, daß die Tätigkeit vieler Ingenieure mit erheblichem Risiko verknüpft ist und daher außer Wissen, das sich durch Examen nachprüfen läßt, Eigenschaften erfordert, deren Vorhandensein nur das Leben, aber kein wie auch immer geartetes Prüfungsverfahren feststellen kann. So wie manche, selbst hervorragende Mediziner sich für die blitzschnelles Handeln verlangende Tätigkeit eines Chirurgen nicht eignen, so eignen sich manche sehr tüchtige Ingenieure für gewisse industrielle Posten nicht. Wer dies nicht erkennt, kommt leicht zu Folgerungen, deren Propagierung und Durchführung der Technik und dem Ingenieurstand in seiner Gesamtheit nur abträglich sein könnten.

Da nun Studenten meist nicht zuverlässig beurteilen können, welche Art von Ingenieurtätigkeit für sie am besten paßt, und da in manchen von ihnen konstruktive Fähigkeiten schlummern, die nur geweckt und entwickelt zu werden brauchen, sollten sie nicht aus Sorge, Konstruieren liege ihnen nicht, oder aus Bequemlichkeit Spezialgebiete studieren, die wenig Konstruieren verlangen, sondern sich ein solides, wenn auch etwas enges Wissen in den Fächern aneignen, die das eigentliche Fundament der Technik bilden und zu denen Konstruieren immer gehören wird. Dann können sie später auf den verschiedensten Gebieten Fuß fassen und leichter von der allgemeinen Technik auf ein Sondergebiet übergehen, als wenn sie ein Sondergebiet studiert hätten und dann in der Praxis allgemeinen Maschinenbau betreiben müßten.

---

[1]) Bulletin Schweizer. Elektrotechn. Verein 1943, S. 1—7.

So wichtig die Fähigkeit des schöpferischen Gestaltens ist, so wird sie doch nur von verhältnismäßig wenigen Ingenieuren verlangt. Die meisten kommen mit Kenntnissen aus, die ein einigermaßen intelligenter Mensch mit Freude an technischen Dingen sich durch Fleiß und Ausdauer unschwer aneignen kann. Hat er noch Tatkraft, Selbstvertrauen und gewandte Umgangsformen, so braucht ihm um seine Zukunft nicht bange zu sein.

Jeder Irrtum rächt sich beim Ingenieurschaffen und ist noch nach vielen Jahren nachweisbar. Auch in rein geschäftlichen Dingen hat daher derjenige die besten Erfolge, der den Problemen auf den Grund geht und dem Zufall möglichst wenig überläßt. Das Streben nach Erkenntnis und Wahrheit stellt den Ingenieur in seinem Berufe und außerhalb desselben auf eine hohe Stufe, verleiht ihm den Nimbus der Persönlichkeit und läßt ihn — wenigstens in reiferen Jahren — gelassen auf Dinge schauen, denen er sich nicht immer entziehen kann, die aber oberflächlichen Naturen das Dasein sehr sauer machen können.

Hohe menschliche Eigenschaften sind für das Ausüben des Ingenieurberufes ebenso wichtig wie großes technisches Wissen, denn vom rechten Ingenieurgeist beseelt sein, den die Welt heute so bitter notwendig braucht, heißt die Erkenntnis der Erkenntnis wegen suchen; das Verlangen nach Wissen und Ergründen wie eine verzehrende Leidenschaft in sich spüren; auf Grund seiner Erkenntnisse mit Phantasie, Wagemut und gesundem Menschenverstand sich bemühen, Vorhandenes zu verbessern und Neues zu schaffen; die eigene Arbeit lieben und fremde Arbeiten und ehrliche Ansichten, auch wenn sie von den eigenen abweichen, achten und den Trieb haben, seinem Nächsten nach besten Kräften zu helfen.

Mit bedeutenden technischen Errungenschaften verhält es sich wie mit entsprechenden Fortschritten auf anderen Gebieten, auch sie mußten mit viel Sorgen und selbst Blut erkämpft werden, aktiv durch diejenigen, die etwas Neues unter Einsatz ihres Lebens erprobten, passiv z. B. durch die Opfer, die die anfänglichen Mängel des Verkehrswesens, der Elektrotechnik usw. verschlungen haben.

Folgenden Punkt können aber Ingenieure nicht sorgsam genug beachten, weil von ihm der Ertrag ihrer Tätigkeit und die Befriedigung abhängen, die sie ihnen bieten kann. So wie in der Technik ein paar in ihrem Wesen einfache Grundgesetze eine überragende Rolle spielen, von denen viele weniger wichtige Gesetze nur eine andere Ausdrucksweise sind, so gelten auf sämtlichen Gebieten des menschlichen Lebens — in Kunst, Literatur und Wissenschaft ebenso wie in Heereswesen, Medizin und im allgemeinen Leben — gewisse gerade ihrer Einfachheit wegen so große Wahrheiten, die sich uns in der verschiedensten manchmal etwas entstellten Gestalt immer wieder offenbaren. Eine von ihnen lautet, daß nur Hingabe und Glaube an eine Idee Großes und Dauerndes zu leisten vermögen. Menschen, die von ihnen nicht beseelt sind, mögen es zu Ehren und Reichtum bringen, ihr Werk wird aber fast immer entweder nicht groß oder nicht von Bestand sein. Diese Tatsache, die W e r n e r v o n S i e m e n s unter Anwendung auf Erfinder in die Worte kleidete: „Nur diejenigen Erfinder eröffnen der Entwicklung der Menschheit neue Bahnen, die ihr ganzes Sein und Denken dieser Fortentwicklung um ihrer selbst willen widmen", wird durch das Leben fast aller hervorragender Ingenieure bestätigt und jeder, der offene Augen hat, wird sie im Laufe seines Lebens in seiner eigenen Umwelt bestätigt finden. Viele Menschen erkennen sie nur deshalb nicht, weil sie sich durch Augenblickserfolge täuschen lassen und 5 oder 10 Jahre für eine lange Frist halten. Auch die Arbeit von Ingenieuren ohne geniale Begabung wird unabhängig von ihrem materiellen Lohn nur dann vollen sachlichen Erfolg haben und wirkliche Befriedigung bringen, wenn Glaube und Hingabe sie erfüllen.

IV. Werdegang einiger großer Erfindungen.

Erfindungen, nicht Dichtungen, Eroberungen oder Religionen bezeichnen die großen Stufen der Kulturentwicklung.

Coudenhove-Kalergi.

1. Über das Entstehen von Erfindungen.

Die Geschichte des Entstehens einiger bedeutender Erfindungen ermöglicht aufschlußreiche Einblicke in den Erfindungsvorgang und die Erfinderpersönlichkeit. Außer den Hauptetappen einiger Erfindungen werden im folgenden Äußerungen ihrer Urheber und deren Zeitgenossen angeführt, weil man Erfindern nur gerecht werden kann, wenn man sie aus den Verhältnissen, die zu ihrer Zeit herrschten, zu begreifen versucht. Ingenieure müssen sich nämlich besonders davor hüten, die Zweckmäßigkeit von in längst zurückliegenden Epochen getroffenen Maßnahmen nach heutigen Maßstäben und Erkenntnissen zu beurteilen, wenn sie nicht zu einer völlig falschen Einstellung kommen wollen, denn die Verhältnisse ändern sich in der Technik oft noch schneller und gründlicher als in Geschichte und Politik. Vor einem Menschenalter, geschweige denn zu den Zeiten von Watt oder Stephenson, waren z. B. weder Baustoffe noch Fertigungsverfahren und technisch-wissenschaftliche Erkenntnisse auch nur annähernd auf ihrem heutigen Stand, weshalb für Menschen jener Periode vieles, was für uns selbstverständlich ist, ein sehr schwieriges Problem bedeutete, Seite 138.

a) Die Erfindung der Dampfmaschine. Haupttriebfeder für die Erfindung der Dampfmaschine durch James Watt war die Unmöglichkeit, mit den damals bekannten Mitteln die großen Wassermassen zu bewältigen, die durch Ausbeutung tieferer Kohlenflöze in die Bergwerke einbrachen. Die sehr primitiven Dampfmaschinen jener Zeit wurden ausschließlich zum Wasserheben verwendet, ein sonstiges Bedürfnis für motorische Kraft bestand noch nicht. Deshalb hatten auch die ersten Wattschen Dampfmaschinen nur hin- und hergehende Bewegung, die zum Antrieb der Gestängepumpen am vorteilhaftesten und konstruktiv am einfachsten zu ermöglichen war. Erst später ging Watt zur Drehbewegung über und erschloß dadurch der Dampfmaschine ihren Siegeszug durch die Welt[1]).

---

[1]) Matschoss, C.: Entwicklung der Dampfmaschine Bd. 1. Berlin.

1640—1660 Otto von Guericke (1602—1686) erfindet die Luftpumpe und führt den luftleeren Raum vor, ein für seine Zeitgenossen außerordentliches Ereignis.

1690 Denis Papin erfindet die Dampfpumpe.

1698 Savery erhält ein Patent auf eine verbesserte Dampfpumpe.

1712 Denis Papin stirbt völlig verarmt.

1713 Newcomen liefert die erste atmosphärische Maschine[1]) für eine Wasserhaltung.

1729 Der Bau atmophärischer Wasserhaltungsmaschinen breitet sich in England langsam, aber stetig aus.

1759 James Watt (1736—1819) beschäftigt sich erstmals mit Dampfmaschinen.

1765 Watt schreibt: „Alle meine Gedanken sind auf die Dampfmaschine gerichtet, ich kann an nichts anderes mehr denken."

1769 Watt erhält sein grundlegendes Patent. (Geburt von Napoleon I.)
Watt baut verschiedene kleinere Dampfmaschinen.

1771 Watt schreibt: „Ich bin jetzt 35 Jahre alt und habe der Welt noch nicht für 35 Pfennig genützt" und: „Es gibt nichts Törichteres im Leben, als zu erfinden."

1773 Watts Dampfmaschine Beelzebub (Zylinderdurchmesser 460 mm, Hub 1500 mm) arbeitet zufriedenstellend.

1775 Watts Patent wird durch Parlamentsbeschluß um 25 Jahre verlängert.

1776 Watt schließt sich mit dem Industriellen Boulton und den Ingenieuren Wilkinson und Murdock zusammen[2]).

1778 Watt beginnt, große Einnahmen zu erzielen.

1782 Watt baut auf Boultons Rat die erste Dampfmaschine mit Drehbewegung. Letzte Hexenverbrennung in Deutschland 1783.

1783 Wattsche Dampfmaschinen haben die atmophärischen Maschinen verdrängt und nur noch 25 % ihres Kohlenverbrauches.

1785 Watt wird mutlos, die Lage der Maschinenfabrik Boulton & Watt kritisch, da die für jene Zeit ungeheure Summe von 800 000 RM ohne entsprechende Gewinne in die Dampfmaschine gesteckt worden war.

---

[1]) Atmosphärische Maschinen waren Dampfmaschinen, bei denen Dampf von annähernd atmosphärischer Spannung in sehr primitiver Weise zum Erzeugen einer die Arbeitsleistung bewirkenden Luftleere benutzt wurde.

[2]) Dickinson, H. W., u. A. Titley: Richard Trevithick. The engineer and the man. Cambridge 1934.

1788 Die Krise ist überwunden. Gewaltige Einnahmen setzen ein. „Kaiser und Könige besuchen B o u l t o n und W a t t."
1800 W a t t s Monopol auf Dampfmaschinen läuft ab. Die Welt wird maschinentoll.

b) Die Erfinder der Dampflokomotive. Haupttriebfeder für die Erfindung der Dampflokomotive war die Schwierigkeit, die immer größer werdenden Kohlentransporte mit Pflerdefuhrwerken zu bewältigen.

1769 C u g n o t s Dampfwagen läuft mit 4 km/h Geschwindigkeit.
1781—1786 M u r d o c k baut mehrere Dampfwagen.
1797—1801 T r e v i t h i c k (1771—1833) baut mehrere Dampf-
    wagen[1])
1803 T r e v i t h i c k s erste Dampflokomotive.
1803 E v a n s setzt in Nordamerika die erste Straßenlokomotive in
    Gang.
1811 B l e n k i n s o p s Zahnradlokomotive.
1813 H e d l e y s Lokomotive Puffing Billy.
1814 G e o r g e S t e p h e n s o n s (1781—1848) erste Lokomotive.
1829 G e o r g e S t e p h e n s o n s Lokomotive Rocket (3,3 atü
    Druck, 12 PS Leistung, 34 km/h Höchstgeschwindigkeit, 8—9
    kg/PSh Kohlenverbrauch statt 14—18 kg/PSh älterer Lokomo-
    tiven) siegt bei R a i n h i l l über die Lokomotiven von
    H a c k w o r t h , B u r s t a l l und von B r a i t h w a i t e und
    E r i c s s o n (1803—1889).
1833 T r e v i t h i c k stirbt völlig verarmt.
1836 S t e p h e n s o n s Patentlokomotive gibt der Dampflokomo-
    tive ihr im wesentlichen endgültiges Gesicht. Stephenson
    ist weltberühmt und ein sehr vermögender Mann.

c) Die Erfindung des Kraftwagens. Die seit dem Altertum immer wieder unternommenen Versuche zum Bau eines „selbstfahrenden Wagens", Seite 39, waren so lange zum Scheitern verurteilt, als es keine zugleich starke und leichte Kraftquelle gab, die erst G o t t - l i e b D a i m l e r und C a r l B e n z Anfang der achtziger Jahre des letzten Jahrhunderts geschaffen haben.

1822 R o b e r t G u r n e y und W a l t e r H a n c o c k bauen einen
    mit 24 km/h fahrenden Dampfwagen, dessen Fahrten das
    Publikum durch Steinwürfe verhindert.
1863 D a i m l e r empfiehlt den Bau eines Verbrennungsmotors für
    Straßenfahrzeuge[2]).

---

[1]) D i c k i n s o n , H. W.: A short history of the steam engine. Cambridge 1938.
[2]) S i e b e r t z , P.: Gottlieb Daimler. München-Berlin 1941.

1867 D a i m l e r sieht erstmals einen Flugkolbenmotor von O t t o , und will nunmehr „jedem Schaffenden zumindest eine Pferdekraft zur Verfügung stellen, damit die wertvolle Kraft menschlicher Hände für andere Aufgaben freiwerde".

1883 D a i m l e r erhält das grundlegende DRP. Nr. 28022 auf die Glührohrzündung.

1883 Der erste D a i m l e r-Versuchsmotor erreicht eine Drehzahl von 900 U/min gegenüber höchstens 200/min von Motoren mit der bis dahin üblichen „Flammenzündung".

1885 Erster D a i m l e r-Fahrzeugmotor mit gekapseltem Triebwerk von 40 kg/PS gegenüber den bisherigen 300—600 kg/PS Leistungsgewicht.

1885—1886 Fahrten D a i m l e r s mit Motorrad (Zweirad), Motorwagen und Motorboot und von B e n z auf Motorwagen mit elektrischer Zündung, Wasserkühlung und Oberflächenvergaser.

1886 B e n z erhält DRP. Nr. 37435, die „Geburtsurkunde" des modernen Kraftwagens.

1888 Verwendung eines D a i m l e r - Motors im Luftschiff von W ö l f e r t , Seite 129.

1891 Erstes Motorwagenrennen (Paris-Brest).

1893 D a i m l e r und K a r l M a y b a c h erfinden den Spritzvergaser.

1894 Erstes internationales Motorwagenrennen zwischen Paris und Rouen.

1900—1901 Der D a i m l e r sche „Mercedes"-Wagen leitet eine neue Epoche im Kraftwagenbau ein.

d) Die Erfindung des Dieselmotors. Im Gegensatz zu den Zeiten von J a m e s W a t t und G e o r g e S t e p h e n s o n gab es vor der Erfindung des Dieselmotors bereits zu großer Vollkommenheit entwickelte Wärmekraftmaschinen. R u d o l f D i e s e l hatte aber infolge der benötigten hohen Drücke, genauen Dosierung und feinen Zerstäubung des Brennstoffes aus praktischen und infolge Überschätzens des „C a r n o t schen Kreisprozesses"[1]) aus theoretischen Gründen mit außerordentlichen Schwierigkeiten zu kämpfen, obgleich sich der Maschinenbau auf einer ungleich höheren Entwicklungsstufe befand als Ende des 18. Jahrhunderts.

1860 L e n o i r bringt die erste gangbare Gasmaschine heraus.

1860 O t t o beginnt sich mit L e n o i r-Maschinen zu beschäftigen.

1867 O t t o (1832—1891) erfindet den Flugkolbenmotor.

1872 B r a y t o n baut einen verbesserten Gasmotor.

---

[1]) Der C a r n o t sche Kreisprozeß gibt an, auf welche Weise Wärme theoretisch besonders vorteilhaft in Arbeit verwandelt werden kann.

1876 O t t o s erster betriebsfähiger Viertakt-Motor läuft.

1884 D i e s e l (1858—1913) will einen Ammoniakmotor bauen.

1886 D i e s e l entwirft einen Ammoniakmotor.

1886 D i e s e l sieht sich nach einem anderen Arbeitsverfahren um.

1892 D i e s e l erhält ein grundlegendes Patent.

1893 D i e s e l veröffentlicht sein Verfahren.

    D i e s e l gewinnt die Maschinenfabrik Augsburg und die Firma F r i e d r i c h K r u p p in Essen als Lizenznehmer.

    Der Dieselmotor erzielt die erste Zündung (10. August).

1894 Der Dieselmotor gibt erstmals ruckweise Arbeit her und läuft etwa 1 Minute lang leer (17. Februar).

    Andauernde Enttäuschungen und Quertreibereien.

1895 Der Wärmeverbrauch des Dieselmotors ist nur noch etwa halb so groß wie der irgendeiner anderen Wärmekraftmaschine (26. Juni).

1897 Der D i e s e l-Viertaktmotor hat seine für viele Jahre maßgebende Form erreicht.

1900 Die Versuche haben rund 600 000 RM. verschlungen. D i e s e l ist fünffacher Millionär.

    Der Compoundmotor von D i e s e l erweist sich als Fehlschlag.

1897—1905 Der D i e s e l-Motor hat noch mit großen Fabrikationsschwierigkeiten zu kämpfen.

e) Die Erfindung des lenkbaren Luftschiffes. Während bei Dampfmaschinen und Verbrennungsmotoren große Vorteile für die gesamte Wirtschaft und entsprechende Gewinne lockten, ist die Erfindung des lenkbaren Luftschiffes vorwiegend militärischen und sportlichen Erwägungen zu verdanken. Sein Bau machte wegen der mangelhaften meteorologischen und aerodynamischen Kenntnisse, der ungeeigneten Antriebsmotoren und Baustoffe und dem geringen Verständnis des Publikums außerordentliche Schwierigkeiten.

1835 Graf L e n n o x s Luftschiff „Adler" wird beim ersten Flugversuch vernichtet.

1852 G i f f a r d s erster Flug mit einem Luftschiff.

1872 P a u l H ä n l e i n baut ein Luftschiff (3,6 PS Leistung).

1873 Graf Z e p p e l i n (1838—1917) fertigt den ersten Entwurf eines starren Luftschiffes an.

1874 Der Postminister v o n S t e p h a n sagt die Revolutionierung des Weltverkehrs durch die Luftfahrt voraus.

1884—1885 R e n a r d und K r e b s bauen das Luftschiff „La France" (8,5 PS).

1892—1893 Graf Z e p p e l i n entwirft ein starres Luftschiff.

1894 Das Preußische Kriegsministerium lehnt den Bau eines Zeppelin-Luftschiffes ab.

1896 Der Verein Deutscher Ingenieure erstattet ein für Graf Zeppelin günstiges Gutachten.

1897 Die Luftschiffe von Dr. Wölfert und von Schwarz verunglücken.

1900 Versuchsfahrt mit dem ersten „Zeppelin" (30 PS Leistung, 11 300 m³, 28 km/h Geschwindigkeit).

1901 Santos-Dumonts Luftschiff (12 PS Leistung).

1903 Abbruch des ersten „Zeppelin" aus Mangel an Mitteln. „Der verrückte Graf".

1904 Bau des zweiten „Zeppelin" (170 PS Leistung, 11 300 m³, 44 km/h Geschwindigkeit).

1904 Lebaudys Luftschiff (40 PS Leistung).

1906 Zerstörung des zweiten „Zeppelin" im Sturm. Das Privatvermögen von Zeppelin ist verbraucht.
Fahrt des dritten „Zeppelin". Die kritische Stimmung von Publikum und Behörden schlägt um.

1908 „Zeppelin Z 4" (210 PS, 15 000 m³, 49 km/h) wird auf 24stündiger Dauerfahrt kurz vor dem Heimathafen vom Sturm zerstört. Die Lebensarbeit von Graf Zeppelin scheint vernichtet zu sein. Volksspende bringt in kurzer Frist 6 Millionen Mark ein.

1910 Abermalige Vernichtung eines „Zeppelin" im Gewitter. Öffentliche Meinung schlägt erneut um.

1914—1918 101 „Zeppeline" legen in 470 Fahrten 1 700 000 km zurück.

1924 Der Zeppelin „Los Angeles" fliegt nach Nordamerika (2000 PS, 70 000 m³).

1930 Beginn regelmäßiger Fahrten mit „Zeppelinen" nach Übersee.

1936 Luftschiff LZ 139 „Hindenburg" (3600 PS, 200 000 m³, 125 km/h Geschwindigkeit, 50 zahlende Fahrgäste) fertiggestellt.

1937 Luftschiff „Hindenburg" bei der Landung in Lakehurst vernichtet (7. Mai).

1945 Die Goodyear Aircraft Corp. in Akron USA., entwickelt 280 000-m³-Luftschiffe mit Heliumfüllung für Nonstopflüge zwischen San Francisco und Shanghai.

2. Stimmen der Zeitgenossen.

Die Ansichten von Zeitgenossen über Erfindungen ihrer Epoche sind ebenso reizvoll wie aufschlußreich.

a) Äußerungen über die Dampfmaschine. Über James Watt sind meines Wissens authentische Äußerungen nicht bekanntgeworden, wohl aber machten ihm seine Zeitgenossen durch versuchte

Eingriffe in seine Schutzrechte viele Jahre hindurch schwer zu schaffen. Bemerkenswert ist der Ausspruch über Richard Trevithick, der es als erster mit Erfolg wagte, zu hohen Dampfdrücken überzugehen (10,5 atü gegenüber nur 0,5 atü von Watt), „er verdiene gehängt zu werden, weil er die Hochdruckdampfmaschine eingeführt habe", doch wird angenommen, daß er vom Sohn von James Watt herrührt[1]).

Trevithick nach der ersten erfolgreichen Fahrt seines Straßen-Dampfwagens mit 10 t Eisenlast und 70 Menschen im Jahre 1804: „. . . Wir werden auf die nächste Reise 40 t Eisen mitnehmen. Bis jetzt nannte mich das Publikum einen Projektemacher, aber jetzt hat sich sein Ton erheblich geändert . . ." Derselbe im Jahre 1830: „Das tiefeingewurzelte Vorurteil des Publikums, Hochdruckdampf (man verstand hierunter jenesmal Dampf von rund 10 at) sei nicht vorteilhaft, ist durch das überlegene Arbeiten meiner Maschine . . . fast überwunden, aber es dauerte 26 Jahre, bis die englischen Ingenieure die Augen wenigstens teilweise öffneten."

b) Äußerungen über die Dampflokomotive. Mr. Alderson im englischen Parlament: „Ich denke, es ist erwiesen, daß der Stephensonsche Plan der abgeschmackteste ist, der je in einem Menschenhirn ausgeheckt wurde . . . Ich behaupte, daß Stephenson nie einen Plan gehabt hat und daß er gar nicht fähig ist, einen zu entwerfen." An derselben Stelle Sir Isaac Coffin: „Weder das auf dem Feld pflügende, noch das auf den Triften grasende Tier wird dies Ungeheuer ohne Entsetzen wahrnehmen. Die Eisenpreise werden sich wahrscheinlich verdoppeln, wenn die Eisenvorräte nicht, was wahrscheinlich ist, ganz erschöpft werden. Die Eisenbahn wird der größte Unfug sein."

Karl Leuchs in seinen Erinnerungen an die Eröffnung der Nürnberg-Fürther Bahn (1835): „Die einen bezweifelten, daß der Bahndamm halten würde, daß jemand sein Leben dem so schnell fahrenden Dampfwagen anvertrauen werde. Wieder andere sahen voraus, daß die Schienen gestohlen oder von den Kutschern, die durch sie um ihren Verdienst kamen, zerstört würden, oder bei einem Krieg von dem Feinde weggenommen werden . . ."[2])

---

[1]) Rein technisch ist der Ausdruck verständlich, da die Werkstoffe und Herstellungsverfahren für mit hohem Druck arbeitende Dampfkessel noch außerordentlich primitiv, Explosionen aber wegen des Fehlens einer chemischen Wasserreinigung weit leichter möglich waren als 100 Jahre später. Bemerkenswert ist der Ausspruch aber insofern, als er zeigt, daß auch damals selbst sehr bedeutende Ingenieure vollkommen in zeitbedingten Vorstellungen befangen waren.

[2]) Beckh, M.: Deutschlands erste Eisenbahn. Nürnberg 1935.

Das berühmtgewordene Gutachten des Königlich-Bayerischen Obermedizinal-Kollegiums, demgemäß der Anblick der schnellfahrenden Lokomotive bei Reisenden wie Zuschauern schwere Gehirnerkrankungen erzeugen werde und man daher den Bahnkörper mit hohen Zäunen umgeben müsse, ist nicht authentisch.

Der damals in Amerika lebende Nationalökonom F r i e d r i c h L i s t (1789—1846): „New York wird die Steinkohle von Newcastle brennen, die Bewohner von Philadelphia werden sich zuweilen die im niedersächsischen Staate gewachsenen Kartoffeln schmecken lassen . . . Nun bedenke man, wie unermeßlich die Produktionskräfte von ganz Deutschland gesteigert würden, wenn eine der Seefracht an Wohlfeilheit und Schnelligkeit gleichkommende Landfracht bestände."

Bei Eröffnung der Berlin—Potsdamer Bahn (1838) riet der Berliner Pfarrer G o s n e r seinen Frommen, „sich um ihrer Seligkeit willen von dem höllischen Drachen fernzuhalten". Der für die Eisenbahn begeisterte Kronprinz F r i e d r i c h W i l h e l m sagte am gleichen Tage: „Diesen Karren, der durch die Welt rollt, hält kein Menschenarm mehr auf", während sein Vater König F r i e d r i c h W i l h e l m I I I., der seine Einwilligung zum Bahnbau nur widerstrebend gegeben hatte, meinte: „Alles will Karriere machen, die Ruhe und Gemütlichkeit leidet aber darunter. Kann mir keine große Seligkeit davon versprechen, ein paar Stunden früher in Berlin und Potsdam zu sein. Zeit wird's lehren."

· c) **Äußerungen über den Kraftwagen.** D a i m l e r s Vorschlag im Jahre 1863, Verbrennungsmotoren für Straßenfahrzeuge zu bauen, wird als „utopisch" abgelehnt. Das gleiche Schicksal widerfuhr seinem 1884 der Gasmotorenfabrik Deutz gemachten Anerbieten, seine Erfindungen zu verwerten. Der sterbende französische Ingenieur E d o u a r d S a r a z i n dagegen sagte 1887 zu seiner Frau: „Ich rate dir . . . die geschäftliche Verbindung mit D a i m l e r weiterzu pflegen, seine Sache . . . wird eine Zukunft haben, deren Größe wir uns heute gar nicht vorstellen können." Die Vorgänge bei der Einführung des Kraftwagens sind ein treffendes Beispiel dafür, wie voreingenommen sich weite, sich wahrscheinlich aufgeklärt dünkende Kreise gegen Neuerungen verhalten, deren Bedeutung sie nicht begreifen oder die ihnen aus irgendeinem Grunde unsympathisch sind. Durch kurzsichtig dumme, fast 20 Jahre lang währende Animosität des Publikums gegen Kraftwagen und Motorboot zeigen folgende Äußerungen: „Das seien Ideen eines spinneten Teufels", „man könne ja ruhig abwarten, bis er mit seinem stinkigen Kasten in die Luft fliege". Über B e n z sagte man: „Er sei im Oberstübchen nicht ganz richtig und werde sich mit seiner verrückten Idee

ruinieren". Noch im Jahre 1890 flohen in der Pfalz und im Oden-
wald Bauern mit dem Schreckensruf: „Der Hexenwagen, der Hexenwagen" vor dem Auto. 1887 untersagte die Frankfurter Polizei die
Fahrt des D a i m l e r-Motorbootes, „weil alle maßgebenden Stellen
erklärten, der mit Benzin vollgefüllte Kahn müßte in die Luft fliegen",
und noch 1896 erhielt der Pariser Polizeipräfekt folgende Mitteilung:
„. . . Hierdurch zeige ich an, daß ich von morgen ab . . . auf den
ersten tollen Hund schießen werde, der auf einem Automobil oder
einem Benzin-Dreirad sitzt."

In England waren die Behörden nicht weniger rückständig, nur
Frankreich nahm sich der Neuheit mit großer Begeisterung an. Noch
um 1890 suchte man die erste Fahrt eines Kraftwagens durch London
mit Hilfe der aus dem Jahre 1836 stammenden Locomotive Act zu
verhindern, die eine Geschwindigkeit von über 3,2 km/h verbot und
andere längst überholte Vorschriften enthielt. Wie sehr sich aber
die Menschen in ihrem Bestreben, den Fortschritt zu unterdrücken,
seit jeher gleichgeblieben sind, zeigt der Umstand, daß, als zu Zeiten
von König Karl II. (1660 bis 1685) in England die ersten „fliegenden
Pferdekutschen" auftauchten, die im Sommer täglich 80 km zurücklegen konnten und als „etwas Bewundernswertes und erschreckend
Schnelles" angesehen wurden, in allem Ernste empfohlen wurde, kein
öffentliches Fuhrwerk mehr zuzulassen, das täglich mehr als 50 km
macht. Auch hier bewahrheitete sich schließlich der alte Spruch:
Mundus vult decipi. Die „Täuschung" bestand in zahlreichen Rennen,
die dem Kraftwagen nicht nur viel schneller eine Gasse bahnten, als
es jede auf seine praktische Bedeutung gerichtete Bearbeitung der
öffentlichen Meinung hätte erreichen können, sondern sich als ein
sehr wirkungsvolles Mittel zu seiner Hochzüchtung erwies. D a i m -
l e r und B e n z zeigen besonders deutlich, auf welche Schwierigkeiten auch hervorragende und größtes Vertrauen verdienende Erfinder nicht nur bei Ingenieuren und Geldleuten, sondern vor allem
beim Publikum stoßen können, das oft alles andere als fortschrittlich
gesinnt ist.

d) Äußerungen über den Dieselmotor. D i e s e l wurde vorgeworfen, er sei kein Motorenfachmann, sondern ein Eismaschinen-
Ingenieur[1]; es sei alles anders gekommen, als er vorausgesagt habe;
seine berühmt gewordene Schrift sei ein einziger großer Irrtum gewesen; er habe entgegen seinen Prophezeiungen seinen Motor mit
einem Kühlmantel versehen und die Isotherme nicht verwirklicht
usw. . . . .[2].

---

[1] Mit fast demselben Argument arbeiten auch heute noch Spezialisten
mit Vorliebe, wenn ein ihnen an Fähigkeiten überlegener Außenseiter ihre
Kreise stört.

[2] D i e s e l, E.: Diesel. Hamburg 1937.

Der Motorenfachmann C a p i t a i n e : „Das, was D i e s e l geleistet hat, ist bekanntgewesen, und das, was neu war, hat nichts getaugt."

Der berühmte Prof. R e u l e a u x zum jungen D i e s e l : „Man darf Ihnen deshalb Glück wünschen und zugleich diejenige Ausdauer, die jede neue technische Aufgabe erfordert. Ihre Maschine führt abermals einen Stoß gegen die mächtige Dampfmaschine, indem sie deren Wärmeausnutzung übertrifft."

e) Äußerungen über lenkbare Luftschiffe. W e r n e r v o n S i e m e n s etwa im Jahre 1890[1]): „Noch schlimmer als mit Flugmaschinen steht es mit den lenkbaren Luftschiffen. Die Aufgabe, solche herzustellen, ist im Prinzip längst gelöst, denn jeder Luftballon kann durch einen passenden Bewegungsmechanismus, der in der Gondel angebracht ist, bei windstillem Wetter in beliebiger Richtung fortbewegt werden. Dies kann aber nur langsam geschehen, weil einmal hinlänglich leichte Kraftmaschinen noch fehlen, um den voluminösen Ballon in größerer Geschwindigkeit durch die Luft oder gegen den Wind zu treiben, und weil zweitens das Material des Ballons einen starken Gegendruck der Luft gar nicht vertragen würde, wenn man auch solche Maschinen besäße. Die längliche Form, welche die Erfinder dem Ballon geben, damit er die Luft besser durchschneide, vermehrt sein Gewicht bei gleichem tragenden Volumen und ist daher ohne Wert . . ." Trotz der im Jahre 1890 bereits vorliegenden Erfolge von Gottlieb Daimler, Seite 127, hat also Werner von Siemens weder die Möglichkeit eines leichteren motorischen Antriebes noch die Versteifung des Ballonkörpers durch ein in seinem Innern befindliches Gerüst aus Leichtmetall richtig beurteilt.

Gegen die Z e p p e l i n sche Erfindung wurden die verschiedensten Einwände gemacht; die sich zum Teil mit den eben genannten decken. Bemerkenswert durch Sachlichkeit und Weitblick ist das dem Grafen Z e p p e l i n günstige Gutachten des Vereins Deutscher Ingenieure aus dem Jahre 1896. Um die Jahrhundertwende wurde Z e p p e l i n in weitesten Kreisen nicht anders als „der verrückte Graf" bezeichnet. Ich kann mich noch gut entsinnen, daß man sich nur darum stritt, ob Z e p p e l i n ein Narr oder ein Schwindler sei. Davon, daß das, was er vorhabe, vollkommener Unsinn sei, war ein großer Teil des Publikums fest überzeugt. Dem Grafen Z e p p e l i n erging es nicht viel besser als 100 Jahre vorher dem ersten erfolgreichen Erbauer des Dampfbootes, J o h n F i t c h , der verlacht und verkannt und in „äußerster Erschöpfung und Armut" sich im Jahre 1798 vergiftete, oder den gleichfalls verkannten Pionieren des Flugzeugbaues, Prof. L a n g l e y und O t t o L i l i e n t h a l.

---

[2]) S i e m e n s , W. v o n : Lebenserinnerungen. Berlin 1938.

Interessant sind zwei Äußerungen des Grafen Z e p p e l i n aus dem Jahre 1896[1]). Er meinte: „Das Luftschiff hat gegenüber dem Flugzeug den ungeheueren Vorteil voraus, daß es — vom Unglücksfall einer Entzündung abgesehen — niemals jäh abstürzen kann." Die große Gefährdung gasgefüllter Ballone beim Start und bei der Landung unterschätzte Graf Zeppelin offenbar ganz. Über die Flugmaschine von Prof. W e l l n e r bemerkte er: „Der Seiltänzer zeigt seine Kunst in schwindelnder Höhe erst, nachdem er sie nahe über der Erde erlernt hat. Wer sich zum Führer der Flugmaschine ausbilden wollte, wird regelmäßig beim ersten Flug das Genick brechen." Diese heute als völlig undiskutierbar erscheinende Flugmaschine, für die Z e p p e l i n s Behauptung zweifellos zutraf, hatte aber von „berufener Seite", darunter von dem berühmten Professor des Maschinenbaues, R a d i n g e r , hohe Anerkennung gefunden. Sie war übrigens die erste Erscheinung der Luftschiffahrt, die in der Zeitschrift des Vereins Deutscher Ingenieure behandelt wurde (1894), ein Zeichen, für wie utopisch auch Ingenieure damals Flugzeuge noch hielten.

f) Äußerungen über sonstige Erfindungen und Entdeckungen. Auch die Elektrotechnik bietet schöne Beispiele für das Verkennen der Bedeutung großer Erfindungen. Noch zwei Jahre vor der berühmten Drehstrom-Hochspannungs-Fernübertragung Lauffen a. N.—Frankfurt a. M. (1891), die dem elektrischen Strom die Welt erst ganz erschlossen hat, lehnte E d i s o n eine Einladung des Chefelektrikers der AEG., M. v o n D o l i v o - D o b r o w o l s k y , sich den von ihm geschaffenen Motor anzusehen, mit dem Bemerken ab, Wechselstrom sei ein Unding und habe keine Zukunft, er wolle daher nichts davon wissen und sehen. Sachverständige behaupteten, von der Primärleistung würden höchstens 13 % in Frankfurt ankommen (in Wirklichkeit waren es 75 %) und wiesen eine Übertragung mit 30 000 Volt höhnisch als undurchführbar zurück (heute sind 250 000 Volt etwas Selbstverständliches). D o l i v o - D o b r o - w o l s k y sagte hierüber: „Na, mit solchen Maximalberechnungen haben sich schon früher manche Autoritäten blamiert."

Die Fehlbeurteilung von Neuerungen kommt aber keineswegs nur bei Ingenieuren vor, denn auf allen Gebieten haben sich zeitgenössische Urteile von Sachverständigen und bedeutenden Persönlichkeiten über Erfindungen und Neuerungen oft als abwegig erwiesen. Über den beabsichtigten Bau des Suezkanals äußerte sich Premierminister P a l m e r s t o n im englischen Parlament[2]): „Es handelt sich um ein Unternehmen, das in die Klasse jener Schwindelunternehmen gehört, die von Zeit zu Zeit der Leichtgläubigkeit einfältiger Geld-

---

1) Z e p p e l i n , Graf F.: Z. VDI 1896. S. 408—414.
2) S c h a l l , J.: Die Pforte der Welt.

leute glauben Schlingen legen zu können. Abgesehen davon, halte ich den Plan vom technischen Standpunkt aus für absolut undurchführbar, mindestens aber mit so enormen Kosten verbunden, daß von einer Rentabilität keine Rede sein kann . . ." George Stephensons Sohn Robert (1803—1859), ein Ingenieur von Weltruf, meinte, der Kanal hätte, da zwischen Mittelmeer und Rotem Meer kein Höhenunterschied bestehe, keine Strömung, weshalb sein Wasser bald faulen würde.

Das deutsche Oberkommando maß noch im November 1917 Tanks nur geringe Bedeutung bei, und die völlig falschen Ansichten der französischen Generale über die Maginotlinie zeigen ihre folgenden Äußerungen: „Kein Anmarsch motorisierter Truppen wird diese Schranke überraschend überschreiten können"; „an der Maginotlinie wird sich eine ganze Welt auch gegen den am stärksten gerüsteten und furchtbarsten Angreifer verteidigen können"; „unsere Befestigungen schützen das Land gegen jeden versuchten Einfall und gegen jede Überraschung."

Die Jünger Äskulaps nannten Ignaz Semmelweis, einen der wichtigsten Wegbereiter der antiseptischen Wundbehandlung, einen Verräter an der ärztlichen Sache, Edwards Jenner (1749—1823), der Begründer der Pockenschutzimpfung, stieß in Fachkreisen zunächst auf scharfe Ablehnung, und noch zwei so hervorragende Forscher wie Virchow und Mendel bezeichneten die Hypnose als Schwindel.

Über die reinen Wissenschaftler schließlich sagte Luigi Galvani im Jahre 1792: „Ich bin von den Weisen und den Dummen angegriffen worden. Den einen wie den anderen bin ich ein Spott und man nennt mich den Tanzmeister der Frösche" (Hinweis auf das berühmte Experiment mit den zuckenden Froschschenkeln). Die Worte, die einer der 40 „Unsterblichen" der französischen Akademie der Wissenschaften dem Vorführer des ersten Phonographen von Edison zugerufen haben soll: „Sie Schuft, glauben Sie, wir lassen uns von einem Bauchredner zum besten halten", verraten eine Art negativen Aberglaubens. Er war nämlich von der Unmöglichkeit eines Wunders so überzeugt, daß er etwas wirklich Existierendes deshalb für Schwindel hielt, weil er seine Wirkung nicht bestreiten, sie sich aber nicht erklären konnte. Etwas Ähnliches ist dem russischen Agronomen Mitschurin vor etwa 50 Jahren passiert, als eine Fachzeitschrift die Veröffentlichung seiner epochalen Forschungsergebnisse über die Akklimatisierung südlicher Nutzpflanzen mit der Bemerkung ablehnte, sie drucke nur ab, was wahr sein könne, obgleich er die Züchtung klimafester Pflanzen bereits gelöst hatte. Aber schon lange vorher wurde der hervorragende deutsche Physi-

ker C h l a d n i (1756—1827) wegen der erstmals von ihm vertretenen
Ansicht, Feuerkugeln und Meteorsteine seien kosmischen Ursprunges
(„Es fallen Steine vom Himmel") ausgelacht. Selbst die Kunst macht
keine Ausnahme. Z. B. erwies sich das Schauspiel „Jugend" von
M a x H a l b e , das von den gewiegtesten Theaterfachleuten als
aussichtslos abgelehnt worden war, schon bei seiner Uraufführung
als Bombenerfolg, während B e e t h o v e n s „Neunte Symphonie"
und die „Fledermaus" von J o h a n n S t r a u ß zunächst „durch-
fielen". In puncto Urteilsfähigkeit und Voraussicht hat also kein
Stand Ursache zur Überheblichkeit über einen anderen.

3. Lehren der Geschichte großer Erfindungen.

a) Allgemeines. Fast jeder Fortschritt stößt infolge der geistigen
Trägheit der Menschen zuerst auf oft erbitterten Widerstand. Hierbei
bedienen sie sich nicht selten der Lächerlichmachung des Neuen,
die ein wirksames Mittel der Diffamierung ist, da sich der homo
sapiens infolge seines Herdeninstinktes vor wenig so fürchtet wie
vor dem Verdacht, eine von der Mehrheit abweichende Meinung zu
vertreten. Hat sich das Neue aber schließlich durchgesetzt, so wechseln dieselben Menschen aus denselben Gründen ebenso bereitwillig
ihre frühere Stellungnahme. Der Ausspruch S c h o p e n h a u e r s ,
jedes Problem durchlaufe bis zu seiner Anerkennung drei Stufen, in
der ersten erscheine es lächerlich, in der zweiten werde es bekämpft
und in der dritten gelte es als selbstverständlich, wird durch zahlreiche Erfindungen und Fortschritte der Technik glänzend gerecht-
fertigt. Menschliche Leidenschaften werden daher, wie die auf
Seite 130 bis 133 angeführten Äußerungen aus der Frühgeschichte von
Dampflokomotive, Kraftwagen und lenkbaren Luftschiffen zeigen, bei
Erfindungen, die dem einen Reichtum, dem anderen schwere Nachteile bringen können, besonders leicht zum Ausbruch gelangen. Der
Erfinder neigt dazu, die Vorteile seiner Erfindung zu übertreiben,
seine Gegner lassen aus Mißgunst und Rückständigkeit oft kein gutes
Haar an ihr und die Öffentlichkeit, die die Zusammenhänge nicht
kennt, weiß nicht, was sie denken soll, bis sich im Laufe der Zeit die
Gemüter beruhigen. Aber auch wenn man von persönlichen Motiven
absieht, werden manche fragen, weshalb sich bedeutende Fachgenossen in der Beurteilung großer Erfindungen so irren können.
Die Gründe werden deshalb im folgenden näher erörtert.

b) Konzeption und Ausführung einer Erfindung. R u d o l f D i e -
s e l sagte: „Erfinden heißt, einen aus einer großen Reihe von Irrtümern herausgeschälten richtigen Grundgedanken durch zahlreiche
Mißerfolge und Kompromisse hindurch zum praktischen Erfolge führen." Graf G o b i n e a u kommt mit den Worten: „Die Sicherheit

des Blickes für das Richtige und Wahre gibt noch lange keine Gewähr dafür, daß man es auch zu schaffen vermöge", in ganz anderem Zusammenhang gleichfalls zum Ergebnis, daß Erkennen und Verwirklichen von etwas Richtigem zwei sehr verschiedene Dinge sind, also besondere Fähigkeiten zum Verwirklichen einer Erkenntnis gehören. Wie wenig erfinderische Ideen es aber bis zur marktfähigen Erfindung bringen, zeigt die Äußerung von Werner von Siemens: „Auf dem Wege vom gelungenen Experiment bis zum brauchbaren, praktisch bewährten Mechanismus brechen sich zwischen 99 und 100 (von 100) Erfindungen den Hals" und die von Rudolf Diesel, der von einem ungeheueren Abfall von Ideen beim Erfinden spricht.

Entgegen der populären Ansicht sind große Erfindungen fast immer die Frucht mühseliger Anstrengungen des Erfinders und seiner Mitarbeiter, zu denen nicht selten viele namenlose Vorgänger, „die unbekannten Soldaten der Technik", kommen. Nach Werner von Siemens „haben Ideen an und sich nur einen sehr geringen Wert. Der Wert einer Erfindung liegt in ihrer praktischen Durchführung, in der auf sie verwendeten geistigen Arbeit, den auf sie verwendeten Arbeits- und Geldsummen". Da aber nur die erfolgreiche Erfindung der Allgemeinheit etwas nützt, gilt als Erfinder nicht der, der einen bestimmten Gedanken erstmals oder gleichzeitig mit anderen äußerte, sondern der, der ihm als erster praktisch brauchbare Form gab. Deshalb nennt man Watt den Erfinder der Dampfmaschine und Stephenson den Erfinder der Dampflokomotive, obgleich es schon vor ihnen Dampfmaschinen und Dampflokomotiven gegeben hat. Die These, eine neue Idee „liege in der Luft", aber nur wenige begnadete Gehirne hätten die Fähigkeit, sie wie eine abgestimmte Antenne aufzufangen, hat infolge der zahlreichen Erfindungen, die von mehreren Personen unabhängig voneinander fast gleichzeitig gemacht werden, viel Verlockendes an sich. Daß die Welt sich aber nur für einen einzigen Menschen als Erfinder interessiert und tote Erfinder, wenn sie nicht ganz überragend waren, sehr schnell vergißt, ist bei der ununterbrochenen Flut von Erfindungen und den unzähligen Eindrücken, die auf den modernen Menschen andauernd einstürmen, leicht begreiflich.

Bevor sie verkaufsfähig sind, müssen manche Erfindungen so einschneidende Änderungen durchmachen, daß von der ursprünglichen Idee oft kaum mehr etwas übrigbleibt, was an ein in der Weltgeschichte oft beobachtetes Phänomen erinnert, das Hilaire Belloc in die Worte kleidet[1]): „Die Früchte, die das Werk eines

---

[1]) Belloc, H.: Characters of the Reformation. London 1936.

Mannes trägt, sind niemals diejenigen, die er erwartet. Immer gibt es eine Nebenwirkung, die nach einer gewissen Zeit als Hauptwirkung erscheint. R u d o l f D i e s e l sagt zum gleichen Thema: „Immer wird nur ein geringer Teil der hochfliegenden Gedanken der körperlichen Welt aufgezwungen werden können, immer sieht die fertige Erfindung ganz anders aus als das vom Geist ursprünglich geschaute Ideal, das nie erreicht wird." Solche Abweichungen von der ursprünglichen Idee sind, wie das Beispiel R u d o l f D i e s e l s zeigt, oft Gegenstand einer schulmeisterlichen Kritik, die anmutet, wie wenn die Erstbesteigung eines Berges nur dann eine alpine Leistung wäre, wenn sie genau auf dem Wege erfolgte, der vom Tal aus gesehen als der geeignetste erschienen war. In der Technik passiert hier und da aber auch etwas Ähnliches wie das, was C o l u m b u s zugestoßen ist: Man glaubt, man habe etwas bereits Bekanntes nur auf einem anderen Wege gefunden, während in Wirklichkeit etwas ganz Neues herausgekommen ist.

Die Überführung eines Erfindungsgedankens in praktisch brauchbare Form gelingt oft erst, nachdem geeignete Baustoffe und Fertigungsverfahren oder Zubehörteile entwickelt worden sind (was gleichfalls viel Mühe machen kann), selbst wenn das Zubehör im Rahmen des Ganzen nur sekundäre Bedeutung hat (Stopfbüchsen bei den ersten doppelt wirkenden W a t t schen Dampfmaschinen, Einspritzdüsen, Brennstoff- und Luftpumpen bei Dieselmotoren, Einbau und Antrieb der Luftschrauben bei „Zeppelinen", Verwendung von Duraluminium bei Ganzmetallflugzeugen). Eine an sich richtige Überlegung bzw. Entdeckung kann sich als praktisch unbrauchbar erweisen und trotzdem die Entwicklung fördern. Beispielsweise hielt man auf Grund schlechter Erfahrungen in den neunziger Jahren die Erzeugung von Dampf in einer beheizten Rohrschlange derart, daß das kalte Wasser an ihrem einen Ende ein-, der überhitzte Dampf an ihrem anderen Ende austritt, fälschlicherweise für unmöglich. B e n s o n kam nun auf den klugen Gedanken, die Verdampfung unter einem über dem kritischen Druck des Wassers (225 at) liegenden Druck durchzuführen, weil es dann plötzlich als Ganzes vom flüssigen in den dampfförmigen Zustand übergeht. Derartige Kessel arbeiteten zwar schließlich einwandfrei, waren aber wegen des hohen Druckes der Speisepumpe (rund 300 at) und aus anderen Gründen nicht lebensfähig, bis man durch Zufall merkte, daß in ihnen auch Dampf von beliebigem Druck sich sicher erzeugen läßt. Die Ursache ist darin zu erblicken, daß man während des rund 10 Jahre währenden kostspieligen Experimentierens unter überkritischem Druck im Bau der Feuerungen, der Regelvorrichtungen und der Anordnung der Rohrschlangen Erfahrungen gesammelt hatte, die man rund 30 Jahre vorher noch nicht besaß. Aber erst durch die Möglichkeit, Dampf von beliebigem Druck erzeugen zu können, d. h. durch den bewußten Verzicht auf die Idee, der sie ihre Entstehung verdanken, erhielten B e n s o n-Kessel ihre heutige Bedeutung.

Schließlich kann während der Entwicklung einer Erfindung das Erscheinen einer demselben Zweck dienenden anderen Konstruktion (J o s s e sche Schwefligsäure-Maschinen bei Aufkommen der Dampfturbinen) oder die Feststellung, daß einer der von einer Erfindung erwarteten Vorteile nicht die ihm beigemessene Bedeutung hat, ihren Wert erheblich beeinträchtigen. Beispielsweise erwies sich der von Graf Z e p p e l i n befürchtete jähe Absturz eines Flugzeuges bei versagendem Motor, Seite 134, später als weit ungefährlicher als die Brand- und Sturmgefährdung gasgefüllter Ballone, und seine Annahme, Flugzeuge seien nur bis zu Entfernungen von etwa 1000 km geeignet, ist durch die Entwicklung längst überholt. Damit hängt es zusammen, daß selbst 40 Jahre nach dem Aufstieg des ersten „Zeppelin" die Aussichten des lenkbaren Luftschiffes noch immer nicht ganz geklärt sind, trotz der gewaltigen Leistungen des Grafen und seiner Ingenieure und trotz der vielen glänzenden Fahrten seiner Luftschiffe[1]). Bei fast allem Neuen in der Technik stehen eben den positiven Punkten so viele Fragezeichen, den voraussichtlichen Vorteilen so viel mögliche Schwächen gegenüber, daß eine Voraussage über einen Erfolg häufig mit großer Unsicherheit behaftet ist.

Außerdem ändern sich die allgemeinen äußeren Bedingungen im Laufe der Zeit manchmal so erheblich, daß eine noch vor 10 oder 20 Jahren unbrauchbare Erfindung plötzlich große praktische Bedeutung bekommen kann. Vor allem Menschen, die selber nichts Neues zu schaffen vermögen, verfallen dann leicht in den Fehler, demjenigen Mangel an Voraussicht vorzuwerfen, der sie seinerzeit mit vollem Recht abgelehnt hat, weil sie für alles, was nicht so verlaufen ist, wie es zurückschauend erwünscht gewesen wäre, einen Sündenbock brauchen, den sie „verantwortlich" machen können, während in Wirklichkeit das unberechenbare Schicksal oft der alleinige „Schuldige" ist.

So wie „Not, Krieg und Luxus wichtige Geburtshelfer beim Entstehen einer Erfindung sind", ist der Zufall eine große Hilfe bei ihrer Vervollkommnung. Beispielsweise wurde die ursprünglich mit zwei Gängen ausgeführte Schiffsschraube von S m i t h dadurch erheblich verbessert, daß infolge des bei einer Kollision erfolgten Wegbrechens

---

[1]) Die Meinung, lenkbare Luftschiffe seien durch große Fernstrecken-Flugzeuge endgültig überholt, trifft nicht zu, da zur Zeit in den USA. 280 000-m²-Luftschiffe entwickelt werden, Seite 129, die für weite Überseeflüge lohnender und bequemer als Flugzeuge sein sollen.

eines Ganges das Schiff wesentlich schneller lief, was S m i t h auf
die günstigste Bemessung brachte.

c) Beurteilen der Aussichten von Erfindungen. Hält man sich
diese Umstände vor Augen, so ist es unschwer erklärlich, weshalb
zeitgenössische Urteile über Erfindungen so stark voneinander abweichen. Es ist also durchaus nicht so, daß diejenigen, die sich über
eine später berühmt gewordene Erfindung skeptisch äußerten, töricht
oder bösartig oder die anderen eo ipso Leute von Urteil und Weitblick gewesen zu sein brauchen. Weshalb eine Voraussage über
ihren Wert bei manchen Erfindungen so schwer ist, wird vielleicht
am besten klar, wenn man eine fertige Erfindung mit einem fertigen
Buch vergleicht. Eine marktfähige Erfindung unterscheidet sich nämlich von dem ihr zugrunde liegenden erfinderischen Gedanken etwa
so wie ein gedruckter Roman von der ihm zugrunde liegenden Idee.
Die Idee ist oft schnell gefaßt, das Schreiben des Buches aber eine
langwierige Arbeit, und wenn es fertig ist, taugt es manchmal trotz
der guten Idee nicht viel. Ähnlich wie man auf Grund seiner tragenden Idee, wenn sie auch noch so geistreich ist, nicht sicher sagen
kann, ob der fertige Roman gut sein wird, kann man im Anfangsstadium vieler Erfindungen ihnen schon deshalb keine zuverlässige
Prognose stellen, weil die fertige Erfindung das Produkt der erfinderischen Idee, der Begleitumstände und der technischen und charakterlichen Werte des Erfinders, d. h. von Faktoren ist, die man nur zum
Teile kennt. Derselbe Erfindungsgedanke kann nämlich einen recht
verschiedenen praktischen Wert haben, je nachdem, ob z. B. der Erfinder eine ernsthafte, willensstarke und kenntnisreiche Persönlichkeit ist oder nicht.

Übrigens waren sich manche große Erfinder über die Aussichten
ihrer Erfindungen oft lange Zeit ähnlich unklar wie manche Denker
und Dichter über den Erfolg des Werkes, das sie unsterblich machen
sollte. Wenn aber selbst Erfinder sich über ihr eigenes Geisteskind
täuschen, können fremde Fehlbeurteilungen erst recht nicht überraschen.

Daß ein vorzüglicher Fachmann eine Erfindung manchmal zu Unrecht skeptischer beurteilt als der ihm an positivem Wissen vielleicht
weit unterlegene Erfinder, rührt davon her, daß er die zu erwartenden Schwierigkeiten besser kennt. Es ist ähnlich wie beim Bergstei-
gen, wo ein krasser Laie einen spaltenreichen verschneiten Gletscher
aus Unkenntnis der drohenden Gefahren manchmal in einem Bruchteil der Zeit überwindet wie ein routinierter Alpinist, aber eben nur
„manchmal". Die Dinge liegen also so, daß bei einer einzelnen Erfindung auch ein hervorragender Ingenieur sich täuschen kann, daß
aber bei einer Summe von Erfindungen die Summe der Urteile kennt-

nisreicher Ingenieure zutreffender ist als diejenige von Menschen mit einer erfinderischen Ader, aber ohne solides Fachwissen.

Unter den großen Erfindern waren G e o r g e   S t e p h e n s o n, A l f r e d   K r u p p, W e r n e r   v o n   S i e m e n s und H u g o   J u n - k e r s einige der wenigen, die die Bedeutung ihrer Erfindung von Anfang an erkannt und bis an ihr Ende einen kühlen Kopf behalten haben. Ein Biograph von S t e p h e n s o n kleidete dies in die Worte, er habe zum ersten Male „das Bild des Eisenbahnverkehrs in seiner Gesamtheit gesehen, während alle anderen nur ein Herumstümpern auf den Schienen wahrnahmen", Worte, die mit Bezug auf den Luftverkehr auch für H u g o   J u n k e r s[1]) gelten.

Im übrigen sind Äußerungen auch bedeutender Ingenieure über eine im Anfangsstadium befindliche Erfindung manchmal nicht viel mehr als stimmungsmäßige Vermutungen. Beweiskräftig können aber nur sachlich fundierte Ansichten sein und auch diese nur, wenn die Erfolge einer Erfindung auf sie und nicht auf andere Ursachen zurückzuführen sind. Da im Anfangsstadium vieler Erfindungen gar nicht bekannt sein kann, welche unter Umständen „nebensächlichen" Bestandteile später Schwierigkeiten machen oder welche besonderen Baustoffe und Fertigungsverfahren für ihre Durchführung benötigt werden, oder welche Hindernisse auftreten, kann eine sonst richtige Beurteilung der Aussichten einer Erfindung allein dieser Unkenntnis wegen sich als falsch erweisen. Es wird aber immer Menschen geben, die dies nicht begreifen, sondern fest davon überzeugt sind, daß sie die Aussichten einer großen Erfindung sofort erkannt hätten, wenn sie sie nur miterlebt haben würden. Sie merken leider nur nicht, welche Irrtümer und Fehlschlüsse sie selber zu ihrer Zeit begehen.

4. Erfindung und Erfinderpersönlichkeit.

Man kann zwischen den üblichen, routinemäßigen Erfindungen, die mehr oder weniger einschneidende Verbesserungen vorhandener Vorrichtungen darstellen, und den mehr aus dem Rahmen fallenden Erfindungen unterscheiden, die im Entwickeln ganz neuer Maschinen und Bauformen auf Grund neuer physikalischer oder sonstiger Erkenntnisse bestehen. Mit dem Erteilen von Anweisungen etwa nach der Art „Wie werde ich Erfinder", die dem großen Durchschnitt von Ingenieuren das Erfinden ermöglichen sollen, wäre der gesunden Technik nicht gedient, weil die Gabe des erfolgreichen und nützlichen Erfindens angeboren sein muß. Dagegen wäre die Aufstellung gewisser Regeln und Richtlinien durchaus möglich, die erfinderisch begabten Menschen wenigstens in den ersten Jahren ihrer erfinderischen Betätigung viel Ärger, Zeit und Geld sparen könnten. An

---

[1]) B l u n k, R.: Hugo Junkers. Der Mann und das Werk. Berlin 1940.

dieser Stelle soll nur soviel gesagt werden, daß man vor allem bei routinemäßigen Erfindungen die rechte Richtung am schnellsten findet, wenn man mit Tatkraft und Zähigkeit versucht, sich über die Ursachen der Mängel vorhandener Konstruktionen und alles, was einem an ihnen nicht gefällt, gründlich klar zu werden und wenn man seine erfinderische Aufmerksamkeit solange auf ganz wenige Gegenstände konzentriert, bis man eine bessere Lösung für sie gefunden oder endgültig erkannt hat, daß man zu keiner kommen kann. Ist man sich nämlich über das Wesen der Mängel bestehender Maschinen und ihre eigentliche Ursache einmal wirklich klar geworden, so ergibt sich der zu ihrer Abhilfe erforderliche Weg im Laufe der Zeit oft beinahe von selber.

Die geschichtlichen Daten auf S. 125 bis 129, aber auch moderne Erfindungen, wie z. B. der J u n k e r s-Motor mit gegenläufigen Kolben, zeigen, daß die Entwicklung großer Erfindungen bis zur marktfähigen Konstruktion etwa 15—30 Jahre dauert, selbst wenn man von der Zeit absieht, die Vorgänger für die Verwirklichung derselben Idee geopfert haben. Das Auffinden der zweckmäßigsten Form ist oft ein noch länger währender Vorgang. Das Herausbringen großer Erfindungen ist also meist ein sehr teures Unterfangen, von dem Sein oder Nichtsein einer Firma abhängen kann. Es ist daher verständlich, wenn ein Unternehmen manchmal eine an sich hoffnungsvolle Entwicklungsarbeit abbricht, weil es glaubt, das Hineinstecken von weiterem Geld nicht mehr verantworten zu können. Erkennt ein Fabrikant diesen Zeitpunkt nicht, so wird er leicht zum Spekulanten. Aber auch wenn er angesichts der ihm zur Verfügung stehenden beschränkten Mittel mit Recht auf die weitere Auswertung verzichtet, wird ihm die Öffentlichkeit oft nicht gerecht, wenn ein anderer mit der Erfindung schließlich doch Erfolg hat.

Erfinder aber können an ihrer seelischen Konstitution, ihrem Hang zum Grenzenlosen und weil die Zeit noch nicht reif ist, scheitern. Es hängt daher oft viel davon ab, ob sie die erforderliche Unterstützung finden. R u d o l f   D i e s e l sagt hierzu: „Wenn ein Genie . . . nicht eine außerordentliche Begabung für den Lebenskampf hat, hat es sehr wenig Aussicht, sich im Lebenskampf zu erhalten, wenn ihm dabei nicht geholfen wird." D e n i s   P a p i n , den J a m e s   W a t t als das größte Genie unter seinen Vorgängern bezeichnet hat, starb verarmt und erfolglos, weil die zur Verwirklichung seiner Ideen erforderlichen Herstellungsverfahren noch fehlten. Der von Ideen überschäumende energische T r e v i t h i c k , dessen Leben „eine Folge von Sonnenschein und Unglück" war, scheiterte, weil er sich mit zu vielen Dingen beschäftigte. Das erfinderische Genie des übervorsichtigen, gehemmten J a m e s   W a t t kam erst zur vollen Aus-

wirkung, als er sich mit dem optimistischen, die Dinge von hoher
Warte betrachtenden und über große Mittel verfügenden Industriellen B o u l t o n [1]), „einem Mann von fürstlichem Format", zusammen-
tat. W a t t suchte, ähnlich wie J u n k e r s , bevor er sich an die Ausführung machte, aus vielen Ideen sorgfältig diejenige aus, die ihm
zum Erreichen des gesteckten Zieles am geeignetsten erschien. Bei
T r e v i t h i c k , dem dieses systematische Vorgehen nicht lag,
nahm dagegen eine Erfindung fast unmittelbar nach ihrer Konzeption praktische Form an. Während es aber W a t t verhältnismäßig
schnell zu Wohlstand brachte, kam T r e v i t h i c k mit seinen Erfindungen stets ein paar Jahre zu früh, um sie verwirklichen zu
können und starb, den Kopf voller neuer Ideen, nach einem fausti-
schen Leben verarmt und verlassen. Zum Vollenden großer Erfindungen wie für den Erfolg als Ingenieur überhaupt gehört also ein starker Charakter, Glück und gelegentlich auch fremde Hilfe. Wenngleich der Zufall eine Rolle spielt, so kommt doch kaum eine große
Erfindung ohne hervorragende technische und charakterliche Leistungen zustande.

Nicht viele Erfinder haben die Einsicht und Selbstüberwindung,
die aus folgenden Worten von E r n s t A l b a n (1791—1856), dem Erfinder des Kammerwasserrohrkessels, spricht: „Seitdem ich aber gezwungen war, als praktischer Maschinenbauer einen sicheren Weg zu
gehen, habe ich den Druck der Dämpfe in meiner Maschine mehr er-
mäßigt (Alban hatte zuerst Drücke von 50—70 at vorgeschlagen)
und erfahren, daß ich mich sehr wohl dabei befinde . . . Wenn nun
gleich diese Tendenz vielleicht weniger wissenschaftlich als die
frühere, von manchen gar inkonsequent gescholten werden sollte . . .,
so will ich mich lieber für jetzt einer Inkonsequenz bezichtigen
lassen, als halsstarrig in einer angenommenen Meinung verharren,
deren Früchte für das Leben noch in weiter Ferne liegen."

Am Leben des Grafen Z e p p e l i n kann man sehen, zu welchen
Opfern ein Erfinder bereit sein muß. Die heutige Generation kann
sich kaum mehr vorstellen, was es vor einem halben Jahrhundert
für einen der Aristokratie angehörenden General bedeutete, unter
die „Erfinder" zu gehen und dazu noch ein lenkbares Luftschiff bauen
zu wollen, was sehr vielen seiner Zeitgenossen als ein rechtes
Narrenunternehmen erschien. Z e p p e l i n , der unter den deutschen
Erfindern eine der ausgeglichensten Persönlichkeiten ist, sich über
das, was seiner harrte, vollkommen klar war, und sich durch Hohn,
Spott und schwerste Rückschläge nicht entmutigen ließ, sollte immer
ein leuchtendes Beispiel für den überragenden Wert eines großen
Charakters für technisches Schaffen sein. Da er aber die ganze

---

[1]) D i c k i n s o n , H. W.: Mathew Boulton. Cambridge 1936.

Bitterkeit des zu Unrecht verkannten Erfinders auskosten mußte, ist für „verkannte" Erfinder sein Ausspruch besonders beherzigenswert: „Die größte Teilnahme wachrufend ist der Gedanke an die Scharen vermeintlicher Erfinder, die wirtschaftlich und geistig versinken — wie oft dem Wahnsinn verfallen — nur weil sie unter den Erleuchteten keine warmherzige Seele finden, um ihnen die Augen zu öffnen, so lange sie für die Klarheit noch empfänglich sind[1])." Werner von Siemens sagt zum gleichen Thema: „Durch Erfindungen sein Glück machen, ist eine sehr schwere Arbeit, die wenige zum Ziele führt und schon unzählige zugrunde gerichtet hat."

Zum Vervollkommnen von etwas Bekanntem, wie für sehr viele wertvolle technische Arbeiten reicht eine gewisse erfinderische Begabung gepaart mit gründlichem Wissen und geschultem Verstand aus. Aber schon beim Überführen einer bedeutenderen Erfindung in den marktfähigen Zustand ist es hiermit allein häufig nicht mehr getan und wirklich Bahnbrechendes kann in der Technik nur die große Persönlichkeit leisten, die durch überlegene charakterliche Eigenschaften sich aus der Menge tüchtiger Spezialisten heraushebt, die auf einem anderen als dem rein ingenieurmäßigen Niveau lebt.

Große Erfinder bedeuten für die Technik das, was Propheten, Reformer und „Rebellen gegen das Schicksal" im sonstigen Leben sind. Ihr Genie, Weitblick, Mut und Wille erreichen oft unter größten Schwierigkeiten in kurzer Zeit etwas, um was sich mehrere Geschlechter vergeblich abgemüht haben. Sie stoßen aber fast immer auf erbitterten Widerstand, weil sie zwei empfindliche Stellen der menschlichen Natur verletzen: „angestammte Rechte" und die Abneigung gegen das Neue. Diese Widerstände und die Tücke des Objektes kann nur der Einsatz der eigenen Person überwinden. Deshalb wird auch eine Art halbamtlicher Erfinderförderung, wie sie bei uns in der jüngeren Vergangenheit versucht worden ist, alles in allem oft mehr schaden als nützen, zumal sie der Vetternwirtschaft und Geldvergeudung leicht Tür und Tor öffnet.

Auch beim Erfinden steht der Aussicht, Ruhm und klingenden Lohn zu ernten, das Risiko des Verkanntwerdens, des Zufrühkommens oder des Versagens der Kräfte vor Erreichen des Zieles gegenüber. Solange es Erfinder gibt, wird es daher unter ihnen außer Phantasten und Charlatanen immer Märtyrer geben. Viele „erfolglose Vorgänger" sind aber keine nutzlosen Versager, sondern häufig Männer von großem Verdienste und unentbehrliche Schrittmacher auf dem dornenreichen Wege zum Erfolge.

---

[1]) Zeppelin, Graf F.: Z. VDI 1896. S. 408—414.

V. Folgen bedeutender Erfindungen.

Der wahre Leitgedanke der Industrie heißt nicht Geldverdienen, sondern Schaffung einer nützlichen Idee und deren Vervielfältigung ins Abertausendfache, bis sie allen zugute kommt.

Henry Ford.

1. Einleitung.

In diesem Abschnitt soll an einigen Beispielen der große Einfluß einiger Erfindungen im besonderen und der Technik im allgemeinen auf das Leben der Völker gezeigt werden. Ingenieure, die diese Dinge nicht kennen, fehlt die hohe Warte, von der aus sie den Zusammenhang der Technik mit anderen Gebieten des öffentlichen Lebens und den tieferen Zweck ihrer Arbeit zu überblicken vermögen. Sie gleichen Baumeistern, die eine schwierige Straße zwar in den Einzelheiten sorgfältig und richtig, aber in der falschen Richtung bauen und können weder die Jugend für ihren Beruf begeistern, noch das Publikum über Wesen und Bedeutung der Technik aufklären, noch jemals die gewaltigen Möglichkeiten, die die Technik bietet, für das allgemeine Wohl ausnützen. Unkenntnis dieser Dinge ist auch einer der Gründe, weshalb das Ergebnis der Ingenieurarbeit nicht immer ihrem inneren Werte entspricht und weshalb der Ingenieur im öffentlichen Leben nicht annähernd die Rolle spielt, die er spielen könnte, sondern oft Handlanger anstatt vollberechtigter Mitarbeiter bleiben muß.

2. Folgen einiger Erfindungen.

a) Zunehmender Krafthunger der Menschen. Die Erfindung der Dampfmaschine machte den Menschen von vielen Fesseln frei. Zum ersten Male in der Weltgeschichte konnte er sich nunmehr fast überall beliebig viel und weit billigere Kraft[1]) als die für große zusammengeballte Leistungen nicht geeignete Muskelkraft beschaffen. Nicht das Zusammenarbeiten vieler Menschen in fabrikartigen Betrieben, das man schon früher kannte, sondern der Ersatz schwerster körperlicher Arbeit durch die Maschine war ohne Vorläufer in der Geschichte. H. G. Wells kleidet diese Wandlung in die Worte: „Die

---

[1]) Statt des richtigen Ausdruckes „Arbeit" wird der Ausdruck „Kraft" gewählt, weil er dem Nichtingenieur ein verständlicherer Begriff ist.

römische Zivilisation war auf der Arbeit billiger und erniedrigter Menschenwesen aufgebaut, die moderne wird auf billiger mechanischer Arbeit beruhen" und unterscheidet zwischen einer industriellen Revolution, die von der sozialen und finanziellen Entwicklung herrührt, und der mit ihr gleichzeitigen, aber von anderen Wurzeln genährten, durch die Kraftmaschine verursachten mechanischen Revolution, die sich u. a. in dem allmählichen Verschwinden der großen Kluft auswirken werde, die früher die Menschen in Analphabeten und Gebildete geschieden habe.

Der große Unterschied zwischen der Spinn- und Webmaschine, die die industrielle Revolution einleiteten, und der Dampfmaschine, die sie zu voller Glut entfachte, besteht darin, daß mit den beiden ersten Maschinen gewisse Produktionsgüter zwar erheblich billiger als bisher, aber auch nur in einer durch die begrenzte Zahl der verfügbaren Arbeitskräfte bedingten Menge hergestellt werden konnten. Das Verhältnis zwischen Nachfrage und Angebot, zwischen verbrauchenden und herstellenden Menschen änderte sich zwar, blieb dann aber verhältnismäßig stabil. Die Dampfmaschine dagegen machte das Volumen der Produktion fast unabhängig von der Zahl der verfügbaren Arbeiter und mußte daher, wenn man sie nicht planmäßig einsetzte, zu Störungen des wirtschaftlichen und sozialen Leben führen, weil sie in „natürliche" Abläufe willkürlich und mindestens zunächst planlos eingriff. Sie hat eine ähnliche Sachlage geschaffen, wie wenn einige Menschen plötzlich ganz nach ihrem Belieben hätten die Sonne scheinen oder regnen lassen können und jeder von dieser Möglichkeit, so wie es ihm gerade in den Kopf kam, Gebrauch gemacht hätte. In dieser weitgehenden Befreiung von den „Banden der Natur" liegt das grundsätzlich Neue, in den für weite Kreise schädlichen Folgen ihres unsachgemäßen Einsatzes das Tragische der Erfindung der Dampfmaschine.

Da die Gütererzeugung nicht mehr, wie früher, von der Zahl der verfügbaren Arbeiter abhing und infolge der billigen Kraft viele Erzeugnisse weit wohlfeiler wurden, nahm die Nachfrage nach Gebrauchsgütern ungeheuer zu und verursachte wieder einen entsprechenden Mehrbedarf an Kraft. Der schnell wachsende Eisenbahnverkehr steigerte die Nachfrage nach Eisenbahnmaterial und wirkte durch die Transporterleichterung und den Bedarf, den die Besiedlung weiter Gebiete in den verschiedensten Zonen zur Folge hatte, außerordentlich produktionsfördernd. Sein volles Ausmaß erreichte aber der Energiehunger erst durch den elektrischen Strom, mit dem Kraft beliebig weit und in kleinen und kleinsten Mengen billig, bequem und zuverlässig verteilt werden kann, und durch das Aufkommen der Automaten genannten Spezial-Werkzeugmaschinen, die eine außerordentlich wohlfeile und genaue Massenherstellung gestatten.

Man tut oft gut daran, Erscheinungen des Alltages von der ihnen anhaftenden spezialistischen Nüchternheit und Enge loszulösen und auf einen breiten Hintergrund zu projizieren, weil sich uns ihre wirkliche Bedeutung manchmal erst dann ganz offenbart. Unter diesem Gesichtspunkt könnte man sagen, daß die Möglichkeit des Ferntransportes elektrischer Energie eine ähnliche Wirkung hatte, wie wenn ein gewaltiges kosmisches Ereignis den Strömen

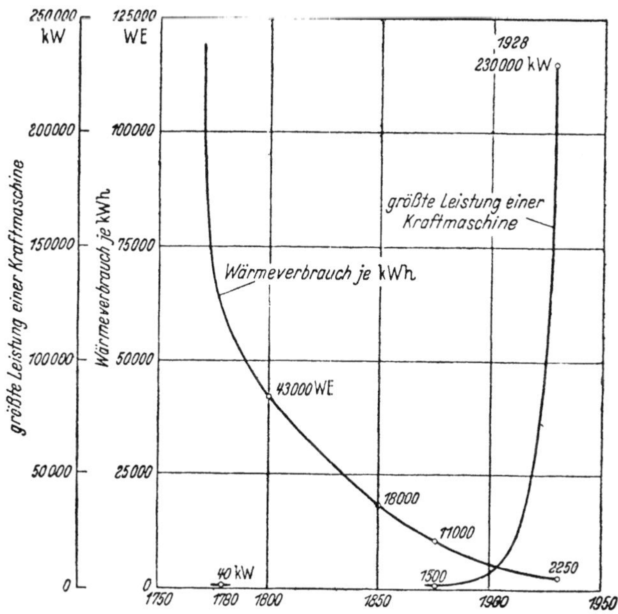

Abb. 7. Größte Leistung einer Einheit in kW und niedrigster spezifischer Wärmeverbrauch in Wärmeeinheiten (WE)/kWh von Dampfkraftmaschinen seit 1770. (Beide an der Welle der Maschine gemessen. 1 kW = 1,35 PS.)

einen anderen Lauf angewiesen, hohe Gebirge in die weiten Tiefebenen versetzt, ja das Klima selbst verändert hätte und daß mit der Vervollkommnung der Werkzeugmaschinen dem Wesen nach ungefähr das passierte, was durch die Einführung künstlicher Düngemittel, hochwertiger Landmaschinen und vervollkommneter Arbeitsverfahren in einem anderen Sektor unseres öffentlichen Lebens passiert ist und in großen Zusammenhängen gesehen auf dasselbe hinausläuft, wie wenn der Himmel die Frucht auf den Halmen zweimal im Jahre reifen ließe.

Die Nachfrage nach Kraft bzw. Strom wurde so gewaltig, daß an die Stelle von Dampfmaschinen Dampfturbinen treten mußten, deren z. Zt. größte 280 000 PS gegenüber 50 PS[1]) der stärksten von Watt gebauten Dampfmaschine leistet, Abb. 7. Nach Abb. 2, die die Zunahme der Stromerzeugung in öffentlichen und Industriekraftwerken in den Jahren 1900—1935 zeigt, dürfte im Jahre 1940 auf einen Deutschen bei Berücksichtigung der Leistung der Industriekraftwerke ein jährlicher Verbrauch von 750 kWh[2]) entfallen sein. In Wirklichkeit ist dieser Wert noch beträchtlich größer, da er die Leistung von Lokomotiven, Kraftwagen, Schiffen, Flugzeugen und anderen Maschinen noch nicht enthält. Da in der Glanzzeit der griechischen Kultur 5 Heloten mit einer Leistung von zusammen etwa 0,3 kW für einen freien Mann arbeiteten, die pro Kopf der Bevölkerung einem jährlichen Kraftverbrauch von etwa 75 kWh entsprochen haben dürften, hat man einen Begriff von der ungeheuren Änderung, die die Dampfmaschine auf fast allen Gebieten des menschlichen Lebens zur Folge haben mußte. Sie beeinflußte in gleichem Maße die geistige und materielle Existenz, arme und reiche, einfache und gebildete Menschen, die gegenseitigen Beziehungen einzelner Individuen und ganzer Kontinente, die Einrichtungen des Friedens und die Instrumente des Krieges, kurz unser ganzes Dasein in allen seinen Spielarten.

Infolge der Verbesserung der Dampfkraftmaschinen, vor allem durch die Erfindung der Dampfturbine durch den Schweden Laval und den Engländer Ch. A. Parsons, konnte die gleiche Arbeit mit viel weniger Kohle und mit viel billigeren Maschinen erzeugt werden, Abb. 7. Nach Abb. 8 sind die Kohlenpreise in Deutschland und England seit 1880 bzw. 1860 stark gestiegen, während die Eisenpreise sich nur wenig geändert haben. Es lohnte sich daher trotz der gleichfalls gestiegenen Metallarbeiterlöhne immer mehr, die Wärmewirtschaftlichkeit der Kraftmaschinen zu verbessern. Während aber hierfür lange Zeit ausschließlich finanzielle Erwägungen maßgebend waren, kamen in den letzten Jahren auch staatspolitische Rücksichten (Schonung der Kohlenvorräte) hinzu. Die Anlagekosten von 1 PS-Dampfmaschinenleistung betragen heute nur noch etwa $^1/_{10}$, die von 1 PS-Lokomotivleistung etwa $^1/_5$ der Kosten in den Tagen von James Watt bzw. von George Stephenson[3]). Wie gewaltig die motorische Kraft durch die Dampf-

---

[1]) 1 PS = 1 Pferdekraft, 1 kWh = 1 Kilowattstunde = 1,36 Pferdekraftstunden (PSh).

[2]) Hierin ist die menschliche Arbeitsleistung noch nicht eingeschlossen.

[3]) Zwischen 1790 und 1800 kosteten Watt'sche Dampfmaschinen samt Kessel je PS-Leistung 700 bis 1000 RM (1 £ = 20 RM gerechnet) und eine

maschine verbilligt worden ist, zeigt der Umstand, daß die größte vor ihrem Auftauchen für die Springbrunnen von L u d w i g X I V. im Jahre 1682 von R e n n e q u i n erbaute Wasserkraftanlage in Marly (Leistung etwa 120 PS) 80 Millionen Mark gekostet haben soll [1]), d. h. rund 700 000 Mark je Pferdestärke gegenüber 200—500 RM moderner Dampfkraftanlagen.

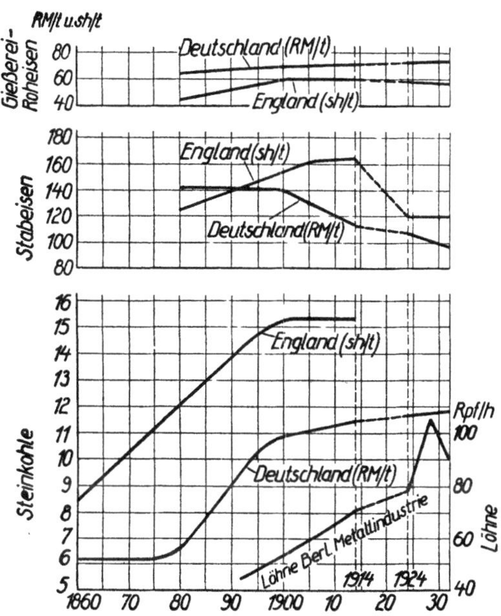

Abb. 8. Durchschnittslöhne der Berliner Metallindustrie seit 1892 und auf die Kaufkraft des Geldes im Jahre 1880 umgerechnete Preise von Steinkohle, Stabeisen und Gießerei-Roheisen. (Aus Dr. Münzinger, Zeitschrift des Vereins Deutscher Ingenieure 1934, Seite 229.)

Otto- und Dieselmotoren haben Dampfmaschinen und Dampfturbinen wirkungsvoll ergänzt und den Verkehr außerordentlich verbessert, weil ihr Gewicht und Brennstoffverbrauch kleiner und ihre Bedienung einfacher ist. Da sie sich für große Leistungen nicht so gut eignen wie Dampfkraftmaschinen und auf flüssige Brenstoffe angewiesen sind, die es nicht überall gibt und die in vielen Ländern

jährliche Abgabe von 100 RM/PS (ungefähr ⅓ der ersparten Kohlenkosten), ihr Kohlenverbrauch war ungefähr 5 bis 7mal, der Kohlenpreis 1,2 bis 2,0mal so hoch wie heute. Die Brennstoffkosten je PSh betrugen demnach mindestens 6 bis 15 Pf. gegenüber dem heutigen Werte von 0,7 bis 1,5 Pf.

[1]) M a t s c h o s s , C.: Entwicklung der Dampfmaschine. Bd 1. Berlin.

mehr als Kohle kosten, spielen sie in der ortsfesten Krafterzeugung keine so große Rolle wie die Dampfturbinen und -maschinen.

Da flüssige Brennstoffe sich dem individuellen Charakter einer Kraftmaschine weit besser als Steinkohle anpassen lassen, haben sie bei Bahnen, Schiffen, Kraftwagen und Flugzeugen große Bedeutung erlangt. Sie sind zwar teurer, ermöglichen aber mit festen Brennstoffen unerreichbare Leistungen. Durch Ausnutzen aller konstruktiven, baustoff- und herstellungstechnischen Möglichkeiten ist der Bau von Flugmotoren geglückt, die nur noch etwa 0,5 % des Gewichtes gleich starker Schiffsdieselmotoren wiegen. Der Kraftmaschinenbau hat sich also bei ortsfesten Anlagen in der Richtung sehr starker, mit Kohle betriebener, robuster Dampfturbinenanlagen (Einzelleistungen bis 100 000 kW) und bei gewissen Verkehrsmitteln in der davon sehr abweichenden Richtung außerordentlich leichter mit flüssigen Brennstoffen betriebener Verbrennungsmotoren (Einzelleistungen bis 2000 kW) entwickelt und ist ein Beispiel für die infolge der sehr verschiedenartigen Anforderungen notwendig gewordene und mit den Mitteln der modernen Technik erreichbare weitgehende Differenzierung in der technischen Lösung einer gestellten allgemeinen Aufgabe.

b) Förderung des Verkehrswesens. Der in der zweiten Hälfte des 18. Jahrhunderts einsetzende Bau von Kanälen und von Straßen mit fester Fahrbahn war die erste große Verkehrsverbesserung in England[1]), der Brückenschlag in Köln im Jahre 1859 der erste Bau einer festen Brücke über den Rhein seit den Zeiten der Römer. Noch Graf Moltke (1800—1891) tat den Ausspruch: „Die Landstraßen waren vom Mittelalter fast unverändert auf uns gekommen, nur daß die Raubritter durch die legale Wegelagerung der Zollstätten verdrängt waren." Die von der Dampfmaschine im Verkehrswesen herbeigeführten Änderungen machen die Worte klar: „Vor S t e p h e n s o n gab es ebensowenig ein Verkehrsbedürfnis wie es vor dem Auftreten der Gebrüder W r i g h t ein Flugbedürfnis gab[2])." Der durchschnittliche Mensch kam früher über die engste

---

[1]) Noch um 1760 mußten in England, soweit keine Wasserwege zur Verfügung standen, Kohle, Textilien und ähnliche Güter auf dem Rücken von· Lasttieren befördert werden. Fuhrwerke für schwere Lasten waren noch eine Ausnahme, da seit den Zeiten der Römer keine festen Straßen mehr gebaut worden waren und das Verkehrsnetz sich infolgedessen in einem jammervollen Zustand befand. Die „fliegende Pferdekutsche", Seite 128, rühmte um dieselbe Zeit von sich „sie werde, so unglaublich es erscheinen möge, vorbehaltlich von Unglücksfällen 4½ Tage nach ihrer Abfahrt aus Manchester in London (320 km) eintreffen". G. M. T r e v e l y a n : History of England.

[2]) F ü r s t , A.: Das Weltreich der Technik.

Umgebung seines Dorfes fast nie hinaus. Noch um das Jahr 1840 dauerte eine Reise von Berlin nach Hannover (272 km) 40 Stunden, nach München 86 Stunden. Eine deutsche Schnellpost hatte eine Geschwindigkeit von höchstens 15 km/h. N a p o l e o n I., dem alle Hilfsmittel seiner Zeit zur Verfügung standen, reiste auf der Flucht von Wilna nach Paris (1812) mit einer durchschnittlichen Geschwindigkeit von 7 km/h, d. h. kaum schneller als ein römischer Prokonsul zur Zeit C h r i s t i von Rom nach Gallien. Ein gewöhnlicher Zeitgenosse von N a p o l e o n hätte aber für dieselbe Strecke mindestens doppelt so lange gebraucht. Die einzige Ausnahme in diesem Zeitintervall scheinen die Depeschenreiter des D s c h i n g i s k h a n (gestorben 1227) gewesen zu sein, die Tagesleistungen von 250 km zurücklegen mußten. Sonst hat sich die Reisegeschwindigkeit in den ersten 18 Jahrhunderten unserer Zeitrechnung nicht viel erhöht.

All dies änderte sich durch Einführung der Dampflokomotive in wenigen Jahrzehnten von Grund auf schlagartig. 1825 wurde der Eisenbahnverkehr zwischen Stockton und Darlington, 1830 zwischen Liverpool und Manchester und in Nordamerika, 1835 zwischen Nürnberg und Fürth eröffnet, 1865—1869 die 3000 km lange Strecke zwischen Omaha am Missouri und San Francisco am Pazifischen Ozean, 1892 die transsibirische Bahn gebaut. Den Bau der amerikanischen Eisenbahn nennt S e r i n g die größte nationale Tat, die je ein Volk auf diesem Gebiete vollbracht hat[1]). Er beeinflußte, wie auf Seite 253 und 257 näher erörtert wird, die Wirtschaft und Politik zahlreicher europäischer Völker auf das nachhaltigste.

Die Länge der Vollspurbahnen im Jahre 1913 betrug in Deutschland 63 700 km, in Großbritannien 37 700 km, in den Vereinigten Staaten 411 000 km, die sämtlicher Bahnen der Erde 1,1 Millionen Kilometer mit einem investierten Kapital von etwa 250 Milliarden Goldmark.

Als bei Beginn des 20. Jahrhunderts die hauptsächlichsten Eisenbahnlinien im großen und ganzen ausgebaut waren, trat der Kraftwagen seinen Triumphzug an, der in seinen Kinderjahren nur ein Privileg reicher Leute zu sein schien, aber außerordentlich schnell Allgemeingut geworden ist. Er hat zusammen mit dem Motorlastwagen, der die Güter ohne Umladen vom Erzeuger zum Verbraucher bringt und früher vorwiegend dem innerstädtischen Verkehr diente, die Landstraße, die durch die Lokomotive zu veröden drohte, in einem solchen Maße wieder belebt, daß besondere Auto-Fernstraßen gebaut werden mußten. Sie gehören zusammen mit einigen amerika-

---

[1]) S e r i n g , M.: Die landwirtschaftliche Konkurrenz Nordamerikas in Gegenwart und Zukunft. Leipzig 1887.

nischen und russischen Straßen zu den größten Bauleistungen der Geschichte.

Die Schiffahrt wurde durch die Dampfmaschine nicht weniger in Mitleidenschaft gezogen als der Landverkehr. 1807 fuhr erstmals das Dampfboot von F u l t o n auf dem Hudson zwischen New York und Albany, 1819 kreuzte das erste Dampfschiff (Savannah) den Atlantik, gegen Ende des 19. Jahrhunderts kamen Spezialschiffe für leicht verderbliche Güter, flüssige Brennstoffe, Getreide, Erze und andere Stoffe auf, die den Seetransport außerordentlich verbilligten und viel schneller machten. Von London nach Südafrika, brauchte ein Segler im Jahre 1840 90, ein Dampfer im Jahre 1935 nur noch 14 Tage.

Nach dem ersten Weltkrieg hat das Flugzeug seinen Einzug in das Verkehrswesen gehalten und in einer erstaunlich kurzen Zeit die

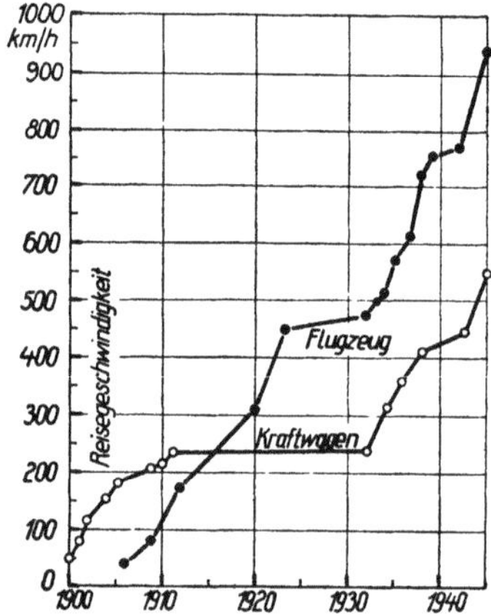

Abb. 9. Zunahme der größten Reisegeschwindigkeit von Kraftwagen und von Flugzeugen seit 1900.

sichere Überquerung des Atlantik ermöglicht. Die größte im Dauerflug zurückgelegte Strecke betrug im Jahre 1945 (Insel Guam nach La Gross, USA.) 11 784 km, die in 31 Stunden durchflogen wurden. Eine Flugreise von Europa nach dem fernen Osten dauert nicht mehr so viele Tage wie mit Schnelldampfern Wochen. Innerhalb einer Woche sind heute von Berlin aus fast alle dauernd bewohnten Orte der Welt erreichbar. Früher für größere Lasten unüberwindbare Urwälder, Wüsten und Eisgebiete kann das Flugzeug mühelos überfliegen und wertvolle Rohstoffe dem Menschen zugänglich machen, an deren Ausnutzung noch vor 20 Jahren nicht gedacht werden konnte. Abb. 9 gibt eine Vorstellung davon, wie ungeheuer die größte überhaupt mögliche Reisegeschwindigkeit seit 1900 zugenommen hat.

Parallel zur Entwicklung der Verkehrsmittel ging eine gewaltige Verbesserung des Nachrichtenwesens. 1833 erfanden W e b e r und G a u ß den Zeigertelegrafen; 1861 R e i s den Fernsprecher. Die Eisenbahn und den elektrischen Telegrafen hielten die Menschen um die Mitte des 19. Jahrhunderts für mindestens ebenso umwälzende Erfindungen wie wir das Flugzeug und Radio. Um 1930 konnte ein mechanischer Telegraf stündlich 10 000 Worte übermitteln, seit der Jahrhundertwende wurde das Rundfunkwesen zu seiner erstaunlichen Höhe entwickelt, und welche Möglichkeiten Fernschreiben, Fernsprechen und Fernsehen in Verbindung mit dem Rundfunk noch erschließen werden, vermag niemand sicher vorauszusagen.

Die Mechanisierung des Verkehrs zu Wasser und zu Land hatte aber auch noch andere Wirkungen. Der englische Philosoph B u c k l e sagt: „Die Lokomotive hat mehr getan, die Menschen zusammenzubringen, als alle Philosophen, Dichter und Propheten vor ihr seit Beginn der Welt." Sie hat das Reisen viel schneller, billiger und sicherer gemacht, denn beim Postverkehr kam 1 Verwundeter auf 30 000 bzw. 1 Toter auf 355 000 Reisende, bei der deutschen Reichsbahn im Jahre 1933 aber auf 2,5 Millionen bzw. 12 Millionen. Der Lokomotive ist es zu danken, daß nicht mehr in der einen Provinz eines Reiches großer Überfluß, in der anderen bittere Hungersnot herrschen kann. Sie hat die gewaltigen Agrargebiete des amerikanischen Westens, Kanadas, des La Plata und Sibiriens erschlossen, ohne deren Ertrag die heutige Bevölkerung der Erde auch nicht annähernd ernährt werden könnte, und erinnert an das biblische Wort: „Füllet die Erde und machet sie euch untertan." Durch die Besiedelung dieser weiten Gebiete verursachte die Dampflokomotive eine zweite Völkerwanderung, die in der Zahl der Beteiligten der ersten kaum nachstehen dürfte und die größte Kolonisation aller Zeiten ist.

Mit dem Bau unserer Bahnen haben aber die deutschen Ingenieure eine der wichtigsten Grundlagen für die Erringung der deutschen Einheit in den Jahren 1870/71 geschaffen, weil erst der zunehmende Verkehr die enge Berührung zwischen den verschiedenen Stämmen unseres Volkes herbeiführte, die zum Überwinden dynastischer und partikularistischer Sonderinteressen nötig war. Er war eine der wichtigsten Voraussetzungen zur politischen Rationalisierung Deutschlands.

„Die große sozialökonomische Umwälzung des 19. Jahrhunderts hat ihre entscheidende unmittelbare Ursache in der vollkommenen Veränderung des Transportwesens für Güter, Menschen, Nachrichten", da alle übrigen Fortschritte „wirtschaftlich erst den rechten Schwung dadurch erhalten haben, daß Roh- und Hilfsstoffe leicht an den Verarbeitungsort herankamen, Fertigungsprodukte auf jede Entfernung versandt werden konnten."[1])

Dampflokomotive, Dampfschiff und der verbesserte Nachrichtendienst, die wir im folgenden unter dem Begriff „Verkehrswesen" zusammenfassen wollen, haben zivilisierte und unzivilisierte Länder, Agrar- und Industriestaaten, gemäßigte und heiße Zonen der Erde eng miteinander verflochten und die großen Entfernungen zwischen ihnen sehr verringert. Das britische Empire wäre ohne die durch sie verursachte „Zusammenschrumpfung der Erdkugel" wahrscheinlich ebensowenig möglich gewesen, wie das Zusammenschweißen der riesigen Gebiete zwischen pazifischer und Neuengland-Küste zu den Vereinigten Staaten von Amerika. Ohne die Dampflokomotive hätten sich nämlich die großen rassischen und wirtschaftlichen Gegensätze zwischen den Süd- und Nordstaaten kaum überwinden lassen und die kalifornische Küste wäre' mit Segelschiffen von China und Japan aus leichter erreichbar gewesen als vom Atlantischen Ozean her mit von Pferden gezogenen Wagen. Auf drei so verschiedene Länder wie Großbritannien, die USA. und Deutschland hat also eine der wichtigsten Errungenschaften der Technik, das moderne Verkehrswesen, entscheidenden Einfluß gehabt. Der flächenmäßig und ihrer Einwohnerzahl nach so unbedeutenden britischen Insel erschloß sie die Stellung einer ein ungeheueres Gebiet beherrschenden Weltmacht, in den Vereinigten Staaten von Amerika ließ sie eine neue einen ganzen Kontinent umfassende Großmacht mit einem gewaltigen Besitz an wertvollen Rohstoffen entstehen und dem „Volk der Denker und Dichter" ermöglichte sie es vor 70 Jahren, den Anschluß an die große Welt wiederzugewinnen, den es durch seine unseligen dynastischen und religiösen Kämpfe verloren hatte. Auch die gewaltigen Naturschätze und Möglichkeiten des riesigen russischen Reiches ließen sich erst mit Hilfe des modernen Verkehrswesens richtig ausnutzen.

Bereits auf Seite 39 wurde darauf aufmerksam gemacht, daß die Technik und die Erfindung des Buchdruckes, des Kompasses, des Steuerruders und des Schießpulvers schon vor 500 Jahren die hohe Politik beeinflußt hat. Das gleiche taten Dampflokomotive, Dampfschiff und andere Errungenschaften der Technik zu unserer Zeit, indem sie das Leben einzelner Personen und ganzer Völker durch einen überaus verwickelten technischen Apparat aufs engste miteinander verknüpften. Er gewährte große Vorteile, so lange er ungestört lief und zeitigte entsprechende Nachteile, sobald ihn menschlicher Aberwitz in Verwirrung brachte, weil eine Störung an einem Teil sich

---

[1]) Wirtschaft und Fortschritt als Entwicklung und in der Geschichte. Von A. Satorius von Waltershausen. Jena 1936.

meist auf andere Teile auswirkte und sehr viele Menschen des eigenen und fremder Länder in Mitleidenschaft zog. Ein drastisches Beispiel hierfür sind die Zerstörungen im Verkehrswesen, durch die nach dem zweiten Weltkrieg die Brennstoff- und Lebensmittelversorgung ganzer Staaten beinahe zum Erliegen gekommen wäre und das Zurückführen der Millionen Geflüchteter und Gefangener zu einem weit schwierigeren Problem als nach früheren großen Kriegen geworden ist. Auf einen sehr langen Zeitraum betrachtet, stellt sich der Einfluß des Verkehrswesens etwa folgendermaßen dar: Sein mangelhafter Zustand war mit daran schuld, daß große Staaten des Altertums so schnell wieder zerfallen sind. Die lange Dauer des römischen Reiches ist mit auf sein für die jenesmalige Zeit hochentwickeltes Verkehrswesen zurückzuführen, bis auch es den gesteigerten Ansprüchen nicht mehr zu genügen vermochte. Auch der Verlauf der europäischen, vor allem der deutschen Geschichte zwischen dem Tode Karls des Großen (840 n. Chr.) und Karls V. (1556 n. Chr.) wurde durch das mangelhafte Verkehrswesen stark beeinflußt. Während aber seine rückständige Verfassung bis weit in das XIX. Jahrhundert hinein eine großzügige politisch-wirtschaftliche Einigung Europas praktisch unmöglich machte, hat es den Anschein, als ob sein heutiger hoher Stand selbst solche Staaten oder Nationalitäten, die sich viele Jahrhunderte hindurch feindselig gegenüberstanden, dazu zwingen würde, sich unter Verzicht auf einen Teil ihrer Souveränität in einer zweckmäßigen Form, um die zur Zeit gerungen wird, zusammenzuschließen, wenn sie ihren Angehörigen eine auskömmliche und gesicherte Existenz bieten wollen. Die vor uns liegende Periode des technischen Zeitalters wird daher durch das Entstehen von ganze Kontinente umfassenden politisch-wirtschaftlichen Staatengebilden vielleicht ebenso gekennzeichnet sein, wie die hinter uns liegende Periode durch reine Nationalstaaten mit unbeschränkter Souveränität gekennzeichnet gewesen ist.

Dieser Zustand wird um so schneller eintreten, je schneller folgendem Punkte Rechnung getragen wird. Die Technisierung im allgemeinen und das vervollkommnete Verkehrswesen im besonderen haben die Größe und Macht von Industrie-Unternehmungen und ganzen Industriestaaten sehr gesteigert. Diese Entwicklung war mehr oder weniger zwangsläufig und lag an sich im Sinne der Technik. Schädlich, weil es sich nicht mit ihrem Sinne vertrug, war aber die gleichfalls zunehmende egoistische Selbstherrlichkeit mancher großer Firmen und Staaten, denn immer wieder zeigte es sich, daß Industriekapitäne zu wenig an die Interessen ihres eigenen Volkes und Staatsmänner zu wenig an die Interessen der Gemeinschaft der Völker dachten. Beide werden daher gründlich umlernen müssen.

c) Förderung der Industrie. Die ortsfesten und beweglichen Wärmekraftmaschinen, die erst durch motorische Kraft ermöglichten chemischen und anderen Großindustrien, Berg-, Hütten- und Gaswerke, und der durch den besseren Lebensstandard stark angewachsene Hausbrand erforderten so große Brennstoffmengen, daß der Kohlenverbrauch je Kopf der Bevölkerung zwischen 1860 und 1913 in Deutschland um 650 %, in den Vereinigten Staaten um 720 %, die Weltgewinnung von Steinkohle zwischen 1800 und 1913 auf ihren hundertfachen Betrag anstieg, Abb. 4.

Verbesserte Sprengstoffe, Abteuf- und Versatzverfahren, Elektrizität und Preßluft haben das Eindringen in Teufen bis 2000 m erschlossen und damit die Menge der ausnutzbaren Rohstoffe außerordentlich vergrößert. B e s s e m e r -, S i e m e n s - M a r t i n - und T h o m a s-Verfahren gestatten die Verhüttung früher fast unverwendbarer Erze und werfen als Nebenprodukt ein wertvolles Düngemittel ab. Elektrische Hoch- und Schmelzöfen und geeignete Legierungsmittel schufen durch Verbessern der Stähle die Grundlagen zum Bau der modernen Maschinen und wichtiger Kampfmittel von Heer, Luftwaffe und Marine.

Dampfhämmer, Pressen und Walzverfahren verbilligten und verbesserten die Herstellung von Schmiedestücken, ermöglichten zusammen mit geeigneten Werkzeugmaschinen eine außerordentliche Steigerung des Gewichtes und der Abmessungen der Werkstücke und zu Land wie zur See ganz neue Bauweisen. Das Stahlschiff, die Stahlbrücke und das Haus mit Stahl- bzw. Stahlbetonskelett sind nach W e l l s nicht einfach größere Formen des kleinen Holzschiffes und gemauerter oder hölzerner Häuser und Brücken, sondern insofern etwas grundsätzlich Neues, als nicht mehr infolge des Baustoffes Größe, Formgebung und Sicherheit innerhalb ganz enger Grenzen liegen müssen. Im Jahre 1851 erregte ein von K r u p p hergestellter Gußstahlblock von 2200 kg Gewicht auf der ganzen Welt größtes Aufsehen, heute können Blöcke bis zu etwa 300 000 kg geliefert und geschmiedet werden. Die Erzeugung an Roheisen im Jahre 1913 betrug in Deutschland etwa 19,5, in Großbritannien etwa 10,5, in Frankreich etwa 5,1 Millionen t, Abb. 5.

Der Aufschwung unserer chemischen Industrie, zu dem Ingenieure viel beigetragen haben, machte uns in Dünge- mnd Sprengmitteln völlig und in flüssigen Brennstoffen und anderen wichtigen Rohstoffen (Gummi) weitgehend vom Ausland unabhängig. Die Entlastung der deutschen Zahlungsbilanz durch die chemische Industrie geht daraus hervor, daß Deutschland 1913 noch für 200 Millionen Mark Stickstoff einführte, 15 Jahre später aber für rund 357 Millionen Reichsmark exportierte. An feineren chemischen Erzeugnissen (hauptsächlich Farbstoffe und synthetische Arzneimittel) führte es im Jahre 1913 für 500 Millionen Mark aus.

d) Förderung der Landwirtschaft. Auch die Landwirtschaft wurde durch motorische Kraft, landwirtschaftliche Maschinen und sonstige Fortschritte der Technik stark gefördert. Zunächst entstanden im mittleren Westen von Amerika ungeheure mechanisierte Weizenfarmen, im Osten gleichfalls stark mechanisierte Farmen, die aber, wie in Europa, verschiedene landwirtschaftliche Produkte erzeugen; in Deutschland steigerte die Technik den Ertrag von 1 ha bestem Boden von 600—700 kg am Anfang des 19. Jahrhunderts auf etwa 1800 kg im Jahre 1930. Kunstdünger, Bodenentwässerung, Drainage und Züchtung vermehrten unseren Bodenertrag von 1880—1913 um rund 100 %.

In Europa ist Hauptzweck der Landmaschinen eine Erhöhung des Ertrages und eine Arbeitserleichterung, in Übersee eine Ersparnis an Menschen, da in Deutschland auf eine Arbeitskraft rund 3 ha, in überseeischen voll mechanisierten Gütern 70—80 ha landwirtschaftlich genutzte Fläche kommen. Durch den Dampfpflug konnten die großen bis dahin menschenleeren Gebiete in Sibirien und Übersee schnell unter Kultur genommen werden. Er leistet mehr und arbeitet billiger als von Tieren gezogene Pflüge, vermeidet das Festtreten des Bodens und begünstigt das Wachstum, weil die Bodenfeuchtigkeit gleichmäßiger verteilt wird und Luft und Wärme tiefer eindringen können. Eine weitere Hilfe brachten Bindemäher, Mähdrescher und Traktoren, ohne die der Getreidebau in vielen ausländischen Ländern nicht lohnen würde. Mit dem Traktor erhielt die Landwirtschaft eine sehr leistungsfähige, vielseitige Zugmaschine, die nicht ermüdet und unter geeigneten Bedingungen billiger arbeitet als das im Jahresdurchschnitt schlecht genutzte Zugvieh. Die ganze Bedeutung von Mähdrescher und Schlepper, die erst die Nutzbarmachung der trockenen und halbtrockenen, früher fast wertlosen Böden des amerikanischen Westens gestatteten und die Mechanisierung der amerikanischen Landwirtschaft einleiteten, zeigen die Worte: „Der vom Schlepper gezogene Mähdrescher bestimmt das Bild der zukünftigen Weltwirtschaft auch da, wo er nicht gebraucht wird ... Der Mähdrescher ist für alle ein Kulturproblem, dessen Wirkung auch der kleinste (deutsche) Bauer einmal fühlen wird, das die Politik beeinflussen, teilweise auch den Weltverkehr umlenken wird."[1]

Im Jahre 1925 haben die Vereinigten Staaten 5000 Mähdrescher, 170 000 Traktoren und 42 000 Getreidebinder erzeugt, Ende 1941 sollen in der UdSSR. 400 000 Traktoren, 130 000 Mähdrescher, 150 000

---

[1] Technik in der Landwirtschaft, 1930, S. 1.

Dreschmaschinen und 700 000 Sämaschinen im Betrieb gewesen sein. Daß eine derart gigantische Mechanisierung in einem Lande, in dem noch vor 30 Jahren die meisten Bauern mit sehr primitiven Mitteln arbeiteten, auf große Schwierigkeiten stieß, kann nicht wundernehmen. Für Deutschland spielt der Mähdrescher vorläufig keine bedeutende Rolle, dagegen bürgert sich der Traktor in zunehmendem Maße ein, für die großen Agrarländer werden beide eine gewaltige Bedeutung erlangen.

Henry Ford schrieb im Jahre 1923: „Sobald der Farmer gelernt hat, sich als einen Industriellen mit dessen ganzer Abscheu vor Verschwendung an Material oder Arbeitskraft zu betrachten . . . wird die Landwirtschaft zu den am wenigsten risikoreichen und den größten Gewinn bringenden Beschäftigungen gehören."

Nach W. J. Hale soll ¼ der amerikanischen landwirtschaftlichen Nutzfläche (400 Millionen acres) zur reichlichen Ernährung des amerikanischen Volkes genügen. Er will daher die restlichen ¾ dadurch zu Rohstofflieferanten für die Industrie und Amerika weitgehend autark machen, Seite 47, daß er die Herstellung künstlichen Gummis auf landwirtschaftlich gewonnenen Äthylalkohol (statt auf Butadien) und auch die Herstellung anderer Kunststoffe auf dem Ertrage dieser Fläche aufbaut.

Dadurch, daß es gelungen ist, aus Holz mechanisch außerordentlich feste oder leicht formbare oder im Wasser sich nicht verziehende oder nicht quellende oder gegen atmosphärische und zahlreiche chemische Einflüsse (leichte Säuren, Alkohol usw.) sowie Termitenfraß unempfindliche Kunststoffe zu schaffen und daß für motorische Zwecke geeigneter Alkohol aus Holz wahrscheinlich bald billiger erzeugt werden kann als aus Getreide, könnten große Waldungen eine ungeahnte industrielle Bedeutung erlangen.

Schließlich darf nicht vergessen werden, daß Bahnen und Lastwagen den Wert vieler landwirtschaftlicher Betriebe erheblich gesteigert haben, weil erst sie lohnende Absatzmöglichkeiten schufen, die Güter näher an den Markt heranbrachten und die Transportfähigkeit der landwirtschaftlichen Erzeugnisse stark verbesserten. Die hochentwickelte Molkereitechnik hat Güte und Wert der Milchprodukte sehr gehoben. Gewaltige Kühlhäuser gestatten auch bei leicht verderblichen Gütern eine fast beliebig lange Stapelung und Bevorratung. Durch den Rundfunk hat schließlich die Technik das entsagungsvolle Leben des Bauern erleichtert und Unterhaltung und Belehrung in die abgelegensten Einöden getragen. Schließlich haben Elektromotoren für Häcksel- und andere Maschinen, elektrische Kocher und Melkapparate die Überlastung der Bauersfrau mit schwerer körperlicher Arbeit, eines der schwierigsten Probleme der deutschen kleinbäuerlichen Wirtschaft, erheblich erleichtert.

Auch auf diesem Gebiete hat die Technik die Beziehungen zwischen weit voneinander entfernten Ländern tiefgreifend gewandelt. Noch um 1820 war Großbritannien ganz auf seine eigene Landwirtschaft angewiesen. Dann lieferten bis etwa 1870 Preußen und Rußland, vom Anfang der 80er Jahre ab die Vereinigten Staaten und später Kanada, Australien und Sibirien den größeren Teil seines Getreidebedarfes.

In diesem Zusammenhang muß noch auf die bis ins graue Altertum zurückreichenden Anstrengungen, dem Meere, der Wüste und dem Sumpfe Boden abzuringen und ihn durch Be- und Entwässerung oder Hochwasserschutz fruchtbar zu machen, hingewiesen werden. Die betreffenden Bauten gehören zu den imposantesten Ingenieurwerken und zeigen den Ingenieur in seiner mit der Natur am engsten verbundenen und dem allgemeinen Wohle am unmittelbarsten dienenden Tätigkeit. Rund $^1/_5$ der Bodenfläche Hollands liegt unter dem mittleren Meeresspiegel und mußte in einem unerhörten jahrhundertelangen Ringen durch Eindeichen oder Trockenlegen von Binnenseen der Natur abgetrotzt werden. Die vor etwa 20 Jahren in Angriff genommene Trockenlegung der Zuidersee wird weitere 225 000 ha Ackerland schaffen und auch den landwirtschaftlichen Ertrag benachbarter Gebiete beträchtlich erhöhen.

In Deutschland wird durch Eindeichungen an der schleswig-holsteinischen Nordseeküste eine Fläche von 110 000 ha verbessert, die bisher höchstens extensiv bewirtschaftet werden konnte. Schon Friedrich der Große hat die Kultivierung der ostfriesischen Moore, die heute 40 000 bis 50 000 Menschen Wohnung und Brot geben, des Netzebruches und anderer Sumpfgebiete gefördert. Nach W. Meinen gab es im Jahre 1941 in Deutschland noch 2,5 Millionen Hektar Moorboden und 1,5 Millionen Hektar Heideboden (wovon rund $^1/_5$ unter Kultur standen), deren Kultivierung jährlich mehr als 800 00 t Fleisch liefern könne (jährlicher deutscher Fleischverbrauch rund 3 Millionen Tonnen). Die Trockenlegung der malariaverseuchten Pontinischen Sümpfe (Gesamtfläche rd. 75 000 ha) hat ungefähr 100 000 Italiener vor dem Auswandern bewahrt.

Die deutschen Talsperren (darunter Ottmachau mit 135 Millionen m^3, Edertal mit 202 Millionen m^3, Hohenwarte mit 190 Millionen m^3 und Bleiloch mit 215 Millionen m^3 Fassungsvermögen) dienen auch dem Hochwasserschutz und der Verbesserung der Schiffahrt auf Oder und Elbe.

Noch weit gewaltiger sind überseeische Sperren. Beispielsweise ermöglicht es die Niltalsperre bei Assuan (400 Millionen Reichsmark

Baukosten, 2,3 Milliarden m³ Fassungsvermögen) rund 3 Millionen Hektar im Monat Mai zum zweiten Male zu bestellen. Allein einer der Verteilkanäle dieses riesigen Bewässerungssystems hat eine Sohlenbreite von 50 m, eine Länge von 318 km und eine Wasserführung bis zu 700 m³/s, gleicht also einem großen Flusse. Noch gigantischer sind amerikanische Sperren, gleichgültig, ob sie — wie im Gebiete des Tenesseeflusses (105 000 km² Einzugsgebiet, Fassungsvermögen einiger der großen Sperren 1,5 bis 3,0 Milliarden m³, elektrische Leistung 2 Millionen kW) — außer der Bewässerung auch der Verbesserung der Schiffahrt oder wie Boulderdam, das zwei ganze Jahreswasserfüllen des Coloradoflusses mit seinen jähen und ge-

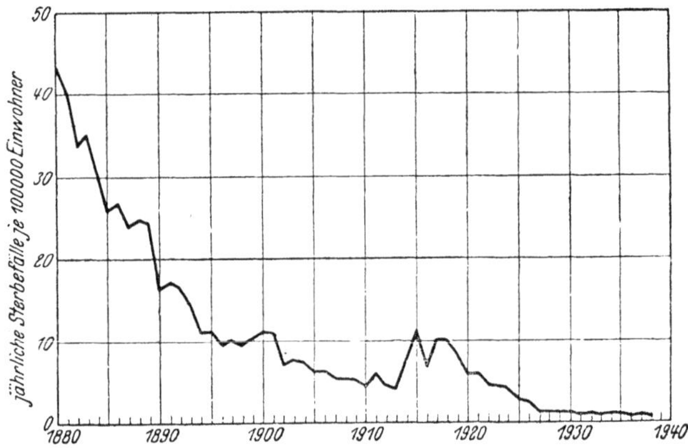

Abb. 10. Jährliche Sterbefälle an Unterleibstyphus in deutschen Städten mit 15 000 und mehr Einwohnern, bezogen auf je 100 000 Menschen.

waltigen Hochwassern speichern kann (37,6 Milliarden m³ Fassungsvermögen, 1,3 Millionen kW Leistung, 165 Millionen Dollar geschätzte Baukosten), oder Grand Coulee am Columbiafluß (500 000 ha versorgtes Trockengebiet, 1,9 Millionen kW Leistung) vorwiegend dem Hochwasserschutz, der künstlichen Bewässerung bisher trotz günstigstem Klima fruchtloser Wüsten und der Trink- und Gebrauchswasserversorgung von bis zu 430 km entfernten Gebieten dienen.

e) Förderung der Hygiene und Heilkunde. Die Wachstum oder Abnahme der Bevölkerung eines Landes beeinflussenden Umstände sind so vielgestaltig, daß es weit über den Rahmen dieses Buches hinausgehen würde, sie näher zu behandeln. Es kann aber ebensowenig ein Zweifel darüber herrschen, daß eine hochentwickelte Hygiene und Heilkunde, die durch die moderne Technik gewaltig gefördert worden sind, die Bevölkerungszahl in mehrfacher Weise erhöhen, wie daß die das Volkstum schädigenden Einflüsse der Industrialisierung hinter der Förderung zurücktreten, die die Technik Leben und Gesundheit eines Volkes wenigstens dann bringt, wenn ein Staat die Dinge planmäßig und vorausschauend lenkt. Auch wenn man von den vielerlei anderen Beiträgen der Technik für die Volksgesundheit absieht, verbleiben Trinkwasserversorgung, Kanalisation, Beseitigung der Fäkalien, Abfuhr und Vernichtung des Mülls, die die hygienischen Verhältnisse vor allem in größeren Städten außerordentlich verbessert haben, da ohne sie Cholera und Typhus wohl auch heute noch sich unbeobachtet und unkontrollierbar ausbreiten könnten, Abb. 10. Durch Trinkwasserversorgung und Kanalisation sank die Sterblichkeit an Typhus zwischen 1841 und 1885 in Berlin von 1,07 auf 0,125 °/oo, in Wiesbaden von 1,91 auf 0,125 °/oo. 1897 verhielten sich in Mailand die Typhusfälle wie 100 : 72 : 39, je nachdem, ob die Häuser keine Wasserleitung und keine Kanalisation, Wasserleitung aber keine Kanalisation, sowohl Wasserleitung als auch Kanalisation hatten[1]). Die durch die schlechte Trinkwasserversorgung verursachte Choleraepidemie in Hamburg im Jahre 1892 ist noch vielen Lebenden in Erinnerung. Die Zahl der Todesfälle pro Tausend der Bevölkerung betrug in Deutschland im Jahre 1888 2,61, im Jahre 1930 nur noch 1,11[2]). Seuchenkatastrophen in einem Ausmaß wie zwischen 1348 und 1350, wo der „schwarze Tod" fast die Hälfte des damaligen Europa hinweggerafft haben soll, dürften heute großenteils dank der Technik in zivilisierten Ländern kaum mehr möglich sein[3]). Auffallend ist, daß die große Bevölkerungszunahme Englands von 7 auf über 14 Millionen in die Periode und in das Reich fiel, in denen die Dampfmaschine entstand. Wenn man sich auch darüber streitet, wieweit das Drainieren des Landes, die größere Körperreinlichkeit infolge der billigen Baumwollhemden und andere Umstände an diesem stürmischen Wachstum schuld waren, so wird man doch T r e v e l y a n[4]) zustimmen müssen, wenn er sagt, daß ohne die Maschine ebensowenig 42 Millionen Menschen im Jahre 1921 mit dem ihnen zur Verfügung stehenden Lebensstandard

---

[1]) G l e y e : Die leitenden Gesichtspunkte zur Durchführung der Kanalisation einer Stadt. Leipzig 1910.

[2]) B u r g d o r f e r : Sterben die weißen Völker? München 1934.

[3]) Die großen Fortschritte in Medizin, Heilkunde und Technik kommen deutlich in den prozentualen jährlichen Todesfällen durch Krankheiten von Offizieren und Mannschaften während der Kriege zum Ausdruck, die die USA. während der letzten 100 Jahre geführt haben. Sie betrugen im mexikanischen Kriege (1846 bis 1848) 10 %, im amerikanischen Sezessionskrieg (1861 bis 1865) 7,2 %, im spanischen Kriege (1898) 1,6 %, im ersten Weltkriege (1914 bis 1918) 1,3 %, im zweiten Weltkriege (1939 bis 1945) 0,6 %, obgleich er in teilweise sehr ungesunden Gegenden ausgefochten wurde.

[4]) T r e v e l y a n , G. M.: History of England. London 1929.

hätten in England existieren können wie die 14 Millionen im Jahre 1821 mit dem damaligen, uns heute so kläglich vorkommenden. Mit Deutschland und anderen Industrieländern verhält es sich nicht anders. Zwischen 1800 und 1914 stieg die Bevölkerungszahl in Deutschland von 23 auf 64 Millionen, in Großbritannien von 15,7 auf 45 Millionen, in den Vereinigten Staaten von 5,3 Millionen auf 98 Millionen, in Rußland von 40 auf 140 Millionen und zwischen 1870 und 1940 in Japan von 30 auf 90 Millionen, Abb. 1. Im Jahre 1940 soll die Bevölkerungszahl der UdSSR. rund 200 Millionen betragen haben. Nach einer amerikanischen Quelle[1]) lebten auf der ganzen

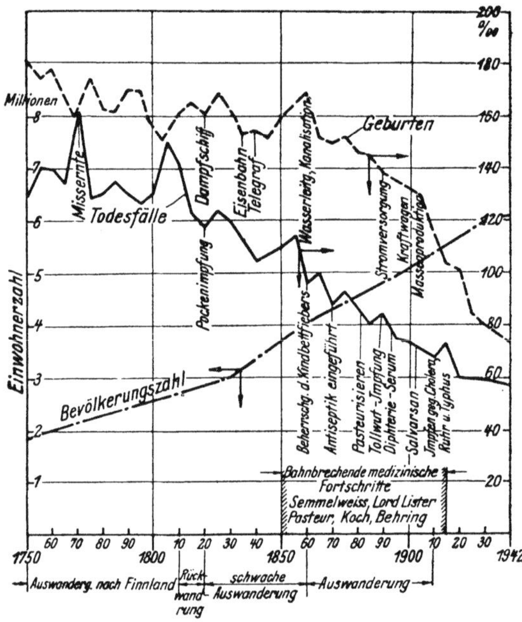

Abb. 11. Entwicklung der Bevölkerung Schwedens seit 1750. (Nach einem Bild in der amerikanischen Zeitschrift „Life" vom 3. 9. 1945 angefertigt.)

Erde in den Jahren 1800 und 1940 900 Millionen und 2000 Millionen Menschen. Die Bevölkerungszahl von Europa soll sich in diesem Zeitraum verdreifacht haben. Diese gewaltige Zunahme rührt aber nicht von einer Erhöhung der Geburtenzahl sondern einer Erniedrigung der Todesfälle, vervollkommneter Hygiene und Medizin, besserer Nahrung und Reinlichkeit und gesünderem Wohnen, überwiegend also von Begleiterscheinungen bzw. Auswirkungen der industriellen Re-

---

[1]) Zeitschrift Life vom 3. September 1945.

volution und der vervollkommneten Wissenschaften her. Nach Abb. 11 waren in Schweden im Jahre 1750 Geburten und Todesfälle auf einem hohen Niveau im Gleichgewicht, dann nahmen zunächst die Geburten zu und die Todesfälle ab, von 1900 an gingen die Geburten stark zurück, im Jahre 1930 war wieder ein neues Gleichgewicht aber auf einem tiefen Niveau zwischen Geburten und Todesfällen erreicht. Die Bevölkerungszahl aller Länder scheint also nach der Industrialisierung zunächst zu steigen, dann gleich zu bleiben und schließlich wieder abzunehmen. Durch die Verringerung der Todesfälle nimmt der prozentuale Anteil der älteren Leute an der Gesamtzahl der Bevölkerung zu, sobald aber die mittleren und hohen Lebensalter überwiegen, geht die Bevölkerungsziffer zurück. Die UdSSR. ist zur Zeit das einzige noch wirklich junge industrialisierte Volk. Zahlentafel 2 zeigt, wie grundlegend sich die Struktur eines Volkes durch Technisierung, Industrialisierung und Wissenschaft ändern kann.

Zahlentafel 2. Jetziger und im Jahre 1970 sich voraussichtlich ergebender prozentualer Anteil verschiedener Lebensalter an der gesamten Einwohnerzahl eines Landes (nach der amerikanischen Zeitschrift „Life").

Lebensalter Jahr	Jahre	0 bis 29		50 bis 79	
		1940	1970	1940	1970
England und Wales	%	44	31	26	37
Deutschland	%	46	35	23	33
USA.	%	52	47	19	26
UdSSR.	%	64	54	12	20

Der Medizin hat die Technik ganz neue Untersuchungs- und Behandlungsmethoden ermöglicht. Durch Mikroskop, Blutdruckmesser, Kardiograph, Röntgenröhre und Instrumente, die die unmittelbare Beobachtung der Körperhöhlen gestatten, wurde die Diagnose, die Voraussetzung für eine erfolgreiche Behandlung, außerordentlich verbessert; durch zahlreiche klug erdachte chirurgische Instrumente, durch Bestrahlungsröhren, radioaktive Stoffe, Diathermie und andere Apparate und Verfahren wurden dem Arzt neue Heilmittel in die Hand gegeben. Die Möglichkeit, nunmehr Einflüsse objektiv feststellen und quantitativ messen zu können, an deren exakte Erfassung früher nicht gedacht werden konnte, verführte aber in der Medizin ähnlich wie auf anderen Gebieten zu dem verhängnisvollen Trugschluß, alles, was sich nicht messen lasse, existiere auch nicht. Dadurch wurde oft zum Schaden von Arzt und Kranken die Heilbehandlung entpersönlicht und die seelische Komponente des Leidenden außer acht gelassen. Es zeigte sich eben auch in der Medizin, daß die Technik eine zweischneidige Waffe wird, wenn der Mensch durch sie die

Fühlung mit den vielfältigen und geheimnisvollen Strömungen des Lebens verliert, und so kam es, daß die Worte, „der Ingenieur sei zu sehr Techniker", in der Medizin ihr Gegenstück in dem Ausspruch erhielten, „der Arzt sei zu sehr Mediziner geworden".

f) Förderung des Kriegswesens. Folgende Ausführungen sollen an einigen Beispielen zeigen, daß die Technik die Kriegsführung nicht weniger als das übrige Leben revolutioniert hat.

Bis in die Mitte des 19. Jahrhunderts, d. h. während fast 200 Jahren, haben sich Linien-Segelschifffe, auf denen die Seemacht Englands so lange beruht hatte, kaum geändert. Um 1860 wurden wegen der verheerenden Wirkung schwerer Sprenggeschosse die hölzernen Schiffsrümpfe in der Nähe der Geschütze gepanzert, 1880 die bis dahin in mehreren Batterien übereinander angeordneten Geschütze auf dem durch Übergang zum Dampfantrieb von der Takelage freigewordenen Oberdeck zunächst in Kasematten und später, als man den Schiffskörper ganz in Stahl ausführte, in drehbaren Panzertürmen aufgestellt. Nachdem die glatten Vorderlader 1866 den langen gezogenen Hinterladern hatten weichen müssen und die Herstellung widerstandsfähiger Panzerplatten geglückt war, setzte der seitdem nicht mehr zur Ruhe gekommene Wettlauf zwischen Geschütz und Panzer ein, der von einer dauernden Steigerung der Schiffsgeschwindigkeit und -verdrängung begleitet wurde. Nach dem ersten Weltkriege hatten Großkampfschiffe bis 40 000 t Verdrängung, 65 km/h Geschwindigkeit, 180 000 PS Maschinenleistung, 41 cm Geschützkaliber und 400 mm Panzerstärke. Die größten zur Zeit (1945) im Bau befindlichen Schlachtschiffe scheinen rund 50 000 t zu verdrängen. Interessant ist ein Vergleich zwischen N e l s o n s Flaggschiff Victory, auf dem er die Schlacht bei Trafalgar (1806) gewann, und einem der modernen seinen Namen tragenden Großkampfschiffe. Die Verdrängung ist von 2300 auf rund 40 000 t, die mittlere Kampfentfernung von 600 auf 15 000 m, die minutliche Mündungswucht einer Breitseite von 1000 auf 520 000 tm[1]) gestiegen. Ein 40,5-cm-Geschoß der Nelson wiegt fast doppelt so viel wie eine ganze Breitseite (50 Geschütze) der Victory. Die artilleristische Wirkung hat also ungeheuer zugenommen.

Mine, Torpedo, Unterseeboot, Schnellboot und Flugzeug änderten den Seekrieg noch stärker, da mit ihnen auch schwache Seemächte starke Großkampfschiffflotten auf hoher See mit Aussicht auf Erfolg angreifen und ein paar hundert Mann selbst einem großen Landheer

---

[1]) Unter Mündungswucht eines Geschosses versteht man das Produkt aus seinem Gewicht in t mal dem Quadrat seiner Mündungsgeschwindigkeit in m dividiert durch die doppelte Fallbeschleunigung.

durch Unterbindung seiner überseeischen Zufuhr schwer und mit geringeren Opfern als in einer Landschlacht zu schaffen machen können. Diese neuen Kampfmittel verteuerten die Großkampfschiffe außerordentlich, weil man ihre Verdrängung wegen der starken Panzerung und deshalb immer größer wählen mußte, damit sie auch bei schweren Verletzungen schwimmfähig bleiben. Selbst Großbritannien konnte sich daher bei Beginn des zweiten Weltkrieges nur noch 15 Großkampfschiffe leisten gegenüber rund 250 Segellinienschiffen zu Nelsons Zeiten. Flugzeugträger, Werkstätten- und andere ähnliche Sonderschiffe haben den Seekrieg noch weiter verteuert und kompliziert. Schon infolge der Bauzeit großer Kampfschiffe, die etwa 2 bis 4 Jahre gegenüber 4 bis 6 Monaten bei Segelschiffen beträgt, muß sie eine Seemacht sehr vorsichtig einsetzen. Die Errungenschaften der modernen Technik haben die Lage starker Seemächte auch dadurch schwieriger gemacht als in früheren Zeiten, daß Großkampfschiffe auf zahlreiche Stützpunkte angewiesen sind und nicht wie Segler monatelang unabhängig auf den Meeren kreuzen können. Aber auch sonst beeinflußte das Flugzeug den Kampf um die Seemacht, die noch am Ende des ersten Weltkrieges aus einer Anzahl von Kriegsschiffen und Flottenstützpunkten bestand und von der Landmacht scharf getrennt war.

Heute ist die zweckmäßigste Koordinierung von Landheer, Luft- und Seemacht eine ebenso schwierige wie umstrittene Frage, zumal neue Fortschritte und Erfindungen die Sachlage jederzeit schnell und gründlich ändern können.

Im Landkrieg wirkten Funkdienst, Luftwaffe, Tanks, Panzer- und andere Kraftwagen ähnlich umwälzend. Bomberflugzeuge haben schwere Artillerie weitgehend ersetzt, das Automobil, das noch vor 30 Jahren nur auf guten Straßen brauchbar war, überwindet als Geländewagen auch das hindernisreichste Gelände und ermöglicht schnelle Truppenverschiebungen von einem früher undenkbaren Ausmaß. Der Panzerdurchbruch von Cambrai nach Boulogne im Mai 1940 hat erstmals die vernichtende Wirkung des überraschenden Einsatzes mechanisierter Waffen gezeigt. Die durch die neuen Kriegsmittel gegenüber 1914 bis 1918 bewirkte Umwälzung hat eine verblüffende Parallele in dem Unterschied zwischen der Seeschlacht von Lepanto (1571) und der Vernichtung der Armada im Kanal (1588). Lepanto wurde noch im Nahkampf Mann gegen Mann, d. h. mit derselben Taktik wie Salamis (480 v. Chr.) und Aktium (31 v. Chr.), der Untergang der Armada auf eine ganz neue Weise, nämlich durch die unter Deck aufgestellten Geschütze entschieden. Auch damals hatten sich die Kriegsmittel (Kanonen statt Enterbrücken) und die durch sie bedingten Kampfmethoden (Fernkampf statt Kampf von Bord an Bord) in gleichfalls rund 20 Jahren grundlegend geändert.

Die starke Technisierung der Kriegskunst, die den Ingenieur vollwertig neben den Seemann und Soldaten stellte, erfordert außer hohem militärischem umfassendes technisches Urteil und Wissen und ein wohl überlegtes Abstimmen zahlreicher Kriegsmittel aufeinander und ihren geschickten Einsatz, weil auch das stärkste unter ihnen, auf sich selbst gestellt, nur beschränkte Wirkung hat und sich nicht behaupten kann. Z. B. braucht auch ein schwer gepanzertes Schlachtschiff Kreuzer, Korvetten, Torpedoboote, Flugzeuge usw., um sich feindlicher Flugzeuge, Untersee- und anderer Spezialboote erwehren zu können. Dazu treten für seine Versorgung und Instandhaltung Geleitzüge, die ihrerseits wieder aus den verschiedensten Schiffstypen bestehen müssen und zu ihrem eigenen Schutz andere Schiffe und Hilfsmittel benötigen.

Im Landkrieg ist es nicht anders. Bunker mit noch so dicken Wänden können sich ohne Flugzeugschutz auf die Dauer nicht halten und für andere mechanisierte Kriegsmittel und ihre Versorgung mit Munition, Waffen, Öl usw. gilt ähnliches. Soweit ein Land schließlich keine ausreichenden Erdölvorkommen hat, braucht es Hydrieranlagen, die nicht nur unterhalten, versorgt und gegen Angriffe geschützt sein wollen, sondern dem kämpfenden Heere viele Leute entziehen.

Der Rang eines Landes im „Konzert der Mächte" hängt daher sehr vom Stande seiner Technik und seinen Bodenschätzen ab. Die vor unseren Augen sich vollziehenden Machtverschiebungen sind also durch das Hochkommen der Technik ähnlich prädestiniert, wie in geschichtlich weit zurückliegenden Perioden Kräfte der Natur, wie z. B. Änderungen des Klimas, große Machtverschiebungen prädestiniert haben, Seite 147. Das Befangensein eines Landes in einseitig militärischen Gedankengängen ist übrigens auch insofern eine Verlockung zu militärischen Abenteuern, als es leicht zu einem Verkennen dieser Zusammenhänge und einem gefährlichen Überschätzen des eigenen und Unterschätzen der fremden Kriegspotentiale führt. Aber auch um auf einen kriegerischen Überfall vorbereitet zu sein und ihm widerstehen zu können, ist gründliches technisches Wissen und Planen genau so wichtig wie militärisches, weil selbst verhältnismäßig geringfügige technische Fehler oder Unterlassungen sich bitter rächen können.

Eine moderne Kriegsleitung muß auch insofern „technisch" denken können, als sie die ihr von der Technik zur Verfügung gestellten Kriegsmittel als im Sinne des eigenen Heeres „Menschen sparende" Maschinen einsetzt, selbst wenn dies auf Kosten in die

Augen fallender militärischer Effekte geschieht. Die modernen Kriegsmittel haben mit den nach „ritterlichen" Prinzipien geführten Kriegen früherer Zeiten, mit den „Kämpfen in schimmernder Wehr", mit dem turniermäßigen Verhalten von Truppenkörpern Schluß gemacht. Elegantes Manövrieren ersetzt der mechanisierte Krieg vielfach durch methodisches, daher leicht stur und ideenlos erscheinendes Zermalmen des Feindes mit technischen Hilfsmitteln, das Opfern selbst verhältnismäßig weniger Menschen durch den Einsatz von viel Sprengstoff, Stahl und Eisen. Das berühmte Wort Friedrichs des Großen, daß der Herrgott auf die Dauer mit den stärkeren Bataillonen ist, das so lange Zeit Gültigkeit gehabt hat, muß dahin ergänzt werden, daß er es mit den stärkeren Industrien und der höheren technischen Intelligenz hält. Denn zu der kämpfenden Truppe kommen heute die zahlreichen Menschen und Fabriken, die die Mittel zum Kampf liefern und das Maß von technischer Intelligenz, das im Frieden und im Kriege auf dem zivilen und dem militärischen Bereiche des staatlichen Lebens zur Geltung kommt. Technisches Dilettantentum in der Kriegsleitung führt in jedem modernen Kriege unweigerlich zum falschen Einsatz wertvollster personeller oder materieller Kapazitäten, zum nutzlosen Verschleudern von Arbeit und Material, zum Verdrängen der zweckmäßigen Ausnutzung der verfügbaren Kriegsmittel durch ihren effektehascherischen Einsatz, des Ingenieurs durch den Projektemacher, der technischen Formel durch die heldische Phrase. Das Publikum, dem diese Vorgänge meist verborgen bleiben, wundert sich dann, wenn ein sinnloser Krieg verbrecherisch begonnen wird und trotz großer Leistungen und Opfer schließlich schmachvoll verloren geht.

Daß aber auch im mechanisierten Kriege der Mensch selbst das Entscheidende bleibt, zeigt der Ausspruch des englischen Generals Fuller: „Je mehr aber die Waffen mechanisiert werden, mit denen wir kämpfen, desto weniger mechanisiert muß der Geist sein, der sie führt, und je weniger der Soldat eine bloße Maschine ist, desto einfacher müssen auch seine Notwendigkeiten und Bedürfnisse sein."

Die Bemerkung auf Seite 74, die moderne Staatskunst könne nicht mehr ein Einmann-Geschäft, sondern nur noch ein korporatives sein, trifft auch für die Kriegskunst zu, weil auch in der modernen Kriegsführung ein einzelnes Gehirn nicht mehr alles überblicken kann. Die moderne Technik zwingt eben auf fast sämtlichen Gebieten zum korporativen Handeln und kollektiven Denken und verlangt daher, daß schon die Schulen diesen Umstand der Jugend verständlich machen.

Seit etwa 150 Jahren ist außer einer Mindest-Einwohnerzahl eine Mindest-Bodenfläche für die Behauptung eines Landes als Großmacht immer wichtiger geworden, weil es sonst nicht sicher ernährt werden kann und gegen feindliche Einfälle zu empfindlich ist. Aber selbst im Jahre 1914 trat dieses Problem nicht scharf in Erscheinung, weil jenesmal natürliche und künstliche Hindernisse, Gebirge und Flüsse, Wälle und Gräben noch starken Schutz boten. Im zweiten Weltkriege haben aber selbst die gewaltigsten Befestigungsanlagen versagt, und die Überraschung hat sich als gefährlicher erwiesen denn je vorher. Motorisierte Waffen und vor allem Langstreckenbomber haben Wucht und Reichweite eines Angriffes so ungeheuer vergrößert, daß schon aus militärischen Gründen eine Weltmacht ohne eine bestimmte Mindestbodenfläche und -Einwohnerzahl undenkbar geworden ist. Aber selbst bei genügend viel Menschen und Bodenfläche kann sie zum Ergreifen ergänzender, die individuelle Bewegungsfreiheit ihrer Bürger erheblich einschränkender Maßnahmen gezwungen sein, was wieder die auf Seite 51 besprochene Eigentümlichkeit der modernen Technik bestätigt, daß sie den Menschen nicht nur neue „Freiheiten" gibt, sondern auch alte „Freiheiten" nimmt.

Die großen Möglichkeiten, die die Technik dem Menschen erschlossen hat, könnten nun vermuten lassen, ein Staat müsse durch ihren vorausschauenden, überraschenden und zielbewußten Einsatz für kriegerische Zwecke einen anderen Staat verhältnismäßig leicht unterjochen können. Die letzten 50 Jahre beweisen aber schlagend, daß dies nur vorübergehend möglich ist, weil auf lange Sicht betrachtet die Natur noch immer (Bevölkerungszahl, Größe, geographische Lage usw. eines Landes) stärker ist als alle technischen Schöpfungen und Machtsprüche. Selbst die Atombombe wird hieran nichts ändern.

Auch England verdankt seine fast 400jährige einzigartige politische Stellung nicht überraschender Anwendung eines neuen technischen Kampfmittels (unter Deck aufgestellte Kanonen), sondern seiner geographischen Lage und dem, was ein tüchtiges und nüchternes Volk aus ihr zu machen vermochte.

Die beiden Weltkriege sind schließlich ein weiterer Beweis dafür, daß die Technik alle Völker der Welt in eine früher unvorstellbar enge Tuchfühlung miteinander gebracht hat, da sie ohne die moderne Technik wahrscheinlich nicht ausgebrochen und vielleicht überhaupt nicht möglich gewesen wären. Sie haben übrigens die alte Erfahrung bestätigt, daß Kriege nicht nur zerstören, sondern auch aufbauen, weil „Not erfinderisch macht" und Geld und Opfer zum Erzielen technischer Fortschritte als tragbar erscheinen läßt, die in Friedenszeiten weder einzelne Individuen noch ein ganzer Staat auf sich zu nehmen bereit wären. Nüchternes technisches Denken und viel Geld sind noch immer erfolgreiche Verbündete gewesen. Selbst die phantastische für die Entwicklung der Atombombe, Seite 10, aufgewendete Summe von angeblich 2 Milliarden Dollar braucht daher selbst finanziell keine Fehlinvistierung gewesen zu sein, wenn sie dazu beiträgt, daß die Krafterzeugung wesentlich verbilligt, die Welt von der Sorge um eine frühzeitige Erschöpfung der Kohlenvorkommen befreit, Seite 170, und die internationale Moral fühlbar verbessert wird.

g) Förderung der Wissenschaft. Die wissenschaftliche Forschung wurde, wie bereits in Kapitel II gezeigt worden ist, durch die Maschine gleichfalls sehr gefördert. Die Technik hoher und tiefer Temperaturen und starker und hochgespannter Ströme, ultraviolette Strahlen, Radium, vervollkommnete physikalische, geodätische und astronomische Instrumente und elektrische Meßmethoden, Drehwaage und elektrische Feldwaage, Echolot und Ultramikroskop sind nur einige willkürlich herausgegriffene Errungenschaften der Technik, denen die Wissenschaft ganz neue Einblicke verdankt. Ferner haben viele bedeutende Industriefirmen sich von hervorragenden Wissenschaftlern geleitete Laboratorien geschaffen, die der reinen Forschung kaum weniger zugute kommen als der angewandten und das Zusammenarbeit von Technik und Wissenschaft besonders fruchtbar gestaltet haben.

h) Kohle und Öl als Politika. Große Industriestaaten können ohne ausreichenden Besitz von Steinkohle nicht existieren. Infolge der Industrialisierung und Mechanisierung der Verkehrsmittel ist die Welterzeugung an Steinkohle von rund 12 Milionen Tonnen im Jahre 1800 auf über 1200 Millionen Tonnen im Jahre 1913 angestiegen, Abb. 4[1]. Die sicheren und wahrscheinlichen Kohlenvorkommen der Welt (3 t Braunkohle = 1 t Steinkohle gerechnet) bis zu 2000 m Teufe wurden im Jahre 1937 auf fast 5,5 Billionen Tonnen, die von Steinkohle allein auf rund 4,5 Billionen veranschlagt. Zur Zeit liegt die technische Grenze der Kohlenförderung bei 1200 m, die wirtschaftliche im allgemeinen bei 1000 m Teufe.

Nach Zahlentafel 3 ist also mit einer Lebensdauer der Kohlenvorkommen der großen Industriestaaten von nur etwa 200 bis 600 Jahren zu rechnen. Seit der Jahrhundertwende ist der Steinkohle im Erdöl ein mächtiger Konkurrent entstanden, Abb. 4, doch wird die Kohle ihre beherrschende Stellung in der Wärme- und Kraftwirtschaft weiter behalten und als Grundstoff für Kunststoffe noch verstärken. Als Kraftstoff ist Öl der Steinkohle vor allem deshalb über-

---

[1] Die folgenden statistischen Angaben sind besonders der Abhandlung „Energiequellen der Welt" von R. Regul und K. Mahnke im Sonderheft 44 der Schriften des Instituts für Konjunkturforschung, Berlin 1937, entnommen.

Zahlentafel 3. Voraussichtliche Lebensdauer der Steinkohlenvorkommen bis 2000 m Teufe bei verschieden schnell wachsender Förderung.

	Sichere und wahrscheinliche Vorräte bis zu 2000 m Teufe Millionen Tonnen	Förderung im Jahresdurchschnitt 1925-1930 Million. Tonnen	Lebensdauer		
			bei gleichbleibender Förderung Jahre	bei jährlicher Zunahme der Förderung um	
				0,5 % Jahre	2 % Jahre
Welt	4 600 000	1 234	3 750	595	217
USA.	1 975 000	536	3 686	593	217
UdSSR.	1 075 000	30	35 478	1 037	330
England	200 000	230	868	329	147
Deutsches Reich	289 000	148	1 951	470	186

legen, weil es bei gleichem Gewicht 30 bis 80 % mehr Energie enthält, sehr bequem bunkerbar, leicht dosier-, verdampf- und zerstäubbar, zündwillig und frei von Asche ist und auf Schiffen Heizer und wertvollen Laderaum spart.

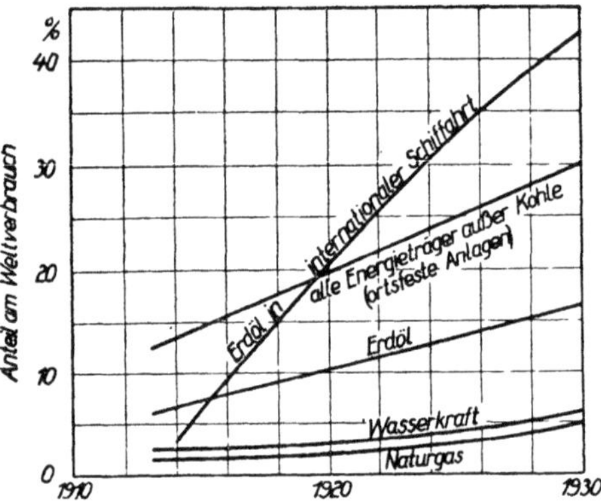

Abb. 12. Anteil der Energieträger (außer Kohle) am gesamten Weltverbrauch und Anteil des Erdöles am Energieverbrauch der internationalen Schiffahrt. (Nach R. Regul. Sonderheft 34 der Vierteljahrshefte des Instituts für Konjunkturforschung, Berlin 1933.)

Die Förderung von Erdöl hat daher in den letzten 30 Jahren prozentual viel stärker zugenommen als die von Steinkohle, Abb. 4. Der auf Steinkohleneinheiten umgerechnete Anteil der Erdöl- an der Steinkohlengewinnung stieg von etwa 3,1 % im Jahre 1890 auf etwa 32 % im Jahre 1937, der Anteil flüssiger Brennstoffe am gesamten Brennstoffverbrauch der internationalen Schiffahrt von 3 % im Jahre 1914 auf 50 % im Jahre 1936, Abb. 12. Das Erdöl wird daher voraussichtlich viel schneller erschöpft sein als die Kohle, Zahlentafel 4.

Zahlentafel 4. Voraussichtliche Größe und Lebensdauer der Erdölvorkommen.

Land	Vorräte in Millionen Tonnen	Lebensdauer auf Grund der Förderung von 1935. Jahre
Welt	4066	19
USA.	2029	15
UdSSR.	551	22
Asien ohne UdSSR.	911	47
Iran und Irak	694	

Allein die 26,2 Millionen Kraftwagen in den USA. verbrauchten im Jahre 1935 62 Millionen Tonnen Benzin, die etwa $\frac{2}{3}$ des Wärmewertes der deutschen Steinkohlenförderung im Jahre 1936 entsprechen. Während aber fast alle bedeutenden Industriestaaten über große einheimische Kohlenvorkommen verfügen, haben einige von ihnen nur ganz unzulängliche Ölquellen. Sie werden daher ihren Bedarf über kurz oder lang aus Kohle erzeugen müssen, wodurch sie noch schneller erschöpft wird. Sie sollte daher überall dort tunlichst rationell ausgenutzt werden, wo es mit angemessenen Kosten möglich ist. Die Ansicht, jedes Verbrennen von Kohle zur Energieerzeugung ohne vorheriges Entziehen ihres Teergehaltes sei eine Verschwendung von Wärme, geht aber am Kern der Sache vorbei. Energiewirtschaftlich betrachtet ist der Hauptzweck der Kohlenveredelung nicht eine mengenmäßige Brennstofferschparnis, sondern die Erzeugung eines Brennstoffes von günstigeren allgemeinen und verbrennungstechnischen Eigenschaften.

Öl und Steinkohle sind also für große Staaten als politisches wie wirtschaftliches Machtmittel gleich wichtig und auch hier machte die Technik aus einem Stoff, der noch vor 100 Jahren kaum mehr als Kuriositätswert hatte, einen eminenten Faktor der hohen Politik.

i) Der schlechte Ruf der Maschine. Was die Gründe für den schlechten Ruf der Maschine betrifft, so haben wir bereits gesehen, daß sie vorzugsweise in der Selbstsucht und dem Mangel an Voraussicht und Erfahrung der Menschen zu suchen sind. Die Maschine hat die materiellen und geistigen Grundlagen des Lebens einschneidend geändert, ohne daß sich die Menschen dessen lange Zeit hindurch bewußt geworden wären. Die aktiveren und gerisseneren unter ihnen sahen zunächst nur die gewinnbringenden Möglichkeiten, die sie ihnen erschloß, denn das erste, wonach der durchschnittliche Mensch bei etwas Neuem fragt, ist, was kann es mir nützen. Deshalb war die Maschine fast 100 Jahre lang ein durch Schranken kaum gehemmtes Mittel zur persönlichen Bereicherung und nicht einmal die Lenker der Staaten wurden gewahr, welchen fatalen Verlauf die sich selber überlassene Technik dadurch nahm. Denn schon im Beginn des Maschinenzeitalters liebten es die Geschäftemacher, selbstische Beweggründe durch hochtrabende Phrasen zu verbergen und, um mit Fontane zu sprechen, „Christus zu sagen, wenn sie Kattun meinten". Van Loon[1]) sagte hierüber: „So wie die Menschen noch heute die Segnungen völliger Freiheit loben, konnten sie sich im Anfang des 19. Jahrhunderts aus der Erwägung heraus, daß die Kinder auch frei seien, nicht dazu entschließen, Kinderarbeit zu verbieten."[2])

Die Dampfmaschine ist nächst dem Feuer das großartigste Geschenk der Götter an die Menschen. Nun bedurfte es unzähliger Jahrhunderte, bis der Mensch das Feuer zu seinem Segen anzuwenden gelernt hatte. Die Schwierigkeiten, die die Einführung der Dampfmaschine mit sich brachte, waren aber noch größer, weil sie sich viel universeller auswirkten, da die Dampfmaschine das Leben ganzer Völker und Kontinente aufs nachhaltigste beeinflußte und ihre Einführung mit verwickelten politischen und sozialen Umwälzungen zusammenfiel, bzw. sie einleitete. Daran, daß die Zustände sich schließlich so unglücklich gestalteten, waren, wie wir gesehen haben, hauptsächlich Unzulänglichkeit und Hilflosigkeit gegenüber einer Erscheinung schuld, bei der man nicht erkannte, welche grundlegende Änderungen unseres sozialen, politischen und wirtschaftlichen Lebens sie zwangsläufig zur Folge haben mußte. Nicht die Dampfmaschine an sich ist an den unerfreulichen Begleiterscheinungen der Industrialisierung schuld, sondern der stümperhafte Gebrauch, den die Menschen von dieser Gabe des Himmels machten, und ihr Mangel an Voraussicht. Man hätte Titanen gebraucht, um die Dinge zu meistern, und es standen im besten Falle wohlmeinende Professoren, Geheimräte und Exzellenzen zur Verfügung. Schließlich ging es auch hier wie bei vielen Dingen, es bedurfte erst des wirkungsvollsten Lehrmeisters der Menschen, des Schadens und der Not, um sie wenigstens einigermaßen hellhörig zu machen. Unter dieser Perspektive erscheinen „100 Jahre Mißbrauch der Maschine" nicht mehr so unverständlich. Sie wären es, wenn die heutige Generation auf der falschen Straße weitermarschieren würde.

Aber gerade Angehörige der Kreise, deren Aufgabe es gewesen wäre, die Lösung der durch die Maschine aufgeworfenen Probleme anzupacken, schmähten sie vielfach aus Ressentiment heraus am meisten. In gewissen Kreisen gehörte es beinahe zum guten Ton,

---

[1]) Loon, H. van: The story of mankind. New York 1921.

[2]) Hierbei mag die Frage offenbleiben, wie weit sie selber an dieses Argument glaubten.

Maschine und Technik zu lästern und für die Folgen eigenen und fremden Unverstandes allein verantwortlich zu machen. Die Annehmlichkeiten der Maschine wollte man genießen, vernünftige Folgerungen aus ihrer Einführung aber nicht ziehen. Manche „Federfuchser" verhielten sich wie jene Ritter, die sich des Dienstes ihrer Vorfahren zwar bedient, sie aber ähnlich wenig geachtet hatten, wie sie selber ein paar hundert Jahre später die Ingenieure. S a u e r b r u c h [1]) hat daher mit seiner Ansicht zweifellos recht, daß alles, was mit der Technik an maschineller Leistung möglich wurde, an sich ein unbedingter Fortschritt ist und, richtig angewendet, auch dem kulturellen Leben der Völker Gewaltiges zu bieten vermag.

Eine gerechte Würdigung wird der Maschine etwa folgende Errungenschaften zugestehen: Eine außerordentliche Verbesserung des Verkehrswesens, der gesundheitlichen Verhältnisse und des allgemeinen Wohlbefindens; das Erschließen ungeheurer Rohstoffmengen und Siedlungsgebiete; eine ungeahnte Entlastung des Menschen von schwerster körperlicher und ungesunder Arbeit und die Ermöglichung der Teilnahme auch solcher Kreise an den Kulturgütern, deren Dasein früher eine einzige Fron gewesen war; die Vermittlung der edlen Freuden des Lebens an Millionen in Einöden lebender Menschen und eine große Förderung der Wissenschaften. Sie wird weiter sagen, daß nicht die Maschine Schuld an den mit ihrem Aufkommen verbundenen unerfreulichen Begleiterscheinungen trug, sondern, um wieder mit v a n L o o n zu sprechen, „die inkompetenten Kapitäne, die das Staatsschiff im gleichen Geist und nach denselben Grundsätzen steuerten wie ihre Ahnen vor ein paar Jahrhunderten".

Ob die durch die Maschine verursachten Schwierigkeiten in einen Segen für die Menschen verwandelt werden können, hängt, wie wir gesehen haben, von dem Geiste ab, in dem wir sie einsetzen, davon, ob wir in ihr in erster Linie ein willkommenes Mittel zur Bereicherung erblicken oder nicht. Wie die Maschine sich auswirkt, ist also ebenso eine ethische wie eine technische Frage. Vom Erfolg der Mitarbeit der Ingenieure an der Erschließung des Segens der Maschine für die Allgemeinheit, einer der größten Aufgaben, die den Menschen je gestellt worden ist, wird das Ansehen ihres Standes und seine Rolle im öffentlichen Leben entscheidend abhängen.

k) Zusammenfassung. In mindestens sechs Fällen änderten also technische Erfindungen die Weltgeschichte grundlegend.

Der Buchdruck förderte als wirkungsvolles Kampfmittel gegen mittelalterliches Feudalwesen und Dunkelmännertum den Durchbruch der Neuzeit entscheidend;

---

[1]) S a u e r b r u c h , F.: Mensch und Technik. Dtsch. Techn. 1939. S. 6—12.

das Segellinienschiff mit unter Deck aufgestellten Kanonen begründete die Seeherrschaft Englands („Die Breitseite, nicht das Entern machte England zur Herrin der Meere");

Webstuhl und Spinnmaschine leiteten die industrielle Revolution ein;

die Dampfmaschine ermöglichte das Entstehen des englischen Empire und der riesigen Kontinentstaaten der USA. und der UdSSR.;

der Lokomotive, dem Dampfpflug und dem Mähdrescher ist die Besiedelung ungeheuerer menschenleerer Gebiete und damit die größte Völkerwanderung aller Zeiten zu verdanken;

ohne Motorisierung, Massenfabrikation und Flugzeug wären die umwälzenden Ereignisse unseres Jahrhunderts nicht möglich gewesen.

Der Einfluß technischer Erfindungen auf den Verlauf der jüngeren Weltgeschichte kann daher gar nicht hoch genug veranschlagt werden. Man übertreibt nicht, wenn man sagt, daß die Arbeit der Ingenieure das politische, wirtschaftliche und soziale Leben der ganzen Welt nicht weniger stark verändert hat als die berühmtesten Staatsmänner und Feldherren, obgleich es ihnen selber gar nicht zum Bewußtsein kam. Hat doch, o vanitas vanitatum, der stille Bürger James Watt, dessen grundlegendes Patent im Geburtsjahre Napoleons I. herauskam, Seite 125, die geschichtliche Entwicklung schwerlich weniger beeinflußt als der große Korse, der sich vermessen hatte, die ganze Welt aus den Angeln zu heben.

Gewaltig ist die Zahl der Ingenieure, die durch ihre Arbeit das Los der Menschen erleichtert und ihr Dasein auf eine unendlich höhere als die Kulturstufe des Naturmenschen gehoben haben. Angehörige fast aller Nationen haben hierbei in einem sonst so seltenen Gemeinschaftsgeiste mitgewirkt, gleichgültig, ob das Schicksal ihr Land mit Erdschätzen und Macht überreich bedacht oder in dieser Beziehung stiefmütterlich behandelt hat, wie z. B. die kleine Schweiz. Diese Ingenieure dürfen daher, auch wenn sie treue Bürger ihres Landes geblieben sind, wie Thomas Paine (1737 bis 1809) mit Recht von sich sagen: „Die Welt ist meine Heimat und Gutes zu tun ist meine Religion", Seite 97. Der technische Genius kennt eben keine geographischen, religiösen, rassischen, sozialen oder politischen Grenzen, sein Arbeitsgebiet ist die ganze weite ungeteilte Welt, seine Gemeinde die ganze leidende, strebende, hoffende Menschheit!

Mindestens die Ingenieure, die die weltweite Wirkung der Technik zu erkennen vermögen, sollten sich über ihr Vaterland hinaus der ganzen Welt verpflichtet fühlen und außer guten Staatsbürgern gute Weltbürger sein. Der technische Fortschritt zwingt zum Überwinden der rein nationalen Einstellung des einzelnen Individuums und zur Unterordnung vieler Forderungen der einzelnen Völker unter das, was das Interesse ihrer Gemeinschaft verlangt.

Die von den Ingenieuren ausgestreute Saat ist aber aus den angegebenen von ihnen großenteils nicht verschuldeten Gründen immer wieder wie durch Frost, Dürre und Hagelschlag an der Entwicklung zur vollen Reife verhindert worden. Jetzt, da die Straße des technischen Fortschrittes, die vor vielen Jahrtausenden im fernsten Osten ihren Anfang genommen hat, alle Völker mit einander verbindet und sich nach Umkreisen des Äquators wieder mit ihrem Anfang zu vereinigen anschickt, sollte man hoffen, daß das Versäumte nachgeholt wird und die Ingenieure sich endlich als das auswirken können, wozu sie das Schicksal bestimmt hat, als „Baumeister einer besseren Welt".

VI. Erziehung zum Ingenieur.

Der Mann, der recht zu wirken denkt,
muß auf das beste Werkzeug achten.

a) Elternhaus und Schule. Es wurde bereits auf die Bedeutung gewisser charakterlicher Eigenschaften, vor allem des Willens, Mutes, Selbstvertrauens, gesunden Menschenverstandes, der Ausdauer, Phantasie und eines widerstandsfähigen Körpers für die erfolgreiche Betätigung als Ingenieur hingewiesen. Sie können nicht früh genug geweckt und nicht beharrlich genug gefördert werden. Schon das Elternhaus und die Schule sollten ihrer Pflege dieselbe Sorgfalt wie der Vermittlung des Lehrstoffes widmen. Leider halten es viele Eltern für ihre Aufgabe, ihren Jungen vor jeder körperlichen und geistigen Zugluft, vor jeder Gefährdung seiner Bequemlichkeit und allem zu schützen, was ihn zur Selbsthilfe oder gar zum Gebrauch seiner Fäuste zwingen könnte, und lassen dadurch Eigenschaften verkümmern, die für das Bestehen des Kampfes ums Dasein von hohem Werte sind. Denn auf Widerstände muß ein junger Mensch gefaßt und zum Kampf gegen sie gerüstet und entschlossen sein, wenn er in der Technik vorwärtskommen und etwas leisten will. Deshalb sollte schon beim Kind alles vermieden werden, was sein Vertrauen zu sich selber schädigen könnte. Es ist daher falsch, ein aufgewecktes Kind wegen einer „komischen" Frage zu verspotten, die oft nur kindlich-ungelenk formuliert ist, aber Nachdenken verrät, oder starken Spieltrieb und andere Begleiterscheinungen einer lebhaften Phantasie nur negativ zu werten, weil es das Selbstvertrauen sensibler Naturen oft fürs ganze Leben schwächt.

Ideal vieler, besonders kleinbürgerlicher Eltern ist der Musterschüler, Maßstab für die Beurteilung ihres Sprößlings das Schulzeugnis. Dabei hat es bis zum 16. Lebensjahr wenig Wert, weil bis dahin wichtige Eigenschaften sich häufig noch gar nicht zeigen, und es über die allgemeine Tauglichkeit fürs Leben überhaupt nichts sagt. Bis zu diesem Alter gelten aber vielfach die als Musterschüler, die genau das machen, was ihr Lehrer wünscht, die keine Individualität und daher keine von seinen Neigungen abweichende Vorlieben haben, keine unbequemen Fragen stellen oder gar selbständig zu handeln versuchen. Da sie eigenen Willen nicht besitzen, kommen sie mit dem ihres Lehrers nicht in Konflikt. Manche Lehrer vermögen gar nicht zu unterscheiden, was bei einem Jungen Eigensinn oder Verstocktheit und was Anzeichen einer beginnenden Persönlichkeit ist. Von meinen Jugendgefährten mit den besten Zensuren haben es meines Wissens nur wenige zu einer den Durchschnitt überragenden Stellung gebracht, wohl aber haben von den übrigen, denen ihre Lehrer zum Teil düstere Zukunftsprognosen stellten, mehrere führende und einer einen überragenden Posten erlangt. Die frühe Manifestation eines eigenen Willens oder die Verträumtheit mancher junger Menschen mit starker Phantasie und erfinderischer Begabung erklären auch, weshalb viele hervorragende Männer schlechte Schüler gewesen sind. Lehrer sollten aber bei Jungen, die sich in gewissen Fächern besonders auszeichnen, auch über beträchtliche Fehlleistungen in anderen Fächern hinwegzusehen vermögen. Ich erinnere mich noch, welchen Eindruck es auf mich machte, als der Rektor meiner einstigen Oberrealschule, der in sphärischer Trigonometrie unterrichtete und wohl fühlte, daß ich unter meinen mangelhaften Leistungen litt, mir sagte: „Ihre Leistungen bei mir sind schwach. Darüber brauchen Sie sich keine Sorge zu machen, weil Sie sonst sehr gute Leistungen aufzuweisen haben. Es gibt nun einmal Dinge, in denen manche Schüler sich nicht zurechtfinden. Deshalb ist es weiter nicht schlimm, daß Sie in meinem Lehrfach nicht recht mitkommen, außerdem werden Sie es im Leben wahrscheinlich gar nicht brauchen."

Da „Musterschüler" und ähnlich unausgeprägte Individualitäten bis zu ihrem 20. Jahre fast nie eine eigene Entscheidung fällen mußten, sind sie später zu selbständigem Handeln oft unfähig und werden nicht selten weinerliche, alles Unangenehme bekrittelnde Nörgler, die bei jedem ihnen zugefügten tatsächlichen oder vermeintlichen Unrecht sagen, „man müßte das oder das unternehmen", aber nie den Mut aufbringen, das ihres Erachtens Erforderliche auch zu tun.

Wichtig ist frühzeitige körperliche Ertüchtigung und eine gewisse seelische Abhärtung gegen die nicht immer angenehmen Formen, in denen sich das Leben nun einmal abspielt. Kinder, die aus Sorge vor „schlechtem Umgang" vor jeder Berührung mit robusten Altersgenossen abgehalten werden, können sich später schwer durchsetzen, da sie weiter nicht schlimm gemeinte Ungezogenheiten anderer viel zu tragisch nehmen und nicht imstande sind, das oft einzig Vernünftige zu tun, nämlich mit gleicher Münze heimzuzahlen. Derjenige, der dies nicht bereits in jungen Jahren gelernt hat, wird es später nur mit großer Mühe fertigbringen. Ein kräftiger Körper gibt auch dann noch ein Gefühl der Überlegenheit, wenn der Mensch längst über das Alter hinaus ist, in welchem Meinungsverschiedenheiten mit der

Faust ausgetragen werden. Auch heute, wo es Knaben und junge Männer in dieser Beziehung viel leichter haben als früher, sollte sportliche Betätigung Bestandteil jeder Erziehung und Begleiter durchs ganze Leben sein.

Gleichfalls schon im Elternhaus sollte das Interesse an fremden Sprachen geweckt werden. Einem Ingenieur, der nicht wenigstens eine fremde Sprache einigermaßen gut versteht und spricht, fehlt etwas Wesentliches. Die Ansicht S c h o p e n h a u e r s , der Mensch lebe so viele Leben, wie er Sprachen beherrscht, stimmt auch heute noch.

Bei den höheren Schulen und erst recht bei den Technischen Hochschulen sollte, solange sie nicht nur den Befähigtesten zugänglich sind, Grundsatz jedes Lehrplanes die Vermittlung einer Bildung sein, mit der der Durchschnitt später etwas anfangen kann, die aber in den Überdurchschnittlichen das Verlangen erweckt, über ihr unmittelbares Arbeitsgebiet hinauszusehen, und ihnen die Möglichkeit bietet, sich die geistigen Werte selber zu erschließen, ohne die auch ein beruflich erfolgreiches Leben für einen tiefer veranlagten Menschen arm und etwas Halbes bleibt. Dieses Ziel ist immer schwerer zu erreichen, weil sich die Ausbildungszeit nicht verlängern läßt, da bereits jetzt ein Student den Grad eines Diplomingenieurs nicht vor dem 24. oder 25. Lebensjahr erwerben kann. Ein früher Eintritt in die Praxis ist aber, von zwingenden anderen Erwägungen abgesehen, u. a. deshalb erwünscht, weil es einem Diplomingenieur um so schwerer fällt, sich mit den von der Hochschule so verschiedenen Verhältnissen in der Industrie abzufinden, je älter er in sie eintritt, und weil ein Jungingenieur sich das ihm noch fehlende Wissen in der Praxis oft leichter aneignen kann als auf der Hochschule, besonders wenn er seine Anfangsstellung nicht lediglich nach dem Gehalt, sondern danach wählt, was er in ihr lernen kann und welche Entwicklungsmöglichkeiten sie ihm bietet.

Es wird später noch darauf zurückgekommen, daß für die Allgemeinheit ebenso wie für den Ingenieurstand selber eine Oberschicht, die aus mehr als Nur-Ingenieuren besteht, genau so wichtig ist wie ein Durchschnitt, der das normale Geschäft ordentlich und sachgemäß erledigen kann. Die Ansichten darüber, ob eine realistische oder eine humanistische Ausbildung für überdurchschnittliche junge Leute, die Ingenieure werden wollen, geeigneter ist, sind geteilt. Da aber eine mehr nach den Naturwissenschaften ausgerichtete Schulbildung dem durchschnittlich Begabten das kürzeste Studium ermöglicht, wird schon aus diesem Grunde der Hauptstrom der Besucher der Technischen Hochschulen von Oberrealschulen oder ihnen ähnlichen Lehranstalten kommen, die mehr praktische Fächer lehren, was für das Erwecken großer allgemeiner Interessen nicht immer förderlich ist. Bei solchen Lehranstalten kommt es daher besonders auf die Persönlichkeit der Lehrer und den auf der Schule herrschenden Geist an. Sind beide auf der Höhe, so ist es auch für überdurchschnittlich Begabte ziemlich nebensächlich, ob sie eine Oberrealschule oder ein Gymnasium besuchen. Ich erinnere mich jedenfalls voll Dankbarkeit der ausgezeichneten Lehrer meiner einstigen Stuttgarter Friedrich-Eugen-Oberrealschule, von denen auch die Mathematiker und Naturwissenschaftler immer wieder unser Interesse an schöngeistigen Dingen anzuregen versuchten.

Die Auffassung, viele Musterabiturienten könnten schon mit 30 Jahren wegen völliger Einseitigkeit nicht mehr als „allgemein gebildet" angesprochen werden und das Reifezeugnis eines Gymnasiums sei durchaus zeitbedingt, mag zutreffen, entscheidend aber ist, ob es eine Lehranstalt versteht, wenigstens in den befähigten Schülern das Verlangen nach etwas zu wecken, was über das zum Erwerb des täglichen Brotes unbedingt Erforderliche hinausreicht, dem sie sich immer wieder gern zuwenden und das allein die Ingenieure dazu befähigen kann, die Technik zu dem zu machen, zu dem sie bestimmt ist und das die Welt so dringend notwendig braucht

Ein Übermaß von Lehrstoff nützt weder auf den höheren Schulen noch den Technischen Hochschulen, weil es nicht aufgenommen wird und daher nicht haften bleibt. Bei einem mehr auf die Bedürfnisse der Technik zugeschnittenen Lehrplan der höheren Schulen müßte wohl auf manches Wünschenswerte verzichtet werden, die Frage ist nur, ob bei einigen Berufen überhaupt eine andere Wahl bleibt. Auf vielen Gebieten hat nämlich unser Wissen weit schneller zugenommen und der Wettbewerb ist viel schärfer geworden als jemals vorher im gleichen Zeitraum, was sich über kurz oder lang auch auf Schulunterricht und Allgemeinbildung auswirken muß. Es ist wohl möglich, daß in einer oder zwei Generationen das Bildungsideal wesentlich vom heutigen abweichen wird; unsere Aufgabe ist es, einen möglichst zweckmäßigen Übergang zu finden.

Der große Mangel an Ingenieuren[1]) zwingt dazu, auch solchen Menschen das technische Studium zu ermöglichen, die nicht den normalen Weg über eine höhere Schule zurückgelegt haben. Ihre innere Berechtigung findet diese Erleichterung darin, daß die Befähigung zum schöpferischen Ingenieur ähnlich wie die zum Künstler

---

[1]) Diese und einige ähnliche Ausführungen stammen aus der ersten Auflage des Buches (1940) und galten speziell für deutsche Verhältnisse. Ob, wie lange und in welchem Maße sie nach den inzwischen erfolgten politischen Änderungen noch zutreffen, muß die Zukunft zeigen.

angeboren ist und daher Leute mit erwiesener Ingenieurbegabung ein
Anrecht auf dieselben Chancen beanspruchen können wie weniger
Befähigte, denen der Zugang zum technischen Studium nur deshalb
offen steht, weil sie die zum Einschlagen des normalen Weges nötigen Mittel haben. Man darf auch annehmen, daß jemand, der Kraft
seiner Befähigung von der Volksschule her erfolgreich auf einer
Technischen Hochschule studieren kann, die Energie aufbringen
wird, um seine Bildungslücken im Laufe der Zeit auszufüllen. Ein
allgemeiner Verzicht auf die Reifeprüfung, die noch immer die beste
Gewähr für ein gewisses Bildungsniveau bietet, und eine Senkung
der Anforderungen für die Aufnahme an einer Technischen Hochschule müßten dagegen Ansehen und Leistungen der Ingenieure
schwer schädigen. Nach Rückkehr normaler Zeiten sollten aber
schon im Interesse der Betreffenden und aus erbbiologischen und
soziologischen Gründen Angehörige einfacher Kreise, die eine höhere
Schule nicht besucht haben und über keine Geldmittel verfügen, zum
Studium der Ingenieurwissenschaften nur dann ermuntert werden,
wenn zu erwarten ist, daß sie die damit verbundenen Anstrengungen
und Entbehrungen gesundheitlich nicht schädigen, und sie es zu mehr
als durchschnittlichen Diplomingenieuren bringen werden. Hoch-
begabungen sind erbbedingt. Nach W. H a r t n a c k e ist „Begabten-
gewinnung keine Beschaffungs-, sondern eine Verteilungsfrage. Niemand kann begabter gemacht werden, als er von Geburt ist. Was
nach oben gefördert wird, geht den unteren Gruppen verloren, und
die Gefahr der Auspowerung der nicht ausgelesenen Berufsgrup-
pen . . . ist in dem Maße gegeben, wie die Emporförderung weiter-
getrieben wird . . . Die nationale Wirtschaft fordert die Nutzbarmachung aller verfügbaren Begabungen. Aber gerade hier ist die
Gefahr des erbbiologischen Raubbaues nicht gegenstandlos, die mit
einer Ausnutzung in der Gegenwart zum Schaden der Zukunft verbunden ist.“ Eine Begabtenförderung auf diesem Wege ist daher
nur vertretbar, solange der ganze Volkskörper durch sie nicht leidet
und die oberen Gruppen erheblich mehr gewinnen, als den unteren
verlorengeht.

Der Vorschlag, in den Oberklassen der höheren Schulen eine
Richtung für Naturwissenschaften und Mathematik einzurichten und
ihren Lehrgang so zu gestalten, daß auf ihm die Technische Hochschule ohne Wiederholung aufbauen kann, würde gestatten, die Ge-
samtausbildungszeit abzukürzen oder bei derselben Ausbildungsdauer
Zeit für eine Beschäftigung mit anderen wichtigen Dingen freizu-
machen. Es müßte nur vermieden werden, daß dadurch das Studium
von Gymnasiasten erschwert wird, weil das Gymnasium viele Sprößlinge von Familien mit langer wissenschaftlicher oder schöngeistiger

Tradition besuchen, deren Fernbleiben ein großer Verlust für den Ingenieurstand wäre.

b) Technische Fach- und Hochschulen. Wir haben gesehen, daß einerseits eine Verlängerung des Studiums vermieden, andererseits den Studenten mehr als bisher ein Überblick über die großen Zusammenhänge gegeben werden muß. Da auch ihre körperliche Ertüchtigung nicht vernachlässigt werden soll, wird die zum Beschäftigen mit rein technischen Dingen verfügbare Zeit immer kürzer. Deshalb und weil es für den Durchschnitt der Studenten im späteren Beruf, bildlich ausgedrückt, mehr darauf ankommt, einen Kraftwagen gut fahren zu können, als genau zu wissen, auf Grund welcher Prinzipien er arbeitet, sollten den Studierenden solide, wenn auch etwas enge Kenntnisse in den rein technischen Fächern vermittelt werden. Den nicht selbständig Denkenden, die nicht auf Technische Hochschulen gehören, nützt ein über das Notwendige hinausgehender Lehrstoff sowieso nichts. Überdurchschnittlich Begabte können ihr Wissen in Sondervorlesungen vertiefen, und den in der Praxis stehenden Absolventen von Fach- und Hochschulen bieten vorzügliche Lehrbücher und in vielen Städten ein ausgezeichnetes Vorlesungswesen Gelegenheit zur Weiterbildung, wenn nur die Fundamente ihres Wissens solide sind. Für die seltenen genialen Begabungen aber ist der Lehrplan überhaupt ziemlich gleichgültig.

Der Nutzen einer Spezialausbildung ist für viele Studierende schon deshalb problematisch, weil sie meist noch nicht wissen, wofür sie sich am besten eignen, und weil sie sich bei der Wahl einer Sonderrichtung oft von ganz nebensächlichen Erwägungen leiten lassen. Je mehr sie sich aber auf ein Sondergebiet verlegen, um so schwerer fällt es ihnen, in der Praxis auf ein anderes überzugehen, wenn sie die Verhältnisse dazu zwingen. Mindestens der durchschnittliche Student sollte einen tunlichst „normalen" Lehrplan wählen, fleißig arbeiten und zusehen, daß er seine Prüfungen so frühzeitig als möglich ablegen und in die Praxis eintreten kann. Schon W e r n e r v o n S i e m e n s meinte: „Nur nicht zu früh spezialisieren. Der Blick wird zu eng. Das nötige Spezialwissen bringt schon der Beruf mit sich und es wäre verkehrt, schon auf der Technischen Hochschule mit dem Spezialisieren anzufangen."

Dagegen muß das Konstruieren wieder pfleglicher behandelt werden. Mindestens im Wärmekraftmaschinenbau, den ich am besten überblicke, weil ich selber in ihm arbeite, werden Jungingenieure mit konstruktivem Können immer seltener. Auf die Gründe dieser bedauerlichen Erscheinung wird später eingegangen. Da die für erfolgreiches Konstruieren unerläßliche Raumvorstellung und Phantasie angeboren sein müssen, könnte der Lehrplan mehr nach der konstruktiv-praktischen und mehr nach der theoretisch-wissenschaftlichen Seite aufgezogen werden, wobei natürlich auch bei letztgenannter Richtung ein gewisses Mindestmaß von Konstruktionsarbeiten zu verlangen wäre. Falsch ist die Ansicht, daß gewandtes Freihandzeichnen Voraussetzung für gutes Konstruieren sei; einer der hervorragendsten deutschen Konstrukteure dieses Jahrhunderts war ein sehr unbeholfener Zeichner. Auch der Konstruktionsunterricht sollte mehr Wert auf Gründlichkeit als auf besonders schwierige Dinge legen. Der Entwurf umsteuerbarer großer Dieselmotoren oder ähnlich schwierige Aufgaben, wie sie in meiner Studentenzeit beliebt waren, sind unzweckmäßig, weil sie im Studenten eine ganz falsche Vorstellung davon erwecken, wie Entwurf und Bau solcher Maschinen sich in Wirklichkeit abspielen und ihn zu einer Überschätzung seiner Fähigkeiten verleiten. Er ist dann bitter enttäuscht, wenn er in der Praxis mit viel einfacheren Dingen nicht gleich zurecht kommt, und lernt den Wert einer gründlichen Bearbeitung der Details nicht kennen. Da größere Maschinen in der Praxis in Gemeinschaftsarbeit entworfen werden, könnte es sich empfehlen, wenigstens einen der Konstruktionsentwürfe von mehreren Studenten gemeinsam anfertigen zu lassen. Beim Erlernen des Konstruierens, dem Rückgrat der Technik, ist der erste Schritt der schwerste. Da manchen jungen Leuten räumliche Vorstellung zunächst fehlt, glauben sie, sie besitzen sie überhaupt nicht und werfen die Flinte ins Korn, während sie es mit Geduld und Ausdauer oft zu achtbaren Leistungen bringen könnten. Über diesen Totpunkt muß der Unterricht hinweghelfen. Ein Student, der eine gewisse konstruktive Fähigkeit erreicht und Freude am Konstruieren gewonnen hat, wird in der Praxis einen erheblich leichteren Stand haben und auch dann, wenn ihn sein Weg nicht ins Konstruktionsbüro führt, den Wert von Konstruktionen zutreffender beurteilen können als einer ohne konstruktives Können, das für viele leitende Posten außerordentlich wichtig ist.

Die Frage, ob „Deutsch" einem Ingenieur viel nütze, läßt sich dahin beantworten, daß eine gute Ausdrucksweise in- und außerhalb des Berufes von größtem Vorteil und für das Erlangen leitender Posten manchmal entscheidend ist. Ein Student sollte daher viel, aber wählerisch lesen. Zahlreiche Menschen glauben aber, ihre Verpflichtung der deutschen Sprache gegenüber sei erfüllt, wenn sie jedes Fremdwort peinlich auch da vermeiden, wo es kürzer und eindeutiger als das entsprechende deutsche Wort ist. Beispielsweise dürften nur wenige Ingenieure sich vorstellen können, was mit Verdeutschungen wie Entwaltung (statt Emanzipation) und Beiwesentlichkeit (statt Modalität) nun eigentlich gemeint ist. Der Ersatz von technischen Fremdwörtern, deren Bedeutung die ganze Welt schon seit langer Zeit kennt und die gewissermaßen zur internationalen Scheidemünze des geschäftlichen und wissenschaftlichen Verkehrs zwischen Bürgern aus aller Herren Ländern gehören, durch deutsche Neuwortbildungen liegt durchaus nicht im Interesse der deutschen Ingenieure und sollte von ihnen nicht gefördert, sondern bekämpft werden, zumal er auch im innerdeutschen Verkehr viel Verwirrung anstiftet. Die Technik ist nun einmal heute weniger denn je ein für Deutschtümelei geeignetes Betätigungsgebiet.

Viele Ingenieure sind in ihrer Ausdrucksweise und in der gedrängten Wiedergabe des Wesentlichen einer Sache sehr ungewandt und selbst hervorragende Fachgenossen stehen nicht immer in einem „unmittelbaren Verhältnis zur deutschen Sprache". Kurze Klausurarbeiten, in denen sie das Kennzeichnende einer Maschine oder eines Problems schriftlich niederzulegen hätten, wären ein gutes Mittel, um Studenten zur Konzentrierung zu zwingen und ihre Intelligenz und Auffassungsgabe zu prüfen. Die Unbeholfenheit vieler Ingenieure mit ausgezeichneten Kenntnissen, sich über das Wesentliche einer Sache kurz zu äußern, zeigt folgendes Beispiel. Der Leiter eines Unternehmens möge Kenntnis von Lizenzverhandlungen seiner Konkurrenz mit dem Erfinder einer Kraftmaschine erhalten haben, die eine Brennstofferparnis von 5 % und andere Vorteile bieten soll. Der von ihm um seine Ansicht befragte Facharbeiter äußert sich nun häufig etwa folgendermaßen: „Ob 5 % Wärme erspart werden, hängt vom Expansionskoeffizienten ab." Auf den Einwand, er möge mit einem passenden Werte rechnen, folgt die Erwiderung: „Der Expansionskoeffizient sei durch den angewendeten Luftüberschuß bedingt." Die Bemerkung, auch mit dieser Angabe sehe er nicht klarer, wird mit dem Einfluß der Belastung, der Verdichtung oder einem anderen „wissenschaftlichen" Vorbehalt beantwortet usw. usw. Solche für den Nichtfachmann wertlosen Auskünfte machen die skeptischen Ansichten über „Theoretiker" erklärlich. Die Antwort hätte etwa lauten müssen: „Eine Ersparnis von 5 % ist zwar theoretisch nicht ausgeschlossen, auf Grund von Vergleichen mit bekannten Maschinen erscheint sie aber sehr optimistisch, meines Erachtens wird man höchstens mit 3 % rechnen dürfen. Dann wäre aber die Maschine wegen ihrer teuren und verwickelten Konstruktion voraussichtlich nicht so überlegen, daß sie unserem Absatz erheblichen Abbruch tun könnte." Diese Antwort gibt, obgleich sie sich auf einen bestimmten Wert nicht festlegt, dem Verantwortlichen genügend Anhalt für seine Verhandlungen.

Es kann jemand auf einem Teilgebiete der Technik ausgezeichnete Kenntnisse haben, im übrigen aber ein Ignorant sein. Das Wissen

vieler technischer Einzelheiten bedeutet daher noch lange nicht,
daß jemand eine gediegene technische Bildung hat. Wenn der Vorwurf, die Hochschule hätte Wissen, aber keine Bildung gepflegt,
für Universitäten zutrifft, so tut er es erst recht für Technische Hochschulen. Ein gediegen gebildeter Ingenieur muß wenigstens die
grundsätzlichen Zusammenhänge in einem größeren Ausschnitt der
Technik und das Wesentliche der Beziehungen zwischen Technik
und öffentlichem Leben einigermaßen kennen. Sonst kann er weder
in seinem Arbeitsbereiche das Bestmögliche leisten, noch seine Tätigkeit in Übereinstimmung mit übergeordneten allgemeinen Interessen
bringen, noch den erforderlichen Einfluß im öffentlichen Leben gewinnen und wird, selbst wenn er zu Wohlstand und einer gehobenen
Stellung kommen sollte, dauernd subaltern bleiben und außerhalb
seiner Kreise auch für subaltern gehalten werden. Gerade weil Ingenieure so viele Sonderinteressen haben müssen und weil zwischen
ihnen und dem Publikum nicht die unmittelbare Berührung wie
zwischen Kranken und Arzt oder einem Beamten und Bürger besteht,
ihre Tätigkeit aber von weitestreichenden Folgen ist, kommt es bei
den Technischen Lehranstalten besonders darauf an, die Studenten
mit den großen Zusammenhängen zwischen der Technik und den
übrigen Bereichen menschlicher Tätigkeit vertraut zu machen. Das
Überbetonen der Wichtigkeit einzelner technischer Sondergebiete
durch manche Fachprofessoren muß aber in den Studenten den Glauben erwecken, ihr zukünftiges Heil hänge ausschließlich davon ab,
ob sie imstande sind, möglichst vielerlei und möglichst verwickelte
technisch-wissenschaftliche Aufgaben zu lösen. Dadurch kommen
manche zu einem technischen Akrobatentum, das mehr glänzt als
nützt, und sehen schließlich den Wald vor lauter Bäumen nicht mehr.

Ein nur aus einem Nebeneinanderreihen von noch so guten Vor-
lesungen über verschiedene technische Teilgebiete bestehender
Unterricht gibt tüchtige Spezialisten und emsige Arbeiter, aber keine
Menschen mit Führerqualitäten. Angesichts der knappen verfügbaren Zeit ist es daher das kleinere Übel, die Zahl der technischen
Kollegs etwas zu beschränken, um die Studenten mit den großen
Zusammenhängen vertraut machen zu können. Der Umstand, daß
diese Dinge viele weniger Begabte nicht interessieren, wiegt leicht
gegenüber der Tatsache, daß nur auf diese Weise in den befähigten
Studenten ein zutreffendes Bild von Wesen und Bedeutung der Technik erweckt und verhindert werden kann, daß sie ihre ganze Intelligenz an technisch-wissenschaftlichen Tüfteleien verschwenden und
eben auch Nur-Techniker werden. Gründliches technisches Wissen ist natürlich für jede erfolgreiche Ingenieurtätigkeit unerläßlich,
es allein reicht aber, wenigstens für den, der zu tieferen Einblicken

kommen und führen will, nicht aus. Daher sollte mindestens auf den Technischen Hochschulen ein Hauptpflichtfach geschaffen werden, das ein Bild von der Entwicklung der Technik, der zeitlichen Bedingtheit gewisser Erfindungen, dem Zusammenhang der verschiedenen Zweige der Technik und dem Einfluß der Technik auf die wirtschaftlichen und politischen Verhältnisse eines Volkes gibt. Sehr viele Ingenieure wissen hierüber und über die großen Erfinder und Bahnbrecher der Technik, denen sie so viel verdanken, beschämend wenig. Ähnlich wie Bismarcks Leibarzt, Dr. Schwenninger, sagte: „Wer die Universität hinter sich hat, weiß über die Kunst des Heilens nichts", könnte man versucht sein zu sagen: Wer die Technische Hochschule besucht hat, weiß von Wesen, Zweck und Möglichkeiten der Technik nur wenig.

Es wird eine langwierige Aufgabe sein, das Interesse der Ingenieure bis zur freiwilligen aktiven Beschäftigung mit den eben behandelten Fragen zu steigern. Die technischen Lehranstalten können nur einen Teil der erforderlichen Arbeit leisten, der Rest muß in der Praxis vollbracht werden. Der Erfolg dieser Bemühungen wird davon abhängen, wie sie von der Industrie und den staatlichen Organen unterstützt werden und ob es gelingt, die große Menge der Ingenieure davon zu überzeugen, daß sich ihr Einfluß und Ansehen nie wesentlich über ihren heutigen Stand heben werden, so lange nicht wenigstens ein bestimmter Prozentsatz nicht mehr seine ganze Energie und Zeit an rein technische Aufgaben und Interessen verschwendet.

Ferner sollte man auf allen technischen Lehranstalten an geschickt ausgewählten Beispielen zeigen, welche Rolle die Theorie beim Auffinden von Neuland, beim Verfeinern von Konstruktionen und im Alltagsgebrauch spielt und welche Grenzen ihrer Anwendung so häufig gezogen sind. Nicht weniger wichtig ist, den Studierenden immer wieder die Bedeutung der am Anfang dieses Kapitels erwähnten charakterlichen Eigenschaften für den geschäftlichen Erfolg und die Entwicklung zur Persönlichkeit vor Augen zu führen. M. Schießer[1] empfiehlt, an den technischen Lehranstalten ein obligatorisches Fach über die Bedeutung der charakterlichen Eigenschaften für das Ingenieurschaffen einzuführen, weil man den jungen Menschen dadurch wirkungsvoll helfen könne, sich selber zu erziehen. In diesem Zusammenhang sollte auch gesagt werden, wie fehlerhaft folgende Auffassung über die Ingenieurtätigkeit ist, zu der manche Menschen wohl mit durch eine Eigenart des Schulunterrichtes kommen. Auf der Schule gibt es — wenigstens für die weniger nachdenklichen Schüler — für jede Frage eine bestimmte

---

[1] Bulletin Schweiz. Elektrotechn. Verein 1943. S. 230.

eindeutige Antwort, ob es sich um das Datum eines geschichtlichen Ereignisses, eine Übersetzung, eine mathematische Aufgabe oder die Anwendung von „Naturgesetzen" handelt. Daraus ziehen nun besonders etwas spießige Schüler den Schluß, in der Technik, die doch auf Mathematik und Naturgesetzen beruht, sei es ebenso. Sie glauben daher, jedes technische Problem müsse sich gewissermaßen vom grünen Tisch aus allein durch Berechnen und Anwenden von Theorie ohne Umwege, Probieren und Fehlschläge auf einem ganz bestimmten Wege lösen lassen, und mit dem sonstigen Leben verhalte es sich nicht viel anders. Aus dieser Einstellung entstehen die „Schreibtisch-Ingenieure"[1]), die alles besser wissen, die „Gebrauchsanweisungs-Ingenieure", die unglücklich sind, wenn sie nicht für das Erledigen sämtlicher Dinge Rezepte benutzen oder sich auf Präzedenzfälle stützen können, und die Bürokraten, die jede Individualität unterdrücken und alles reglementieren möchten, die Zeit durch Herumreiten auf nebensächlichen Kleinigkeiten totschlagen und vom Volksmund daher oft in Gedankenassoziation zu einer an den Gestaden der Ägäis wachsenden Frucht gebracht werden.

c) Hochschullehrer. Die Forderung, ein Hochschullehrer müsse Erzieher, Fachmann und Forscher sein, wird sich nur sehr selten erfüllen lassen, ist aber auch nicht wichtig. Er muß vor allem das, was er zu sagen hat, selber gründlich wissen und seinen Hörern verständlich und anregend beizubringen verstehen, was ihm nur gelingt, wenn er sich in ihr Vorstellungsvermögen hineinversetzen kann und fühlt, ob sie ihm zu folgen vermögen. Ein verständlicher Vortrag findet größere Aufmerksamkeit und bleibt besser haften als ein besonders tiefgründiger aber trockener. Ihn haben aber manche bedeutende Forscher nicht und erzielen daher, wie z. B. Hugo Junkers, als Lehrer nur unbefriedigende Ergebnisse. Außerdem vermittelt mindestens den durchschnittlichen Studenten die Berührung mit einem Forscher keine Vorstellung von seiner Bedeutung. Für sie kommt es auch gar nicht darauf an, letzte Feinheiten, sondern das möglichst gründlich zu lernen, was sie für den Alltagsgebrauch benötigen. Wer Lehrbefähigung und solide Fachkenntnisse mit der Gabe verbindet, seinen Schülern auch als Mensch etwas sagen und sie für eine Idee begeistern zu können, ist der beste Erzieher. Wir hatten geradezu Heißhunger, etwas darüber zu erfahren, wie es im Leben aussieht, und die heutige Generation dürfte ebenso sein. Viele meiner Jugendfreunde und ich denken auch nicht an die Lehrer am dankbarsten, bei denen wir „am meisten gelernt" haben, sondern an die, die uns als Mensch etwas zu sagen hatten. Man könnte aus diesen Gründen vielleicht von Zeit zu Zeit hervorragende Persön-

---

[1]) Siehe Fußnote auf Seite 106.

lichkeiten aus der Industrie über Probleme, die durchaus nicht rein technischer Natur zu sein brauchten, mit Vorteil vor Studenten sprechen lassen.

Beim Lehren spielt noch folgender Umstand eine Rolle. Dem jungen Menschen fehlen die Erfahrungen und der Überblick, um gewisse Dinge verstehen zu können, der gereifte, der bereits Erfahrungen besitzt, kann sich aber oft nicht mehr in das Vorstellungsvermögen junger Leute hineinversetzen und ihnen daher manches nicht recht klarmachen. Auch scheint es, daß fast alle Menschen erst gewisse saure Lebenserfahrungen selber gemacht haben müssen, bevor sie für fremden Rat genügend aufnahmewillig werden. Dies zeigt sich u. a. dann, wenn junge Leute, denen ein an Erfahrungen weit Überlegener einen Rat erteilen will, ihm mit allen Mitteln zu beweisen versuchen, daß sie richtig handeln, ohne ihn überhaupt aussprechen zu lassen und ohne über seine Gründe wenigstens etwas nachzudenken.

Beim Verlangen nach einer Vereinigung der Technischen Hochschulen mit den Universitäten spielen wohl bei manchen Ingenieuren Rücksichten auf die erhoffte Hebung des Ansehens ihres Standes mit. Ob sie wirklich erreicht und das Verständnis der Angehörigen anderer Fakultäten für die Technik besser werden würde, ist mindestens zweifelhaft. Zum Beispiel werden wohl viele Universitätsprofessoren die Notwendigkeit einer propagandistischen Betätigung, die Ungewißheit des geschäftlichen Erfolges und die Rolle der Wissenschaft als Hilfsmittel für die Ingenieurtätigkeit, d. h. Dinge nicht verstehen können, die der ganzen Haltung von Ingenieuren das Gepräge geben, denen die Erziehung Rechnung tragen muß und wegen derer für Studenten der Technik auch auf der Universität ein besonderer Lehrplan nötig wäre. Es ist daher nicht recht einzusehen, welchen positiven Vorteil ein Zusammenlegen von Universitäten und Technischen Hochschulen haben könnte.

d) Allgemeines. Der große Ingenieurmangel zwingt dazu, Abhilfe zu schaffen. Unter anderem soll dies durch Ermöglichung des Hochschulstudiums für besonders befähigte Volksschüler und besonders tüchtige Schüler von Maschinenbauschulen geschehen. Ein Herunterdrücken des allgemeinen Bildungsniveaus des Ingenieurstandes ist hiervon schon deshalb kaum zu befürchten, weil viele auf normalem Wege ausgebildete Diplomingenieure an über die unmittelbarsten Erfordernisse ihres Berufes hinausgehenden Dingen kein Interesse haben. Ein vielleicht bestehender Mangel an Umgangsformen sollte sich unschwer beseitigen lassen.

Die Frage, ob der heutige Hochschulbetrieb überhaupt zweckmäßig ist, taucht immer wieder auf. Viele von Diplomingenieuren

bekleidete Stellungen könnten tüchtige höhere Maschinenbauschüler
ebensogut ausfüllen, zumal gesunder Menschenverstand oft mehr benötigt wird als großes Fachwissen, und tüchtige Maschinenbauschüler ihr Studium mit mehr Eifer betreiben als viele unterdurch-
schnittliche Abiturienten, die die Technische Hochschule oft nur be-
ziehen, weil sie den Besuch einer Maschinenbauschule für einen sozialen Abstieg halten. Ihre Überweisung an Fachschulen würde dem
Lehrbetrieb auf den Technischen Hochschulen und, wenn ein Ingenieur nur nach der Leistung und nicht nach dem akademischen
Titel bezahlt werden würde, auch ihnen selber nützen, weil ihre Ausbildung kürzer und billiger wäre und später das verbitternde Gefühl
wegfiele, nie die Stellung erringen zu können, wie ihre einstigen begabteren Kommilitonen.

Manche Klagen über unzulängliche Leistungen technischer Lehranstalten übersehen übrigens, daß vieles dem fertigen Ingenieur
selbstverständlich Erscheinende es bei seinem Eintritt in die Praxis
nicht war. Im reiferen Alter ist man daher manchmal geneigt, etwas
für einen Mangel der Erziehung zu halten, was nur eine unvermeidliche Begleiterscheinung der Entwicklung ist. Im übrigen brauchen
viele tüchtige und von vorzüglichen Lehrern unterrichtete Studenten nach ihrem Studium eine gewisse Zeit, um das, was sie gelernt
haben, zu verdauen und sich ganz anzueignen. Eine technische Lehranstalt kann wohl das Tempo des Marsches vermitteln, seinen
Rhythmus, der ihn erst ergiebig und ausdauernd macht, kann aber
nur die Praxis lehren.

VII. Voraussetzungen für den beruflichen Erfolg.

Die Menschen glauben, der Himmel sei viele tausend Meilen von der Erde entfernt. Der rechte Himmel ist aber überall, auch an dem Orte, wo du gehst und stehst.

Jakob Böhme.

a) Einleitung. Vor allem Menschen, die es im Leben zu nichts gebracht haben, schreiben den Erfolg anderer gern unfairen Kampfmethoden und dem Zufall zu, womit sie sehr häufig unrecht haben. Wohl mögen einige auf zweifelhafte Weise zu einer gehobenen Stellung gelangen, sich in ihr behaupten können sie aber fast immer nur, wenn sie an sich tüchtig sind. Leider gibt es aber nicht immer (vor allem innerhalb derselben Firma) soviel geeignete Bewerber wie offene Posten und hierin ist es oft mehr als in Protektion begründet, daß mancher Bewerber später die auf ihn gesetzten Erwartungen nicht erfüllt. Andererseits kommt ein besonders fähiger Mensch natürlich nicht immer zu einer seinen Leistungen angemessenen Stellung. Beispielsweise können in einem Unternehmen alle für ihn geeigneten Posten bereits besetzt sein oder andere sein Weiterkommen verhindern, weil sie für ihr Ansehen oder ihre Stellung fürchten oder kann ihm die nötige Gewandtheit, ein eindrucksvolles Äußeres oder irgendeine der vielerlei Eigenschaften oder Voraussetzungen fehlen, die für das Vorwärtskommen in der Welt oft so wichtig sind, besonders wenn er es nicht versteht oder verschmäht, sich mit seinem Können gebührend in Szene zu setzen. Wie gerade die letzten 40 Jahre gezeigt haben, ist es Staatsmännern und Feldherren oft auch nicht anders ergangen. Da aber einen intelligenten und selbstbewußten Menschen wenig so zermürbt und demütigt, wie an der Entfaltung seiner Fähigkeiten verhindert zu sein und untätig zusehen zu müssen, wie viel besser eine Sache gemacht werden könnte, sollte er sich in solchen Fällen schnell nach einem anderen Wirkungskreis umsehen. Hierzu kommt noch folgender Umstand: Auf einem führenden Posten fließen einem Anregungen und Kenntnisse zu, die man in einer einfachen Stellung nie erhielte. Soweit ein Mensch ihn an sich (wenn auch anfänglich vielleicht nur unter Schwierigkeiten) überhaupt ausfüllen kann, wird er auf ihm nach ein paar Jahren ein umfassenderes Wissen, ein sichereres Auftreten und einen schärferen Blick haben, also mehr sein und leisten können, als wenn er in seiner früheren bescheideneren Stellung geblieben wäre. (Das Sprichwort „Wem der Herr das Amt gibt, dem gibt er den Verstand", findet in dieser Tatsache seine Begründung.) Auch deshalb sollte ein tüchtiger Mensch vor allem zwischen 30 und 40 Jahren einen Posten, in dem er seine Fähigkeiten nicht entwickeln kann, verlassen, weil er sonst verkümmert und die Fähigkeit zum Bekleiden einer leitenden Stellung allmählich überhaupt verliert.

Zufällig kann zwar von mehreren gleich tüchtigen Menschen nur ein einziger gerade dann an einer Tür vorbeigehen, wenn sie sich zum Suchen eines dringend benötigten Nachfolgers auftut, sonst spielt der Zufall, wenn man von Krankheit und Unglücksfällen absieht, nicht die oft vermutete große Rolle. Auch im Beruf haben solide Erfolge solide Grundlagen zur Voraussetzung, zu denen Wissen, Können und bestimmte, bereits erwähnte charakterliche Eigenschaften gehören. Der anscheinend unerklärliche Erfolg vieler Männer rührt nämlich häufig von überlegenen charakterlichen Eigenschaften her, die andere nur deshalb nicht merken, weil sie sie selber nicht besitzen, oder weil sie den Nutzen angelernten Wissens für den Kampf ums Dasein weit überschätzen[1]). Dabei könnten sie fast täglich sehen, daß nicht Mangel an Wissen, sondern an Weisheit eines der Hauptübel unserer Zeit ist. Wer andauernd Erfolge oder Mißerfolge hat, ist hieran fast immer selber schuld. Dem Menschen wird allerdings ein erheblicher, oft sogar der größere Teil seines Schicksals in die Wiege gelegt, den Rest bestimmen Elternhaus, Umwelt und sein Wille. Deshalb sind gesunde Eltern und ein glückliches, wenn auch noch so bescheidenes Elternhaus eine der größten Segnungen, die einem Menschen zuteil werden können. Unermüdliches Arbeiten an sich selber kann aber viel von dem Schaden wieder gutmachen, den Vererbung, mangelhafte Erziehung, schlechtes Milieu und schwache Gesundheit zugefügt haben. Das törichteste freilich, was ein Mensch tun kann, der vom Schicksal in dieser Beziehung nicht gut bedacht wurde, ist, zu jammern und die Hände tatenlos in den Schoß zu legen, statt sich mit allen Kräften gegen es zu wehren.

b) Der Wert der Arbeit. Die Großen aller Zeiten waren sich ungeachtet ihrer oft grundverschiedenen Natur und Einstellung zum Leben in der hohen Wertschätzung der Arbeit einig. Zar Peter der Große und der so ganz anders geartete König Friedrich der Große waren gewaltige Arbeiter. Die Worte eines L u d w i g X I V.: „Durch

---

[1]) Siehe auch Seite 179 und 184.

die Arbeit ist man König und um der Arbeit willen ist man König. Eines ohne das andere zu wollen, wäre Undankbarkeit und Vermessenheit gegen Gott, Ungerechtigkeit und Tyrannei gegen die Menschen" oder die seines Ministers C o l b e r t : „Arbeit ist die Quelle aller geistlichen und weltlichen Güter", stimmen weitgehend mit dem überein, was viele bedeutende Ingenieure hierüber gesagt haben.

Das Leben sämtlicher in diesem Buche erwähnten großen Erfinder bestätigt die Wahrheit des M o l t k e schen Wortes „Genie ist Fleiß", d. h. auch der überragenden Begabung bleibt der Schweiß nicht erspart, wenn sie etwas leisten will. Bei einem genialen, lange Zeit erfolgreichen Manne, mit dem mich das Schicksal zusammenführte, würde es mir schwerfallen, zu sagen, ob sein Stern zu sinken begann, als ihn sein Genie oder als ihn sein Fleiß verließ, wahrscheinlich taten sie es zusammen. Ein weiser Mensch erblickt daher in der Arbeit keine Plage, sondern etwas auf Grund unserer Konstitution Natürliches und zum gesunden Leben ebenso Notwendiges wie Nahrung, Erholung und Schlaf. Es kann daher auch niemals, wie manche meinen, Endziel der Technik sein, den Menschen von jeglicher, sondern nur von übermäßiger und gesundheitsschädlicher Arbeit zu entlasten.

Wie in der bildenden Kunst ein M i c h e l a n g e l o , so sind auch in der Technik hart um ihr Werk ringende Naturen häufiger als Männer, denen, wie R a f f a e l , der Erfolg fast spielend in den Schoß fiel. Häufig gehört der Erfolg nicht dem intelligenteren, sondern dem fleißigeren und beharrlicheren Menschen, und die Mehrzahl der Ingenieure braucht nicht so sehr überragenden Verstand als Fleiß, Zuverlässigkeit und Ausdauer. Viele leitende Ingenieurposten wurden „durch Überstunden" errungen. Ein fleißiger und zuverlässiger Ingenieur ist für ein Unternehmen häufig wertvoller als ein ihm an Intelligenz überlegener, bei dem man aber nie weiß, wieweit man sich darauf verlassen kann, daß er seine Arbeiten fehlerfrei und fristgemäß erledigt. Mit Fleiß, Zuverlässigkeit und anständigem Charakter kann auch ein Ingenieur ohne überragende Gaben eine sichere und geachtete Stellung erlangen. Ohne Gründlichkeit auch im Nebensächlichen hat Ingenieurtätigkeit auf die Dauer keinen Bestand. Liebe zum Detail ist die Ursache vieler Dauererfolge, und weniges erleichtert den Erfolg in großen Dingen so sehr, wie sich von Jugend an bemühen, in kleinen sorgfältig und ordentlich zu sein.

Zwei Ingenieure derselben Intelligenz können mit ihren Gaben sehr Verschiedenes vollbringen, je nachdem, welchen Gebrauch sie von ihnen machen. Es gibt nämlich ebenso ein geistiges Training, wie es ein körperliches gibt, das bei Ausdauer und Fleiß Dinge begreifen und gelingen läßt, von denen man anfänglich glaubte, man würde nie mit ihnen fertig werden. Wenn man eine Sache nicht auf das erste Mal versteht, studiere man sie zwei-, fünf- und, wenn es sein muß, zehn- oder zwanzigmal. Geht man hierbei systematisch vor, so kann auch ein Mensch ohne überragende Fähigkeiten zu beachtlichen Leistungen kommen. Das Rezept ist so einfach, daß es viele junge Leute gerade seiner Einfachheit wegen und deshalb nie ernstlich versuchen, weil sich der Erfolg nur langsam zeigt und sie immer wieder mutlos werden, wenn ihnen etwas nicht so schnell gelingen will wie anderen.

Bei gleicher Intelligenz wird — wenn man von genialen Menschen absieht — im allgemeinen derjenige geschäftlich am erfolgreichsten sein, der in seinem Beruf am ausgeglichensten begabt ist. Wer seine ganze Energie, Zeit und Intelligenz lediglich seinem Beruf widmet, wird es oft „weiter" bringen als jemand mit umfassenden Interessen, ob er deshalb beneidenswerter ist, ist eine andere Frage.

c) **Der Wert von Wissen und Können.** Da in der Technik alles fortwährend in Fluß ist, trägt das auf der Hochschule Gelernte auf die Dauer nur Früchte, wenn es ein Ingenieur unablässig erweitert, vertieft und den Bedingungen anpaßt, unter denen er arbeitet. Ein an Umfang beschränktes aber solides Wissen ist wertvoller, als von den verschiedensten Dingen etwas, aber nichts gründlich zu wissen. Wer es versteht, sich auf mehreren Gebieten ein durchschnittliches, auf mindestens einem ein den Durchschnitt erheblich überragendes Wissen anzueignen, hat die beste Aussicht, einen überdurchschnittlichen Posten erringen und ohne die Nachteile eines ungesunden Spezialistentums ausfüllen zu können. Dann wird auch seine Tätigkeit ergiebiger und sein Gesichtsfeld schon im Anfang seines beruflichen Wirkens weiter, als wenn er sich nur mit ihn unmittelbar angehenden Dingen befaßte. Ein Ingenieur, den sein Beruf interessiert und der weiterkommen will, sollte seine Schulkenntnisse durch Fachzeitschriften, Bücher, Mitarbeit an einem der von den Ingenieurorganisationen aufgezogenen Arbeitskreise und Meinungsaustausch mit anderen Ingenieuren fortwährend erweitern. Je mehr er anderen von seinen Kenntnissen mitteilt, um so bereitwilliger werden sie ihn über die ihrigen unterrichten. Gleich unerfreulich als Kollege wie Mensch sind die sich in sich selbst einkapselnden Duckmäuser, die andere begierig aushorchen, aber ihnen von dem, was sie selber wissen, tunlichst nichts verraten. Wer literarische Neigungen hat, pflege sie oder halte Vorträge. Der etwas schüchtern Veranlagte bemühe sich, wenigstens im kleinen Kreise frei zu sprechen, es ist unerheblich, wenn ihm dies im Anfang nicht recht gelingen will.

Wissen ist im wahrsten Sinne des Wortes ein Zinsen tragendes Kapital, das man nicht wie Geld oder eine Stellung verlieren kann. Wer viel weiß, kann sich am ehesten von den Wechselfällen des Lebens und persönlicher Gunst unabhängig machen, sich lästige Menschen vom Leibe halten und auch im vorgerückten Alter auf ein erträgliches Dasein rechnen. Eine Stellung, in der man sein Wissen nicht erweitern kann, bietet diese Gewähr nicht, so verlockend sie finanziell sein möge. Man lebt in ihr gewissermaßen von seinem geistigen Kapital und nicht von dessen Zinsen.

Infolge des heute auf vielen Gebieten vorliegenden ungeheuren Tatsachenmaterials können sich manche Ingenieure nicht vorstellen, wie mager die Unterlagen im Anfang vieler Entwicklungen waren und sich daher oft nicht helfen, wenn sie selber eine beginnen sollen. In solchen Fällen gilt „das Bessere ist des Guten Feind" und „ultra posse nemo obligatur" (man kann von niemanden mehr verlangen, als was er zu leisten vermag). Diese Sprichwörter wollen sagen, daß eine rohe Faustformel, eine nur auf 200—500 % zuverlässige Festigkeitszahl oder eine primitive Maschine immer noch besser ist als gar keine, und daß der Ingenieur da, wo jede Vorausberechnung versagt, probieren muß. Viele bedeutende Erfindungen sind auf diesem Wege entstanden. Der Umstand, daß man auch heute noch selbst im normalen Maschinenbau auf die errechneten Werte oft den mehrfachen Betrag als Sicherheit zuschlägt, zeigt, wie gering unser theoretisches Wissen auf vielen uns längst vertrauten Gebieten ist, bzw. wie schwierig manche Vorgänge rechnerisch erfaßbar sind. In solchen Fällen hat es daher die Erfahrung als praktischer erwiesen, reichliche Sicherheitszuschläge zu machen, als zeitraubende „genaue" Rechnungen anzustellen, zumal sie oft nur neue Unsicherheiten in sich schließen. Wahrscheinlich wird die Technik auf vielen Gebieten noch lange so verfahren müssen, trotzdem sollte man versuchen, die Grenzen des durch Berechnung Erfaßbaren möglichst zu erweitern. Nun sind selbst im normalen Maschinenbau viele Vorgänge so verwickelt, daß ungewöhnliche theoretische und mathematische Kenntnisse nötig wären und es untragbar lange dauern würde, wenn man alle Feinheiten der Naturgesetze bei der Berechnung berücksichtigen wollte. Da derartige Rechnungen oft nur in größeren Zeitabschnitten vorkommen, wäre auch die Gefahr von Irrtümern aus Mangel an Routine und infolge der unübersichtlichen Formeln zu groß. Das Ausarbeiten von einfachen, plastischen, besonders graphischen Berechnungsverfahren, mit denen auch der durchschnittliche Ingenieur zuverlässig und schnell arbeiten kann, obgleich sie die verwickelten Verhältnisse weitgehend berücksichtigen, gewinnt daher ebenso wie leicht verständliche Darstellungen verwickelter Zusammenhänge neben dem Schaffen der wissenschaftlichen Grundlagen zunehmende Bedeutung. Auch hier drängt sich ein Vergleich mit Ärzten auf, indem Untersuchungsverfahren, die von großen Kliniken mit Recht benuzt werden, vereinfacht werden müssen, um sich für den Gebrauch des praktischen Landarztes zu eignen.

Um eine Sache zutreffend beurteilen zu können, muß man den Tatbestand gründlich kennen, was durch Fragen oft am schnellsten gelingt. Vor Fragen haben viele Ingenieure aus Bequemlichkeit und deshalb eine Scheu, weil sie fürchten, sich bloßzustellen, obgleich dies ein kleineres Übel wäre, als halbwissend zu bleiben. Man muß sich freilich überlegen, was man wissen möchte, bevor man eine Frage stellt. In schwierigen Fällen schreibe man sie nieder, wobei sich die Antwort oft von selbst ergibt. Je klarer man fragt, um so eher bekommt man eine klare Antwort. Glaubt man etwas nicht richtig verstanden zu haben, so geniere man sich nicht, um Aufklärung zu bitten. Man wird dann öfters sehen, daß der andere selber nicht recht im Bilde ist. Fragen läßt sich zu einer Kunst entwickeln, indem man eine Frage entweder so stellt, daß der Gefragte genau weiß, was man wissen möchte, oder indem man sie in eine so beiläufige Form kleidet, daß er durch seine Antwort etwas verrät, was er bewußt nie bekanntgegeben hätte. Es gibt freilich dumme und „dumme" Fragen. Die ersteren verraten mangelhaftes Wissen oder Bequemlichkeit, die letzteren haben den eben erwähnten Zweck, verlangen aber Unbekümmertheit um den Eindruck, den sie machen. Wer sich hiervor fürchtet, erinnere sich an den Ausspruch des Fürsten Metternich, eines der klügsten Staatsmänner des vergangenen Jahrhunderts, „mögen sie mich ruhig für den Düpierten halten, mir kommt es nur darauf an, wer wirklich düpiert wird".

Viele Ingenieure können ihre Gedanken aus Mangel an sprachlicher Gewandtheit und Konzentrationsfähigkeit nicht richtig zur Geltung bringen. Teils drücken sie sich unklar aus, teils sagen und schreiben sie etwas ganz anderes, als was sie meinen und sagen wollen, teils gelangen sie vom Hundertsten ins Tausendste. Die Vorliebe vieler Menschen für das Unwesentliche verführt sie zu einer außerordentlichen Breite und z. B. zum Beifügen völlig entbehrlicher umständlicher Rechnungsgänge zu ihren Darlegungen. Mein einstiger Lehrer, Prof. R i e d l e r , sagte hierzu, man wolle doch das fertige Möbelstück und nicht die bei seiner Anfertigung entstandenen Hobelspäne kaufen. Der Hang zur Breite zeigt sich auch in technischen Zeitschriften, wodurch sie für den Nichtspezialisten an Wert verlieren. Viele Veröffentlichungen sind ganz einseitig auf die Bedürfnisse von Spezialisten eingestellt und so abgefaßt, daß ihre Ergebnisse nur bei sorgfältigem Durchlesen der ganzen Arbeit verständlich werden. Hierzu fehlt aber vielen Ingenieuren die Zeit. Infolgedessen kommt manche wichtige Erkenntnis nur einem kleinen Kreis zugute. Insbesondere räumen viele Verfasser mathematischen Darlegungen einen zu breiten Raum ein, selbst wenn sie so schwierig sind, daß sie nur wenige Leser verstehen können. Ähnliches gilt von der Schilderung verwickelter versuchstechnischer Anordnungen. Untersucht z. B. ein Verfasser einen bestimmten Vorgang, um daraus Folgerungen für den Bau einer Maschine ziehen zu können, so wird er zunächst mit Hilfe der Mathematik gewisse grundsätzliche Zusammenhänge ermitteln, dann durch Versuche die Brauchbarkeit seiner Gleichungen nachprüfen und schließlich auf Grund dieser Arbeiten praktische Folgerungen ziehen. Viele Verfasser machen nun den Fehler, daß sie zunächst — meist viel zu breit — die mathematische Behandlung, dann die Schilderung der Versuchsdurchführung mit allen Einzelheiten und erst zuletzt und nicht selten an versteckter Stelle ihre Schlußfolgerungen bringen.

Solche Arbeiten wären, ohne die Interessen der Spezialisten zu beeinträchtigen, für einen weit größeren Leserkreis brauchbar, wenn der Verfasser zunächst kurz sagen würde, was er zeigen will und zu welchem Ergebnis er gekommen ist, und wenn er den übrigen Teil der Arbeit als Anhang beifügte. Der Vielbeschäftigte könnte dann das Wichtige schnell erfahren, aber auch diejenigen, die sich für Einzelheiten interessieren, würden auf ihre Kosten kommen. Schließlich ist der Umfang mancher Arbeiten in der für einen weiteren Leserkreis bestimmten Fachpresse zu groß. Es ist das kleinere Übel, wenn einige wenige Leser sich mit einer Rückfrage an den Verfasser wenden müssen, als wenn zahlreiche Fachgenossen aus Mangel an Zeit die Arbeit überhaupt nicht lesen können.

Sprachlich gewandte Ingenieure sind auch bessere Unterhändler und bleiben selbst bei großen Interessengegensätzen sachlicher als unbeholfene. Die Schilderung eines Vorganges mit wenigen Worten verlangt, daß man sich das Wesentliche selber klarmacht und Wichtiges vom Unwichtigen trennt, ist also ebensosehr Ergebnis einer gründlichen Beschäftigung mit dem Gegenstand wie sprachlicher Gewandtheit. Besonders in jüngeren Jahren wird der erste Entwurf eines Briefes es oft an Klarheit und Kürze fehlen lassen. Es kostet aber auch für den Briefschreiber weniger Mühe und Zeit, ihn durch einen zweiten besseren zu ersetzen, als wenn er die Verwirrung, die sein erster Entwurf angerichtet haben würde, später durch weitere Briefe wieder aus der Welt schaffen muß.

d) Der Wert von Gesundheit und Charakter. Das Wort von der gesunden Seele in einem gesunden Körper zeigt, für wie wichtig kluge Menschen gute Gesundheit schon im Altertum gehalten haben. Da ein gesunder Mensch dasselbe widrige Geschick gelassener erträgt und aufnahmefähiger und ausdauernder ist als ein kranker, geht er an ein Unternehmen mit größerem Wagemut heran und verfolgt es hartnäckiger. Man sollte deshalb schon in der Jugend für einen vernünftigen Ausgleich zwischen Arbeit und Erholung sorgen und dem Körper geben, was ihm gebührt. Infolge seiner erstaunlichen Widerstandsfähigkeit wird er oft in einer Weise überlastet, wie man es mit einer Maschine niemals tun würde. Nicht gelegentliche, sondern die körperlichen und geistigen Fähigkeiten weit übersteigende Dauerbeanspruchungen, womöglich in Verbindung mit unzureichender Ernährung, untergraben vor allem in den Entwicklungsjahren die Gesundheit. Deshalb ist das unter großen Entbehrungen durchgeführte Studium für manche Menschen, die wegen der spießbürgerlichen Überschätzung des „Akademikertums, und nicht aus innerem Drang eine Hochschule besuchen, ein viel größeres Unglück, als wenn sie nie studiert hätten, siehe Seite 176.

Für den Erfolg ist vor allem der Wille entscheidend. Der große Soldat C l a u s e w i t z (1780—1831) sagt: „Der Wille ist das Mächtigste auf Erden", R u d o l f D i e s e l : „Der Wille bestimmt das Schicksal der Menschen, nicht das Wissen", W e r n e r v o n S i e m e n s : „Nur nicht überall das törichte Wort ‚es geht nicht' aussprechen. ‚Ich kann nicht, ist fast immer allein berechtigt", A l f r e d K r u p p : „Das Erreichen hängt bloß vom Willen ab." Deshalb sollte man schon dem Kinde ein bestimmtes Maß von Wollen lassen und es im Jüngling allmählich zum Willen entwickeln. Ingenieure ohne Willen haben nicht die zur Lösung schwieriger Aufgaben erforderliche Tatkraft und Verantwortungsfreudigkeit und werden, wenn sie der Zufall auf einen leitenden Posten stellt, meist Spielball fremder Willen werden. Aus Mangel an Willen kommen viele Menschen nie zu dem Wissen, aber auch nicht zu der Zufriedenheit, die zu erreichen ihnen an sich möglich wäre. Wenn sie etwas nicht auf Anhieb begreifen, glauben sie, sie seien der Materie nicht gewachsen und werfen die Flinte ins Korn. Da die Hälfte unseres Lebens aus Hindernissen und unangenehmen Überraschungen besteht, können nur solche Ingenieure Großes leisten, die sich gegen jedes widrige Ereignis wie gegen einen persönlichen Feind zur Wehr setzen, gleichgültig, ob es sich um kleine oder große Fragen, Menschen oder Dinge handelt. Besonders im Anfang ihrer industriellen Betätigung geben sich manche Ingenieure viel zu leicht geschlagen, halten eine Sache, die auf Schwierigkeiten stößt, viel zu früh für aussichtslos oder streichen vor einem überraschenden Argument vorzeitig die Flagge. Jede Schwierigkeit, der man aus dem Wege zu gehen versucht, ist aber eine Art verlorenes Gefecht und nicht selten eine dauernde Schwächung des Willens und Selbstvertrauens, während ihre, wenn auch unter Mühen geglückte Beherrschung zum Überwinden größerer Schwierigkeiten ermutigt. Mir hat in dieser Beziehung der Rudersport sehr genützt. Weniges fördert in der Jugend Ausdauer, Willen und Ehrgeiz so sehr und bietet im reifen Alter ein solches Gegengewicht für die Aufregungen des Berufes wie er. Er lehrt auch, daß der Erfolg häufig dem gehört, der einen einzigen Atemzug länger aushält als ein anderer.

Aus Mangel an Willen studieren manche jungen Leute unter allen möglichen Bemäntelungen Sondergebiete, von denen sie weniger Schwierigkeiten als vom normalen Studiengang erwarten und schaden dadurch oft ihrer ganzen Zukunft. Die Bedeutung des Willens darf natürlich nicht so aufgefaßt werden, als ob z. B. ein Ingenieur, der notorisch keine konstruktive oder theoretische Ader hat, mit allen Kräften versuchen müsse, Konstrukteur oder Theoretiker zu werden. Er würde sich damit nur unglücklich und wahrscheinlich auch lächerlich machen. Man muß aber auch wissen, was man will, gleichgültig, ob es sich um das Schreiben eines Briefes oder einer wissenschaftlichen Arbeit, die Verbesserung einer Maschine oder geschäftliche Besprechungen handelt. Sehr viele Menschen wollen entweder gleichzeitig verschiedene miteinander ganz unvereinbare Dinge oder fühlen nur stumpf, daß sie etwas wollen, ohne genau sagen zu können, was. Sie verschwenden infolgedessen eine Unmenge Zeit und Energie nutzlos und stiften oft viel Verwirrung an.

Der Herdentrieb der Menschen kommt u. a. darin zum Ausdruck, daß viele Jungingenieure dem gerade populärsten Zweig der Technik mit Vorliebe zuströmen. In meiner Jugendzeit war es der Bau von Dieselmotoren. Die Folge davon ist ein so scharfer Wettbewerb, daß nur ganz wenige in eine gehobene Stellung gelangen können. Man wird an „die dümmsten Ochsen, die in den vollsten Pferch drängen‘‘ erinnert, wenn man sieht, wie in anderen Zweigen (z. B. dem sehr interessanten Bau von Land-, Büro-, Rechen- oder Verpackungsmaschinen usw.), die die jungen Leute nicht für „ebenbürtig‘‘ halten, weil sie i. E. „unwissenschaftlich‘‘ sind oder kein Kolleg über sie gelesen wird, eine erheblich bessere Möglichkeit besteht, Originelles zu leisten und vorwärts zu kommen.

Je höher ein Mensch steigt, um so härter muß er gegen andere, aber auch gegen sich selber sein können, denn auch in der Technik lassen sich große Ziele ohne Härten oft nicht erreichen. Wer nicht „nein‘‘ sagen kann, ist für viele Posten ungeeignet. Große Bereitwilligkeit auf fremde Wünsche einzugehen, ist viel häufiger ein Zeichen innerer Schwäche als von Menschenfreundlichkeit und schadet nicht selten mehr als sie nützt. Menschen ohne Härte gegen sich selbst vertrauen zu sehr auf fremde Hilfe, neigen mehr zum Bereden der vermeintlichen Ursache einer unangenehmen Lage als zur Selbsthilfe und kommen auf den Gedanken ihrer Mitschuld an einem Mißgeschick fast ebenso selten wie Wichtigtuer, die in der unsinnigsten Weise auf vermeintlichen Rechten oder Lappalien herumreiten (kennzeichnend sind die Unfälle infolge Mißbrauches des Vorfahrrechtes beim Autofahren).

Dem Willen verwandt ist Zivilcourage, die man bei einfachen Leuten oft mehr als bei ehemaligen Akademikern findet. So versuchte R i c h a r d T r e v i t h i c k zu einer Zeit, als Festigkeitsberechnungen kaum existierten, den zulässigen Kesseldruck dadurch zu bestimmen, daß er ihn so lange steigerte, bis die Packungen herausflogen. Sie wird aber auch, wie folgendes Beispiel zeigt, bei körperlich ungefährlichen Angelegenheiten benötigt. Das Herstellen eines technischen Werkes wird von einer Firma meist derartig in Angriff genommen, daß sie verschiedene Ingenieure zu einer Arbeitsgemeinschaft vereinigt, die u. a. entscheidet, wie weit an Grenzbelastungen herangegangen werden soll. Ein gewisses Risiko muß hierbei fast immer in Kauf genommen werden, wenn man das Geschäft nicht von Anfang an verlieren will. Einer der zuständigen Ingenieure kann nun im Laufe der Zeit darüber in Zweifel geraten, ob die seinerzeit mit seiner Zustimmung gewählten Beanspruchungen vertretbar sind. Bis dahin kann die Entwicklungszeit so fortgeschritten sein, daß eine Änderung große Umstände verursachen und daher bei den übrigen Beteiligten auf scharfen Widerstand stoßen würde, zumal der Einsprechende einen schlüssigen Beweis für die Berechtigung seiner Einwände nicht immer führen kann. Es gehört dann oft viel Zivilcourage dazu, sie trotzdem durchzusetzen, zumal die Vorgänge meist verwickelter liegen, als hier geschildert werden kann und oft erhebliche Imponderabilien mitspielen. Ferner bringen es viele Ingenieure nicht über sich, einen Irrtum einzugestehen, obgleich bekanntlich nur besonders dumme oder passive Menschen sich niemals täuschen. A l f r e d K r u p p sagte hierzu: „Wer arbeitet, macht Fehler, wer viel arbeitet, macht mehr Fehler[1]), nur wer gar nichts tut, braucht auch keine Fehler zu machen." An unangenehmen Erkenntnissen versuchen sich aber viele Fachgenossen mit allen Mitteln vorbeizudrücken, weil sie nicht begreifen, daß es in der Technik nur eine Frage der Zeit ist, bis sich die Folgen eines Irrtums zeigen, selbst wenn noch so einflußreiche Persönlichkeiten bei der Taufe der

---

[1]) Schon Voltaire sagte, es sei das Vorrecht des wahren Genies und vor allem des Genies, das eine Neuentwicklung eröffnet, ungestraft schwere Fehler machen zu dürfen.

betreffenden Maschine Pate gestanden sind und Beifall gespendet haben.

Schließlich verlangt jedes Schaffen von etwas Neuem Zivilcourage, weil Fortschritte ohne Risiko des Mißerfolges nicht möglich sind und auch größtes Wissen und alle Umsicht nicht immer vor Mißerfolg schützen. Menschen mit Angst vor diesem Risiko eignen sich für technische Pionierarbeit nicht, und wer beim Anpacken von etwas Neuem sich andauernd fragt, ob er wohl Erfolg haben werde, kann auch seine Mitarbeiter nicht mit der erforderlichen Zuversicht erfüllen.

Das Herbeiführen vollendeter Tatsachen, das auch in der Technik manchmal die beste Lösung ist, kann ebenfalls viel Zivilcourage erfordern.

Ein Ingenieur muß auch den Mut haben, zu sorgfältigen Beobachtungen selbst dann zu stehen, wenn sie Ergebnisse zeitigen, die zunächst nicht erklärlich oder unbequem sind. Er sollte sich aber weder verleiten lassen, Korrekturen an ihnen vorzunehmen, um sie mit der herrschenden Ansicht in Übereinstimmung zu bringen, oder weitgehende Schlüsse aus ihnen ziehen, bevor er die Ursache des eigenartigen Verhaltens nicht erkannt hat. In den ersten Jahren meiner beruflichen Tätigkeit gab ich mir beispielsweise größte Mühe, auf Grund von Messungen der Rauchgastemperaturen die Übereinstimmung der Abnahme des Wärmeinhaltes der Rauchgase mit der Zunahme des Wärmeinhaltes des Speisewassers im Rauchgasvorwärmer von Dampfkesseln festzustellen. Im Gegensatz zu den Untersuchungen eines bekanten Ingenieurs jener Zeit gelang mir dies fast nie und ich glaubte lange, meine Ungeschicklichkeit sei hieran schuld. Das Rätsel fand seine Lösung erst etwa 10 Jahre später, als sich zeigte, daß ohne Zufall oder „corriger la fortune" eine Übereinstimmung gar nicht möglich gewesen war, weil nicht ungeschicktes Messen, sondern die Abstrahlung der Rauchgasthermometer an die „kalte" Heizfläche und andere Gründe schuld gewesen waren, deren Einfluß man damals noch nicht kannte und gegen den man sich daher auch noch nicht schützen konnte.

e) Der Wert der Erfahrung. Um viele und wertvolle Erfahrungen sammeln zu können, muß ein Ingenieur wachsam und vorurteilslos, aber auch gegen sich und andere skeptisch sein und wie der große Arzt Emil von Behring die Gabe haben, „sich über etwas wundern" zu können. Tritt ein Ingenieur nicht an alles, was in seinen Gesichtskreis tritt, unbefangen und aufnahmebereit heran, so gehen ihm viele wertvolle Beobachtungen verloren, prüft er fremde Erfahrungen oder das, was er und andere gewohnheitsmäßig machen, nicht kritisch, so kommt er anstatt zu selbständigem Denken zu einer

Unmenge zusammenhangloser verworrener Ansichten. Auch hier kann er mit Erscheinungen beginnen, um die sich andere nie den Kopf zerbrechen, und wird bald finden, wieviel sich besser machen läßt. Manche lohnende Alltagserfindungen ergeben sich fast von allein, wenn man auf Dinge achtet, die „nicht praktisch" sind. Prof. S t u m p f pflegte zu erzählen, wie das eigenartig geformte Übergangsstück der Dachrinne eines Hauses, an dem er täglich vorbeikam, ihn auf seine Dampfturbinendüsen gebracht habe, und manchem Ingenieur wird mit anderen Vorbildern, an denen zahllose Fachgenossen achtlos vorbeigehen, Ähnliches passiert sein.

Für einen wachsamen Ingenieur kann zum Segen werden, was ein anderer für ein großes Unglück hält. S m i t h erkannte die zweckmäßige Bemessung von Schiffsschrauben, als seine erste Schraube bei einer Grundberührung schwer beschädigt worden war. Das Vorurteil des Publikums gegen eiserne Schiffskörper wurde überwunden, als ein gestrandetes eisernes Schiff trotz schwerer Brandung wieder hergestellt werden konnte. Zwei zuckende Froschschenkel und eine auf bestimmte Weise bewegte Drahtspule wurden der Ausgangspunkt der Elektroindustrie, weil zwei geniale Menschen sich über etwas „wunderten", das viele hochgelahrte Herren keines Blickes gewürdigt hätten. Die einzige Reaktion auf ein „Wundern" besteht aber bei vielen Menschn darin, daß sie das Neue und Ungewohnte verspotten, ohne sich die Mühe zu geben, zu überlegen, ob es vielleicht nicht doch besser ist als ihr alter Trott. Ein Ingenieur darf auch nicht, was der Schulmedizin so geschadet hat, Dinge von vornherein ablehnen, weil sie von einem Laien stammen oder der herrschenden Theorie widersprechen. Prof. S l a b y suchte uns dies aus Anlaß des um die Jahrhundertwende über die Wünschelrute entbrannten Streites mit folgenden Worten klarzumachen: „Ob die Wünschelrute die ihr zugeschriebene Wirkung hat, entzieht sich meiner Kenntnis. Wenn sie aber Wissenschaftler lediglich deshalb als Humbug bezeichnen, weil sie sich ihre Wirkung nicht erklären können, so begehen sie meines Erachtens einen grundsätzlichen Fehler, denn der Umstand, daß der Mensch sich eine Erscheinung nicht erklären kann, beweist noch lange nicht, daß sie nicht existiert." Wie sehr sich aber der Begriff des Selbstverständlichen in einer Generation verändern kann, zeigt, daß wir als Primaner nicht glaubten, in dem Zylinder eines Kraftwagenmotors könne eine Flamme auftreten[1]), und daß acht Jahre später das Fliegen der Gebrüder W r i g h t in liegender Stellung allgemein für ein ungeheuerliches Wagnis gehalten

---

[1]) Prof. R i e d l e r weist auf denselben Vorgang in einer allerdings früheren Periode in seinem Buche „Großgasmaschinen" hin.

wurde. Der heutigen Jugend sind beide Dinge etwas Natürliches, weil sie sie von Kindheit an kennt.

Immer ist es das Neue, Unbekannte, das intelligente Menschen fesselt. Für den jungen Ingenieur sind die einzelnen Tatsachen neu, für den älteren das Ganze, und daher interessiert sich der junge Ingenieur vorwiegend für die Einzelheiten, aus denen sich im Laufe der Zeit seine Erfahrung formt, der ältere für das Ganze, das sich erst auf Grund der in vielen Jahren gesammelten Erfahrungen überblicken und beurteilen läßt. Hierin ist es auch begründet, daß die, die ein neues Gebiet erschlossen haben, von denen, die es routinemäßig weiterbeackern, verdunkelt werden, sobald eine gewisse Entwicklungsstufe erreicht worden ist, weil für die Pioniere die zahllosen Einzelheiten, die sich später als zweckmäßig erweisen und häufig fast von selber ergeben, oft nicht mehr besonders interessant sind.

Ein Jungingenieur muß zu fremden Erfahrungen, auf denen sein Studium im wesentlichen beruhte, eigene Erfahrungen sammeln und immer wieder feststellen, ob sie sich mit dem decken, was ihm gelehrt wurde. Durch das ihm zu Gebote stehende Zahlen- und Beobachtungsmaterial bekommt der erfahrene Ingenieur ein dem Anfänger unvorstellbares „Gefühl" für das Richtige, indem er fast intuitiv Einflüsse berücksichtigt, die sich rechnerisch nur mit viel Zeitaufwand erfassen lassen. Ein erfahrener Ingenieur denkt gewissermaßen in „technischen Integralen", wo sich der junge Ingenieur mit einzelnen Überlegungen oder umständlichen Rechnungen abquälen muß, und kann etwa mit einem in Mathematik fortgeschrittenen Studenten verglichen werden, der die Lösung vieler (mathematischer) Integrale fast sofort „sieht", während sie ihm früher schweres Kopfzerbrechen verursachte.

Da auch eine Firma von Ruf eine Unsumme von Erfahrungen verkörpert und ein in vielen Jahren aufeinander eingespielter Ingenieurstab mehr bedeutet als die Summe seiner einzelnen Intelligenzen, kann ihr Erlöschen ein schwerer Verlust für die Technik eines ganzen Landes sein.

In der Technik wie in Kunst und Politik hat fast jede Epoche ihre eigenen spezifischen Irrtümer und Schlagworte. Von Seeckt meinte, es gäbe drei Dinge, gegen die der menschliche Geist vergeblich ankämpft: Dummheit, Bürokratie und Schlagwort, und alle drei würden sich auch darin gleichen, daß sie möglicherweise notwendig sind. Schlagworte haben in der Technik freilich meist eine kürzere Lebensdauer als auf anderen Gebieten, die Menschen hängen an ihnen aber um so stärker, je gelehrter das Gewand ist, in dem die Irrtümer auftreten; auch in der Technik gibt es eine Mode, die neben Auswüchsen Gesundes mit sich bringt. Der Ingenieur muß frühzeitig erkennen, ob es zweckmäßig ist, sie mitzumachen oder gegen den Strom zu schwimmen. Ob es sich nun um einen Kraftwagen oder eine sonstige Maschine, eine Fabrik oder ein Kraftwerk, ein Fertigungsverfahren oder eine Tätigkeit im Laboratorium handelt, immer muß er seine Sinne gebrauchen und „aufpassen". Deshalb ist „sehen lernen" so wichtig für Ingenieure. Aber auch in persönlichen Angelegenheiten nützt gute Beobachtungsgabe viel. Zum Beispiel ermöglichen Handschrift, Formulierung eines Briefes, Minenspiel und Hände eines Partners wertvolle Rückschlüsse und machen manche delikate Fragen überflüssig.

Menschlich und technisch muß man durch viele Irrtümer, Enttäuschungen und Sorgen wandeln, um zu ein paar wertvollen „Wahrheiten" und Erkenntnissen zu gelangen. Aber so wie den Menschen nichts, was Wert hat, ohne Anstrengung in den Schoß fällt, so müssen sie auch für ihre technischen Erfahrungen oft schweres Lehrgeld zahlen. Das Entwickeln aller bedeutenden Erfindungen besteht großenteils in einem Sammeln von Erfahrungen. Man kann daher sagen, daß jede Erfahrung einen bestimmten Geldwert hat und der, der sie nicht besitzt, entsprechend ärmer ist.

Bei ihrem Streben nach vorwärts sollten schließlich Ingenieure niemals vergessen, daß ein Mensch das auf Grund seiner Individualität und Kenntnisse an sich erreichbare Höchstmaß an Erfolg und Zufriedenheit aus seinem Leben häufig nicht herausholt, weil er in den seltenen Augenblicken, in denen ihm das Schicksal seine Hand hierzu sichtbar bietet, die erforderliche Entschlußkraft nicht aufbringt oder nicht „aufpaßt". Es ist erstaunlich, wie manche sonst klugen Menschen derartige entscheidende Gelegenheiten ungenutzt vorbeiziehen lassen. Freilich ist der Wink des Schicksals oft kaum wahrnehmbarer als das Säuseln des Windes oder das leichte Spiel der Wellen.

d) Große Ingenieure. Berücksichtigt man, daß nach Ansicht vieler guter Kenner der Geschichte „Erfindungen und nicht Eroberungen" die großen Marksteine des historischen Geschehens sind, Seite 124, und daß zwei technische Erfindungen, Bronze und Eisen, ganzen Zeitaltern den Namen gegeben haben, so mag die Frage überraschen, ob auch überragenden Ingenieuren der Begriff „historische Größe" zugesprochen werden kann, wie ihn der berühmte Baseler Geschichtsforscher Jakob B u r c k h a r d t vor etwa 80 Jahren formuliert hat[1]). Und doch ist sie nicht müssig, weil solche Überlegungen manchmal Zusammenhänge blitzartig beleuchten und dadurch sichtbar machen, die uns sonst im Nebel der Vielzahl von Erscheinungen verborgen bleiben würden.

---

[1]) J a k o b B u r c k h a r d t : Weltgeschichtliche Betrachtungen. Stuttgart.

Burckhardt erblickt „geschichtliche Größe" in der Einmaligkeit und Unersetzbarkeit, der abnormen intellektuellen oder sittlichen Kraft eines Menschen, seiner souveränen Beherrschung der Einzelheiten wie des Ganzen nach Ursache und Wirkung, seinem Erkennen der wirklichen Lage und der ihm zur Verfügung stehenden Mittel sowie des Zeitpunktes, wann sie eingesetzt werden müssen und seiner Unberührtheit durch die Tagesmeinung und schreibt hierzu: „Das Ganze der uns groß erscheinenden Persönlichkeit wirkt über Völker und Jahrhunderte hinaus magisch in uns nach" . . . „Bestimmte große Leistungen sind nur durch den großen Mann innerhalb seiner Zeit und Umgebung möglich und sonst undenkbar" . . . „Die großen Individuen sind die Koinzidenz des Allgemeinen und des Besonderen, des Verharrenden und der Bewegung in einer Persönlichkeit" . . . „Als kenntlichste und notwendigste Ergänzung kommt zu diesem allen die Seelenstärke, welche es allein vermag und daher auch allein liebt, im Sturm zu fahren."

Drei der größten Ingenieure der letzten 100 Jahre, dem Deutschen W e r n e r v o n S i e m e n s , dem Amerikaner T h o m a s A. E d i s o n und dem Engländer Sir C h a r l e s A. P a r s o n s , von denen die beiden ersten dem Mittelstand, der letztere der Aristokratie entstammten, war eine außerordentliche Vielseitigkeit auf technischem, wissenschaftlichem und industriellem Gebiete, ein beinahe intuitives Erfassen verborgener Zusammenhänge und schwierigster Tatsachen, ein fast hellseherischer Blick für Entwicklungs- und Anwendungsmöglichkeiten, ein ungewöhnlicher Fleiß, eine erstaunliche Tatkraft, eine außerordentliche Unerschüttertheit gegen Rückschläge und Schwierigkeiten, eine ausgesprochene Geringschätzung des Mammons und eine große Seele zu eigen. Jeder von ihnen hat auf seinem Gebiet der Menschheit ganz neue Wege und Möglichkeiten erschlossen. Waren sie deshalb „historisch groß" bzw. wodurch unterscheiden sie sich grundsätzlich von Menschen, die wir so nennen?

Das Wirken „historisch großer" Gestalten wie von Königin Elisabeth, Martin Luther, Peter dem Großen, George Washington oder Napoleon ist dadurch gekennzeichnet, daß sie den ihre Zeit bewegenden großen Ideen klaren Ausdruck gegeben und zum Durchbruch verholfen haben, unbekümmert um die Schwierigkeiten, die sich ihnen entgegenstellten und um die Opfer an Leben und Gut zahlloser Menschen, die ihr Verhalten zur Folge haben konnte. Millionen und aber Millionen ihrer Zeitgenossen verspürten ihr Wirken am eigenen Leibe und wurden ihre leidenschaftlichen Anhänger oder zum Äußersten entschlossene Feinde, das Schicksal mancher Völker und Staaten hing von ihnen ab.

Demgegenüber spielt sich die Tätigkeit auch des bedeutendsten Ingenieurs in einem viel bescheidenerem Rahmen ab und verfolgt weit enger gesteckte Ziele und so groß seine Leistungen auch sein mögen, so bleibt er doch nur ein — wenn auch das wichtigste — Glied in einer langen Kette von mitarbeitenden Menschen. Dazu kommt, daß dieselbe Erfindung, die ihn aus der Schar hervorragender Ingenieure hoch emporhebt, wahrscheinlich noch zu seinen Lebenszeiten auch einem oder mehreren anderen geglückt wäre. Schließlich ist das Entscheidende bei einer historisch großen Persönlichkeit nicht so sehr das Ersinnen eines neuartigen Mittels (Idee) als die Art und Weise, wie er das Mittel (die Idee) anwendet, wie er mit ihr kämpft. Bei Ingenieuren liegen die Dinge gerade umgekehrt, sie konzentrieren das Hauptgewicht ihrer Tätigkeit auf das Ersinnen neuartiger Mittel und nicht auf den Kampf mit ihnen.

Infolge der großen Bedeutung, die die Technik für das Leben aller Menschen gewonnen hat und dem zunehmenden Bewußtwerden der Ingenieure um den Dualismus ihres Wirkens, um die Notwendigkeit des Ersinnens neuer Mittel u n d den Kampf mit ihnen ist es durchaus möglich, daß vielleicht schon in naher Zukunft ein „historisch großer" Ingenieur die Weltbühne betreten wird. Sein eigentliches Lebenswerk wird aber wahrscheinlich weniger im Erfinden und Herstellen neuartiger Mittel als im neuartigen Einsatz der Technik als Ganzes oder im Auffinden und Verwirklichen neuer Erkenntnisse bestehen, die mit Hilfe der Technik eine neue geschichtliche Epoche einleiten.

VIII. Erfinden und Konstruieren.

Erfinde stets, doch werde kein Erfinder,
in Arbeit such Dein Glück, sonst darben Deine Kinder.

Eugen Langen.

a) Über Erfinder und Erfindungen. Vor allem technische Laien überschätzen die Bedeutung des Erfindens, das sie oft für Hauptbeschäftigung und -aufgabe von Ingenieuren halten. In Wirklichkeit ist es kein so romantischer Vorgang, wie sie glauben, und alles in allem nur der kleinere und vielleicht nicht einmal der wichtigere Teil der Ingenieurtätigkeit. Es kann jemand ein vorzüglicher Ingenieur sein, ohne jemals etwas Wesentliches erfunden zu haben, und es gibt viele „Erfinder", die als Ingenieure keine Qualitäten besitzen. Die übermäßige ohne sein Zutun mit seinen populären Erfindungen, vor allem dem Phonographen, betriebene Propaganda hat Edison, der immer zu den ganz großen Gestalten der Technik gerechnet werden wird, zwar den Namen „Zauberer von Menlo-Park" eingebracht, seinem wissenschaftlichen Rufe aber geschadet und bewirkt, daß außerhalb eines verhältnismäßig kleinen Kreises seine Autorschaft bei vielen bahnbrechenden Forschungen und Erfindungen fast ganz übersehen wurde.

Mindestens ebenso wichtig wie Erfinden ist Konstruieren, denn ohne es wird auch aus der besten erfinderischen Idee keine marktfähige Maschine. Eine Konstruktion verhält sich zu der ihr zugrunde liegenden erfinderischen Idee etwa wie der Körper zur Seele. Während aber eine große Seele auch· in einem gebrechlichen Körper Großes leisten kann, ist eine falsch konstruierte Maschine wertlos, so klug die ihr zugrunde liegende Idee sein mag.

Eine Erfindung hat nur Wert, wenn sie einem Bedürfnis entspricht; das Erkennen, manchmal aber auch das Erwecken eines solchen ist häufig schon die halbe Erfindung. Zu den nutzlosen Erfindungen gehören auch jene, die fast nach jeder bedeutenden Erfindung herauskommen und die abwegigsten Nebensächlichkeiten betreffen. Andererseits haben auch kluge Erfindungen manchmal keinen Wert, weil das, was sie bezwecken, nicht so wichtig ist, wie ihr Erfinder glaubte, oder weil sie zu früh kommen. Eine vorzeitig in die Welt gesetzte Erfindung ist ein totgeborenes Kind, und der Wert zweier, dasselbe Ziel anstrebender Erfindungen kann sich unterscheiden wie ein Kieselstein von einem Diamanten. Eine bahnbrechende Erfindung braucht nicht immer die größten Lizenzeinnahmen zu erzielen, und unscheinbare Erfindungen, wie z. B. das Impfmesser oder der Reißverschluß, können durch ihre geniale Einfachheit auch hervorragende Ingenieure entzücken und oft sehr einträglich sein.

Der Umstand, daß gewisse Erfindungen in einem Lande Erfolg, in einem anderen keinen haben, zeigt, daß man von einem absoluten Wert mancher Erfindungen nicht sprechen kann, daß vielmehr Imponderabilien, wie z. B. nationale Eigentümlichkeiten, mitspielen.

Auch bei großen wertvollen Erfindungen schält sich das Wesentliche und Brauchbare nur allmählich heraus, die später Geborenen können sich oft kaum vorstellen, welches Kopfzerbrechen ihren Vätern etwas verursachte, was ihnen selbstverständlich vorkommt. D o l i v o - D o b r o w o l s k y erzählt z. B., daß noch wenige Jahre vor der geglückten Hochspannungs-Fernübertragung Lauffen—Frankfurt/Main, elektrische Generatoren fast ausschließlich nach dem Gefühl hätten bemessen werden müssen. Einige Firmen hätten für Dynamo mit wenig Eisen geschwärmt, andere aber gemeint, man könne nicht genug Eisen in sie stecken. Entscheidend für den Erfolg einer Erfindung ist immer der Mann, der ihr die praktisch brauchbare Gestalt gibt. Über ihn sagt Prof. R i e d l e r : „Mit Recht werden nicht die Vorgänger, sondern die erfolgreichen Ausgestalter als die Pioniere gepriesen. Die bloßen Konstruktionsgedanken und Meinungen sind oft billig wie Brombeeren, ihre brauchbare Verwirklichung ist meist eine mühevolle Lebensarbeit[1])." Für alle bedeutenden Erfindungen gilt das Wort von R u d o l f D i e s e l : „Jeder Erfinder arbeitet mit einem unerhörten Abfall von Ideen, Projekten und Versuchen. Man muß viel wollen, um wenig zu erreichen. Das wenigste davon bleibt am Ende bestehen."

Manche Erfindung fördert trotz ihres Versagens die Entwicklung mächtig, weil, wie R i e d l e r unter Bezugnahme auf die L e n o i r - Maschine ausführte, „die betreffende Maschine mit ihr aus ihrem problematischen Dasein herausgetreten, die Frage ausgelöst worden ist und nun die Entwicklung begonnen hat.

Man kann zwischen großen genialen Erfindungen, die meist eine technische Entwicklung einleiten, zwischen planmäßigen, beim Konstruieren oder Ausprobieren einer Maschine sich ergebenden Erfindungen und zwischen den zahllosen Alltagserfindungen unterscheiden, die ein einigermaßen phantasiebegabter Ingenieur verhältnismäßig leicht machen kann. Daneben gibt es einen riesigen Wust ohne jeden Wert.

---

[1]) R i e d l e r , A.: Großgasmaschinen. München-Berlin 1905.

Es ist ebenso aufschlußreich wie reizvoll, das Schicksal zeitgenössischer Erfindungen zu verfolgen. Von zehn Erfindungen, deren Werdegang ich zu beobachten Gelegenheit hatte und die anfänglich als bedeutend angesehen worden sind, hat die erste etwa 1 Million Reichsmark Entwickungskosten verschluckt, ohne daß der Bau einer lauffähigen Maschine geglückt wäre, obgleich die Idee sehr klug und der Erfinder ein ausgezeichneter Ingenieur war, weil an ganz unerwarteter Stelle unüberwindbare Schwierigkeiten auftraten.

Die zweite hatte an sich nicht die Bedeutung, wie ihr Urheber glaubte, und seine Forderungen waren so hoch, daß die Lizenzgebühr die Konkurrenzfähigkeit getährdet hätte. Außerdem vertrödelte er mit den Verhandlungen so viel Zeit, daß inzwischen brauchbarere Konkurrenzkonstruktionen auf den Markt gekommen waren, weshalb die Erfindung auch nicht annähernd den erwarteten Gewinn gebracht hat.

Die dritte besonders verlockend erscheinende Erfindung verschlang Millionen, weil wichtige wirtschaftliche Voraussetzungen nicht berücksichtigt worden waren, der Erfinder zu wenig Wirklichkeitssinn besaß und die Lizenznehmer glaubten, sie könnten die ihnen auf diesem Gebiete fehlenden Erfahrungen durch Hinzuziehen werksfremder Sachverständiger ersetzen.

Auch aus der vierten, deren Urheber über eine geradezu hypnotische Überredungskunst verfügte, kam infolge ähnlicher Gründe nichts heraus.

Die restlichen Erfindungen, die von Männern von Format und einfallreichen Konstrukteuren stammten, führten zum Erfolg und brachten mit Aufnahme von Erfindung 5, deren gewaltige Entwicklungskosten bisher nicht annähernd wieder hereingekommen sind, angemessene Einnahmen. Bei Erfindung 6 hatte die betreffende Firma eine ganz andere Maschine bauen wollen, kam damit aber nicht weiter und gelangte erst durch kluges Verwerten der bei den Entwicklungsarbeiten gemachten Beobachtungen zur eigentlichen Erfindung, siehe die diesbezügliche Bemerkung auf Seite 138. Erfindung 7 wäre durch Eigenbrötelei und Spezialistentum der mit ihrer Durchbildung beauftragten Ingenieure beinahe sabotiert worden. Die zunächst guten Einnahmen der achten Erfindung wurden nach einer gewissen Zeit fast Null, weil sie infolge von Verbesserungen anderer Maschinen keine Vorteile mehr bot. Im neunten Fall blieb schließlich vom eigentlichen Erfindungsgedanken fast nichts mehr übrig und es ist fraglich, ob ohne das geschickte Ausnutzen einer ebenso zufälligen wie ungemein günstigen Konjunktur den Entwicklungskosten angemessene Gewinne erzielt worden wären. Die zehnte Erfindung, die auf dem betreffenden Gebiete eine wichtige Entwicklung zu eröffnen verspricht, ist insofern lehrreich, als sie zeigt, welche wertvollen praktischen Ergebnisse sich durch geschicktes Verwerten an sich bekannter theoretischer Erkenntnisse und planmäßigen Ausbau der diesbezüglichen Forschungen gewinnen lassen und welche Unkosten, Umwege und Fehlschlüsse einfallsreiche Ingenieure mit gründlichem theoretischem Wissen vermeiden können, schon bevor sie sich an die praktische Verwirklichung einer Erfindung machen.

Wenngleich diese 10 Fälle nur Beobachtungen eines einzigen Ingenieurs sind, so zeigen sie doch, daß auch bedeutende Erfindungen oft nicht die Gewinne erzielen wie viele glauben, und daß der Versuch, den Preis einer Maschine lediglich nach ihrem Gewicht zu bemessen, häufig ungerecht ist, weil er die unter Umständen sehr hohen Entwicklungskosten außer acht läßt.

Selbst Erfindungen, die sich schließlich als nicht lebensfähig erweisen, können große Beunruhigung erregen, wenn es ihre Besitzer verstehen, eine Bedeutung vorzutäuschen, die sie nicht haben. Als beispielsweise der L e n o i r - Motor die Vorurteile gegen Verbrennungsmaschinen überwunden hatte, schlug die Stimmung derart um, daß viele Ingenieure das baldige Ende der Dampfmaschine voraussagten. Andere zogen, als bekannt wurde, um wieviel höher sein Gasverbrauch als der von Flugkolben-Motoren war, den Fehlschluß, bei Verbrennungsmaschinen dürfe die Kraft nicht unmittelbar vom Kolben auf das Triebwerk übertragen werden. Dritte schließlich hielten die Viertaktwirkung des O t t o - Motors, eine der bedeutendsten Erfindungen, für einen großen Rückschritt[1]). In anderen Fällen werden noch Erfolge gemeldet, wenn z. B. jemand eine unerprobte Maschine vorschnell aufgestellt hat und bereits schwere Rückschläge auftreten, weil ihr Käufer seine Voreiligkeit nicht zugeben will und ihr Lieferer den wahren Sachverhalt um so stärker zu vertuschen sucht, je bedenkenloser seine Propaganda war. Für die Konkurrenz ist es aber, da sie nicht sicher weiß, wie die Dinge wirklich liegen, oft außerordentlich schwer, zu beurteilen, ob es sich nur um Scheinerfolge handelt, und daher Abwarten richtig ist, oder ob sie nun auch ihrerseits eine Neukonstruktion herausbringen soll. Auch ihrer Verantwortung nicht bewußte, kritiklose Artikelschreiber richten in dieser Beziehung Unheil an.

Die Urheber großer Erfindungen müssen von ihrer Idee besessen sein, um die zu ihrer Durchführung erforderliche Ausdauer und Tatkraft aufbringen zu können. Ähnlich besessen sind aber auch Menschen, deren Erfindungen fragwürdigen Wert haben. Sie halten deren kritische Beurteilung für persönliche Ranküne, scheuen selbst vor gehässigen Verdächtigungen des Kritikers nicht zurück und grei-

---

[1]) R i e d l e r , A.: Großgasmaschinen. München-Berlin 1905.

fen zuweilen zu betrügerischen Manipulationen, nur um Mittel für die Ausführung der Erfindung zu erhalten, für die sie die größten persönlichen Opfer zu bringen willens sind. In der jüngeren Vergangenheit hat die Bestrafung zweier solcher Erfinder Aufsehen erregt. Der eine hatte jahrelang wie ein Einsiedler gelebt, um seine Erfindung vollenden zu können, aber niemals eine brauchbare Konstruktion zustande gebracht, der andere scheiterte, als er seine an sich brauchbare und gelungene Erfindung in großem Maßstabe auswerten wollte. Beide versuchten sich die erforderlichen Geldmittel auf unzulässige Weise zu verschaffen. Zu bedauern sind auch die oft dem Handwerkerstand angehörenden Erfinder, die einer Wahnidee, wie z. B. dem Perpetum mobile, Wohlstand, Ansehen und Familie opfern. Für sie gilt der auf Seite 144 erwähnte Ausspruch des Grafen Z e p p e l i n. Schließlich gibt es Patent-Charlatane, die auch unter erfahrenen Fachleuten Opfer finden. Vor etwas über zehn Jahren behauptete z. B. ein unter feudalem Namen auftretender angeblicher Ingenieur, er habe ein auf elektromechanischen Vorgängen beruhendes Mittel erfunden, das den Brennstoffverbrauch jeder Dampfkesselanlage bedeutend verkleinere. Es war ihm gelungen, vor einem internationalen Ingenieurkongreß zu sprechen und auch in Deutschland angesehene Persönlichkeiten für seine Sache zu interessieren. Erst als er viele Monate später zu langer Freiheitsstrafe verurteilt worden war, begriff ich, weshalb er mich niemals aufgesucht und jede Berührung mit mir peinlich vermieden hatte. Nicht lange vorher waren einem anderen „Erfinder" ähnlich erstaunliche Schwindeleien geglückt, und während des zweiten Weltkrieges fand in einem neutralen Staate ein „Erfinder" mittels einer schwindelhaften Apparatur Leichtgläubige, die für ein Verfahren zum Herstellen von Benzin aus Wasser ihr gutes Geld hergaben und natürlich verloren.

Neben solchen offenbaren Schwindlern gibt es überspannte Naturen, die sich für große „Heilsbringer" halten. An dem Erkennen der Wirklichkeit ist ihnen gar nichts gelegen. Selbst wenn sie an den harten Tatsachen schließlich scheitern, schreiben sie dies nicht ihrer Unzulänglichkeit, sondern der Verständnislosigkeit der Welt zu.

Es ist daher verständlich, daß Ingenieure, die viel mit Erfindern zu tun haben, sich ihnen gegenüber manchmal zu Unrecht ablehnend verhalten. Manchem Ingenieur werden so viele Erfindungen angeboten, daß es für ihn schon aus Mangel an Zeit kaum möglich ist, Spreu vom Weizen zu scheiden, zumal die Beschreibungen oft sehr verschwommen oder mit verwickelten Theorien und Rechnungen durchsetzt sind, deren Durcharbeitung Wochen erfordern würde. Da aber ein Urteil über den Wert einer Erfindung große Erfahrung verlangt, muß es meist ein ohnehin mit Arbeit überbürdeter Ingenieur fällen. Die Zahl der infolgedessen gelegentlich unterlaufenden Fehlbeurteilungen ist aber sehr wahrscheinlich nicht größer, als es die Natur der Sache mit sich bringt. Infolge der großen Zahl der herauskommenden Patente entzieht sich zuweilen auch ein wertvolles der Aufmerksamkeit des sorgfältigsten Ingenieurs, was für seine Firma schwere Nachteile zur Folge haben kann.

b) Über das Konstruieren. Der Unterschied zwischen Konstruieren und Erfinden besteht nach Max Schneider darin, daß die Konstruktion nur die vorhandenen technischen Kenntnisse benutzt, während die Erfindung ihre Zahl vermehrt. Kesselring[1]) bezeichnet das Konstruieren als die Verwirklichung einer Idee in technisch höchster, wirtschaftlich billigster und ästhetisch einwandfreier Form. Dieser sich schrittweise vollziehende Vorgang ist ein dauerndes Anpassen des Erstrebten an das mit den jeweils zur Verfügung stehenden Mitteln Erreichbare und eine Auslese des Brauchbaren. Er kann durch gewandte Konstrukteure sehr verkürzt und verbilligt werden. Die Entwicklung geht meist vom Komplizierten zum Einfachen und nicht, wie man meinen könnte, den umgekehrten Weg, weil der Mensch erst im Laufe der Zeit durch Beschäftigung mit einem Problem auf das „Natürliche" kommt. Werner von Siemens meint hierzu: „Die nächstliegenden Erfindungen von prinzipieller Bedeutung werden in der Regel am spätesten und auf dem größten Umwege gemacht". Man kann daher auch sagen, daß die Entwicklung einer Maschine „mit primitiver Einfachheit beginnt und in vollkommener Einfachheit endet". Ein allgemein verständliches Beispiel hierfür ist die Entwicklung des Kraftwagens: Zuerst primitiv auf die Felgen aufgeklebte, dann von den Felgen abnehmbare Luftreifen, dann vom Rad abschraubbare Felgen, heute abnehmbare Räder; anfangs mangelhafte Glührohrzündung, dann verwickelte Abreißzündung, heute sehr vollkommene Lichtbogenzündung; früher umständliches Anwerfen des Motors von Hand, heute einfaches selbsttätiges Anwerfen. Aber gerade konstruktiv unbegabte „Schreibtisch-Ingenieure" ereifern sich, wenn schließlich eine schöne Lösung gefunden wurde, darüber, daß man sie nicht schon bei der ersten Ausführung zur Hand hatte. Überbetonen einer Eigenschaft hat nicht selten eine Schwäche einer Konstruktion zur Folge, die größer ist als der angestrebte Vorteil (Kraftmaschinen mit besonders niederem Wärmeverbrauch sind oft außerordentlich teuer oder empfindlich, besonders schnelle Kraftwagen eignen sich nur für besonders gute Straßen oder sehr gewandte Fahrer usw.).

---

[1]) Kesselring, F.: Konstruieren und Konstrukteur. Z. VDI 1937. S. 365—371.

Daran, daß manche Maschine die auf sie gesetzten Erwartungen nicht erfüllt, sind oft weniger untüchtige Konstrukteure als der Umstand schuld, daß ihre Käufer zu viele oder zu hohe, oder miteinander unvereinbare Forderungen an die betreffende Maschine stellen. Statt sie nämlich zu einer Konzentrierung auf das Wichtige zu bewegen, versuchen viele Ingenieure allen ihren Forderungen nachzukommen, indem sie ein konstruktives Mittel auf das andere türmen, bis die Maschine schließlich so verwickelt wird, daß sie für keine der ihr zugedachten Aufgaben mehr richtig taugt. Ein Boot, mit dem man soll skullen, riemen, paddeln., staken und segeln können, ist eben für keine dieser Fortbewegungsarten recht geeignet. Man kann daher sagen, daß der Erfolg einer Konstruktion häufig davon abhängt, ob Summe und Ausmaß der·von ihr verlangten Eigenschaften vernünftig waren oder nicht. Ein Konstrukteur muß daher Wichtiges von Nebensächlichem unterscheiden und feststellen können, bis zu welchem Maße sich die an ihn herangetragenen Wünsche berücksichtigen lassen.

Man hat oft nicht die Wahl zwischen einer schlechten und einer guten, sondern zwischen einer etwas besseren und einer etwas schlechteren Lösung, und manche Maschinen können wegen der unzureichenden zu ihrer Herstellung verfügbaren Mittel oder aus anderen Gründen oft nur ein Kompromiß sein. In der Anfangszeit der Entwicklung vieler Maschinen eilen die an sie gestellten Anforderungen ihren Leistungen weit voraus, allmählich findet ein Ausgleich statt und eines Tages leistet die Maschine oft mehr als man anfänglich zu hoffen wagte. Der Kraftwagen, der noch um die Jahrhundertwende ein höchst unzuverlässiges Vehikel war, wird heute für die schwierigsten Klima- und Geländeverhältnisse gebaut, das Flugzeug hat in 30 Jahren eine nie für möglich gehaltene Vollkommenheit erreicht und doch werden künftige Geschlechter nicht verstehen, wie wir uns solchen „fliegenden Pulverfässern" anvertrauen konnten.

Das Maß wissenschaftlicher Erkenntnis, von dem die Zuverlässigkeit der Vorausberechnung der gewünschten Wirkung und die Güte der Baustoffe und Herstellungsvorrichtungen, von denen die zulässigen Abmessungen und Beanspruchungen abhängen, bestimmen die einer Konstruktion gezogenen Grenzen. Öfters vollzieht sich die Entwicklung so, daß bei konstant bleibender Güte der Baustoffe und Fabrikationsmittel Wirkungsgrad und Leistung einer Maschine dank wachsender Erfahrung und wissenschaftlicher Erkenntnis immer größer werden. Nähert sich die Konstruktion der Grenze des mit den vorhandenen Mitteln Erreichbaren, so erfolgt oft eine Vervollkommnung der Baustoffe und Fertigung, wodurch unter Beibehalten der Konstruktion die Maschine sich nochmals verbessern läßt. Im dauernden Wechsel beider Einflüsse kommt allmählich der Punkt, wo weitere Fortschritte ohne grundlegende Änderungen nicht mehr möglich sind und neue Ideen und Erfindungen eine neue Entwicklungsperiode einleiten und dem Konstrukteur neue Aufgaben stellen müssen.

Eine Maschine muß nicht nur betriebssicher sein und, soweit es sich z. B. um eine Kraftmaschine handelt, nicht nur wenig Brennstoff brauchen, sondern auch zu einem konkurrenzfähigen Preis mit den einer Fabrik zur Verfügung stehenden Vorrichtungen und Baustoffen innerhalb einer bestimmten Frist hergestellt und mit den verfügbaren Transportmitteln an ihren Aufstellungsort geschafft werden können. Sache des Konstrukteurs ist es, zu sehen, wie er mit allen diesen Forderungen fertig wird.

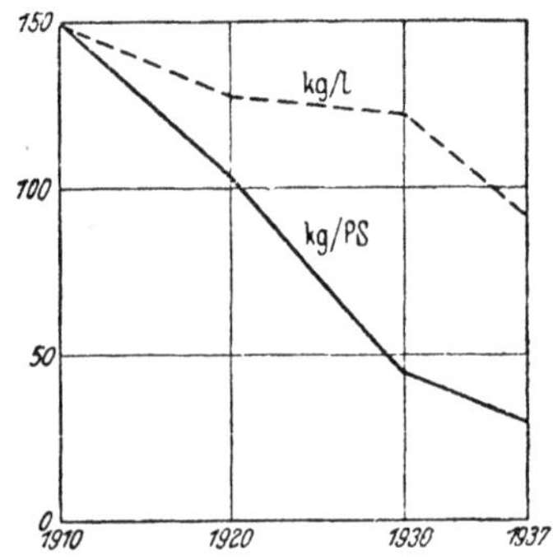

Abb. 13. Abnahme des Baustoffaufwandes für 1 PS-Leistung (kg/PS) und 1 Liter Hubraum (kg/l) von Dieselmotoren infolge der technischen Entwicklung. (Nach E. Platz.)

Der Umstand, daß infolge unzweckmäßiger Ausbildung eines nur wenige Pfennige kostenden Schräubchens oder einer kleinen Schmierleitung ein ausgezeichneter, viele Tausende kostender Flugmotor eine Katastrophe verursachen kann, lehrt, daß ein Konstrukteur wie jeder tüchtige Ingenieur, auch auf Kleinigkeiten und alles achten muß, was den Erfolg gefährden könnte.

Abbildung 13 zeigt, welche Gewichts- und Kostenersparnis sich durch bessere Konstruktion, Werkstoffe, Fertigung und, soweit es sich z. B. um Kraftmaschinen handelt, durch vollkommenere Arbeitsverfahren (bei Verbrennungsmotoren bessere Zündung, günstiger gestalteten Verbrennungsraum, höhere Drehzahl), d. h. durch Forschung, herausholen läßt. Ein weiteres Beispiel ist ein bestimmter Dampferzeuger, bei dem von 1925—1940 durch vervollkommnete Konstruktion die erforderliche Heizfläche von 600 auf 400 m², die Zahl der Siederohre von 1600 auf 120 und die Länge der Sammelkästen von 105 auf 3 m verkleinert werden konnte. Der unermüdlichen Arbeit der Konstrukteure ist die dauernde, der modernen Industrie eigentümliche Verbilligung in erster Linie zu verdanken, infolge der das, was gestern Luxusartikel war, morgen auch für den kleinen Mann erreichbar ist (Nähmaschine, Fahrrad, Radio, Kraftwagen). Leider ist aber das Verständnis vieler (auch leitender) Ingenieure für eine gute Konstruktion nicht größer als das vieler „Gebildeter" für gute Literatur oder Kunst.

Auch für den Konstrukteur liegen die Probleme meist nicht so klar und lassen sich nicht so scharf umreißen wie in der reinen Wissenschaft. Bevor er sich an die Arbeit macht, muß er sich schlüssig werden, welche Lösungsmöglichkeit er verfolgen will, welche Herstellungsvorrichtungen, Baustoffe und Vorbilder ihm zur Verfügung stehen und ob ihm nicht fremde Schutzrechte den Weg versperren. Soweit seine Firma bereits über Konstruktionen verfügt, die sich auch für die neue Maschine zu eignen scheinen, sollte er sie zu verwenden suchen. Es ist oft unklug und unwirtschaftlich, eine neue Maschine von Grund auf neu machen zu wollen, weil es unnütz das Risiko erhöht und Geld kostet. Ebenso unklug ist es meist, an einer Maschine gleichzeitig mehrere grundlegende Neuerungen zu versuchen. K l i n g e n b e r g führte als Beispiel hierfür an, daß ein von ihm gebauter aussichtsreicher Bootsmotor dadurch gar nicht in den Wettbewerb gelangt sei, daß er, anstatt ihn in einen bewährten Bootskörper einzubauen, auch diesen selber konstruiert habe, mit dem Ergebnis, daß das Boot auf der Fahrt zum Rennen leck sprang. C. V o l k sagt zutreffend, man solle nicht in eine Konstruktion alles mögliche Gute hineinzuarbeiten versuchen, sondern einige wenige Gedanken klar herausstellen und bis zur letzten Reife entwickeln. Durch bloßes Verbessern von Fehlern könne zwar eine fehlerlose, aber selten eine gute Konstruktion entstehen.

Es wurde weiter vorn ausgeführt, ein Ingenieur müsse bei seiner Arbeit übergeordnete und nicht nur rein wirtschaftliche Interessen berücksichtigen. Beispielsweise wurde bei der Kanalisation von Flüssen die Trasse lange Zeit wie mit dem Linial gezogen, bis man erkannte, daß dadurch außer ästhetischen sehr reale praktische Bedürfnisse verletzt werden (Ausgleich zwischen Wasserüberfluß und Wassermangel, Schutz gegen Eisgang und Hochwasser, Schutz der Fischerei, Windschutz der Schiffahrt usw.) und wieder zu einer naturgebundenen Bauweise überging.

K e s s e l r i n g [1]) hat gezeigt, wie im Verlaufe einer planvollen Entwicklung der Herstellungspreis fällt und die technische Wertig-

---

[1]) K e s s e l r i n g , F.: a. a. O.

keit zunimmt. Am Anfang, Abb. 14, ist die Konstruktion teuer und von kleiner technischer Wertigkeit. Allmählich erreicht sie Punkt A, wo sie nur noch einen Teil ihres früheren Preises kostet, obgleich sie erheblich hochwertiger geworden ist. Es mögen nun für die Weiterentwicklung die Wege AB und AC zur Verfügung stehen, die eine verschiedene Erhöhung der technischen Wertigkeit in Aussicht stellen, von denen aber AB mit einer Vergrößerung, AC mit einer Erniedrigung der Herstellungskosten verbunden ist. Wenn der an sich verlockender erscheinende Weg AC unsicherer und vielleicht auch erheblich langwieriger ist, kann man darüber im Zweifel sein, ob man nicht lieber AB wählen soll. Auf keinen Fall darf die Weiter-

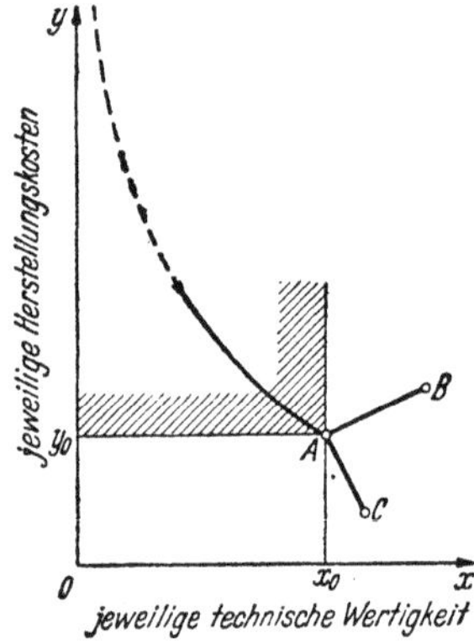

Abb. 14. Entwicklungslinie einer Maschine. (Nach Kesselring.)

entwicklung in das schraffierte Gebiet führen, da sonst die Wertigkeit nicht besser, der Herstellungspreis aber teurer, also ein Rückschritt erzielt werden würde. Oft kann nur der Spürsinn einem Konstrukteur die richtige Fährte weisen. Häufig lassen sich aber durch technische und wirtschaftliche Überlegungen die Grenzen so eng abstecken, daß die gewählte Richtung nicht allzuviel von der günstigsten abweichen kann.

Zuweilen zeigen Ermittlungen auf dem Versuchsfeld oder Erfahrungen an ausgeführten Maschinen, Herstellungsschwierigkeiten oder neue Erkenntnisse, daß in einer anderen Richtung marschiert werden muß. In Abb. 15 ist die Entwicklung des Bestandteiles eines elektrischen Schalters dargestellt. Als technische Wertigkeit wurde die zulässige Lichtbogenleistung gewählt. Lösung b erwies sich nach Ausführung von 30 Schaltern auf dem Prüffeld, Lösung e bereits bei Vorversuchen als ungeeignet. Die von Fehlschlägen freie Entwicklungslinie wäre also von a über c, d nach f verlaufen.

P l a t z[1]) hat untersucht, wie in einem bestimmten Zeitpunkt technische Wertigkeit und Herstellungspreis voneinander abhängen. Nach Abb. 16 wird der Herstellungspreis ungebührlich hoch, wenn man eine Maschine zu luxuriös ausführen, oder es entsteht Schundware, wenn man zu billig bauen will. Die Tendenz der modernen Technik ist daher darauf gerichtet, diese beiden Gebiete zu vermeiden und sich der Idealkonstruktion zu nähern, bei der das Verhältnis $\dfrac{\text{Herstellungspreis}}{\text{technische Wertigkeit}}$ einen Mindestwert erreicht, Punkt X in Abb. 16. Auch ein guter Konstrukteur wird aber froh sein müssen, wenn es ihm gelingt, in die Nähe dieses Punktes zu kommen. Der zunächst oft lästige Zwang, sog. „Ersatzstoffe" zu verwenden, hat nicht selten den technischen Fortschritt erheblich gefördert und

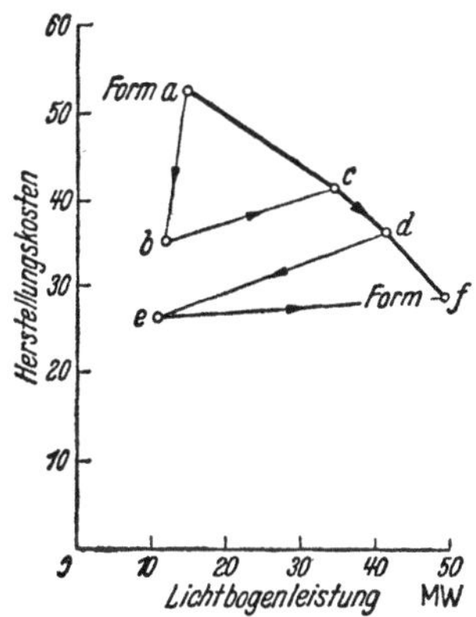

Abb. 15. Tatsächliche Entwicklungslinie eines elektrischen Schalters.
(Nach Kesselring.)

Baustoffe gezeitigt, die trotz kleinerem Preis den früheren „hochwertigen" überlegen sind. Mit zunehmender Verbesserung der Arbeitsverfahren, geeigneteren Werkstoffen, vorteilhafterer Fertigung und geschickter Konstruktion wird der Herstellungspreis bei gleicher Wertigkeit im Laufe der Zeit immer geringer, und nicht selten gelingt es, eine Maschine so zu verbessern, daß man einer Wertigkeit, die man ein paar Jahre vorher noch mit 100 % beziffert haben würde, die also damals praktisch nicht erreichbar gewesen wäre, vielleicht nur noch den Betrag von 75 % zuerkennt. Abb. 16. Obgleich sich in Wirklichkeit häufig kein so eindeutiger Maßstab für die technische Wertigkeit wie in Abb. 15 oder 16 angeben läßt, so

---

[1]) P l a t z , E.: Werkstoffsparen im Maschinenbau. Z. VDI 1937. S. 1481—1485.

zeigen Abb. 14 bis 16 doch deutlich die nicht zuletzt durch gutes
Konstruieren erreichbare fortschreitende Verbilligung und Verbesserung technischer Erzeugnisse.

Da sich auf fast allen Gebieten zahlreiche Firmen gegenseitig zu
übertreffen versuchen, kommt die Entwicklung der meisten Maschinen nie zur Ruhe und Atempausen sind selten und kurz. Für eine
Fabrik ist wenig so gefährlich, wie wenn sie sich auf der durch eine
bestimmte Konstruktion errungenen Vormachtstellung, die doch
immer nur zeitbedingt sein kann, ausruht und sie lediglich händlerisch tatkräftig ausnutzt. Je tüchtiger ihre Kaufleute sind, um so
größer ist dann die Gefahr eines plötzlichen Sturzes in die Tiefe. Ein
Konstrukteur muß deshalb ein wendiger, unverzagter, für seine
Tätigkeit begeisterter Kämpfer sein.

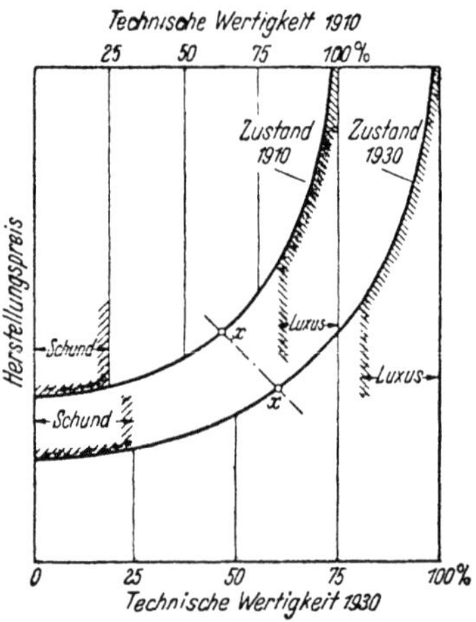

Abb. 16: Beziehung zwischen Herstellungspreis (Aufwand) und technischer
Wertigkeit eines Erzeugnisses (Erfolg) in zwei verschiedenen Perioden
technischer Entwicklung (1910 und 1930). (Nach E. Platz.)

So notwendig dauerndes Anpassen an wechselnde Verhältnisse
ist, so nachteilig kann für die ganze Industrie eines Landes das Herausbringen überflüssiger Konstruktionen infolge übertriebener Anforderungen der Kunden, Überbewerten theoretischer Spitzfindigkeiten oder aus purer Freude am Neuen sein. Insbesondere Ingenieure,
die nie selbst konstruiert haben und nicht wissen, wie schwer es ist,
etwas Neues zu schaffen und mit Nutzen zu verkaufen, stellen übertriebene Forderungen. Die für den Fortschritt aufgewendeten Mittel
müssen aber in einem vernünftigen Verhältnis zu den Einnahmen
einer Fabrik stehen, wenn sie gedeihen soll; außerdem hat dauerndes Ändern mit technischem Fortschritt meist nichts zu tun. Eine

tüchtige Firma lehnt daher auf Grund umstrittener Theorien verlangte Änderungen mit Recht ab. Viele neuerungssüchtige Ingenieure und manche „Sachverständige" vergessen schließlich, daß eine gewisse Zahl von Schwächen und Fehlern unvermeidbar ist, und jedes Übermaß von Kontrollen und Sicherheitsmaßnahmen an sich selber zugrunde geht. Dadurch, daß sie durchaus bewährten Konstruktionen alle möglichen Gefahren und Mängel andichten, erinnern sie an Ärzte, die ihren mit harmlosen Gebrechen behafteten Patienten so lange Angst machen, bis sie schließlich an die Gefährlichkeit ihrer Beschwerden und die Unentbehrlichkeit des Arztes glauben.

Wir haben auf Seite 52 gezeigt, daß industrielle Völker ohne Normung und Typisierung nicht auskommen. So bereitwillig sich daher jeder mit ihnen abfinden muß, so energisch sollten Ingenieure gegen alle auf rein zeitbedingten Gründen beruhende Versuche einer Einengung ihrer Bewegungsfreiheit Front machen. Manche Fachgenossen glauben aber, Erkenntnisse, deren Beachtung gewisse zu dem betreffenden Zeitpunkt erwünschte Vorteile bietet, erfordern schleunigst Verfügungen, die nur noch bestimmte sanktionierte Mittel zulassen. Die Gefahr solcher Versuche besteht in folgendem: Erstens beurteilen gelegentlich auch hervorragende und erst recht durchschnittliche Ingenieure eine Situation falsch. Zweitens neigen zum Erlassen überflüssiger Vorschriften besonders Personen, die sich mehr durch Betriebsamkeit als überragende Ingenieureigenschaften auszeichnen; drittens ist vernünftiges Rationalisieren so wichtig, daß alles unterbleiben sollte, was es in Verruf bringen könnte; viertens beraubt die Tatsache, daß viele Menschen „Verfügungen" widerspruchslos hinnehmen, sie der Korrektur, die dieselben privaten Ansinnen unweigerlich erfahren würden. Eine „amtliche" Einflußnahme sollte sich daher in engen Grenzen halten.

Aus der Schar tüchtiger Konstrukteure ragen von Zeit zu Zeit wahre Künstler wie C o r l i s s, H a n s R i c h t e r, O s c a r L a s c h e, J o h a n n e s S t u m p f und H u g o L e n t z empor, die einer bereits zu hoher Vollkommenheit entwickelten Maschine ein ganz neues Gesicht geben oder einer neuen Idee einen ungeahnt raschen Siegeslauf erschließen.

Die Behauptung, die Natur sei Vorbild und unerreichte Meisterin aller Technik, trifft nur beschränkt zu, weil die meisten Erfindungen ohne Anlehnung an sie gemacht wurden. Zweifellos gleichen z. B. Bewegungs- oder Beißorgane belebter Wesen oder Traggerüste von Pflanzen technischen Vorrichtungen sehr, was aber großenteils erst festgestellt worden ist, nachdem die Technik die Parallelfälle selbstschöpferisch entwickelt hatte.

Drei Erfindungen sind in diesem Zusammenhang lehrreich: die elektromagnetischen Wellen, von denen der berühmte Arzt Professor B i e r sagt, der Mensch habe für sie nicht einmal ein Sinnesorgan, geschweige denn ein Vorbild gehabt; die volle Drehbewegung, die in der Natur nicht vorkommt, Seite 84, und das Feuer, das in der Natur nur zerstört, während es der Mensch zu seinem gewaltigsten Helfer machte. Wo aber der Mensch die Natur übertroffen hat, wie z. B. bei seinen Transportmitteln, gelang ihm dies oft nur durch Spezialisieren der betreffenden Organe für einen einzigen Zweck und durch zusätzliche, der Natur fremde Maßnahmen, wie den Bau von Straßen usw., Seite 84. Die unerhörte Großartigkeit und Mannigfaltigkeit der Natur wird die Technik nie erreichen.

c)· Über den Mangel an guten Konstrukteuren. Nur der kann die Schöpferfreuden des Ingenieurberufes voll auskosten, der wenigstens eine Zeitlang konstruiert hat. Viele ungerechte Beschwerden und überflüssige Forderungen von Betreibern von Maschinen würden nicht erhoben und der Verkehr zwischen ihnen und den Herstellern erleichtert werden, wenn erstere ein paar Jahre am Zeichenbrett gearbeitet hätten.

Gutes Konstruieren ist also überragend wichtig und der Ruf „mehr konstruieren, weniger erfinden" vollkommen berechtigt. An 50—90 % vieler Mängel einer Maschine sind unzulängliche Konstrukteure schuld. Die übrigen Büros mancher Fabrik könnten wesentlich verkleinert und viele unangenehme Auseinandersetzungen mit der Kundschaft vermieden werden, wenn man das Konstruktionsbüro besser dotieren und seine Leitung einem fähigeren, wenn auch teureren Konstrukteur unterstellen würde.

Man sollte nun annehmen, daß sich Studenten zu einem so interessanten Fach drängen, aber gerade das Gegenteil ist der Fall. Der Mangel an brauchbaren Konstrukteuren wird immer größer, und man hat manchmal den Eindruck, als ob die Industrie die dadurch drohenden Gefahren nicht voll erkenne. Daß Studenten ohne räumliche Vorstellung und Phantasie keine Vorliebe für Konstruieren haben, ist verständlich. Neben einem gewissen Mangel an Selbstvertrauen, Bequemlichkeit und den eigenartigen Gründen, die eine verstandesmäßig nicht fundierte Vorliebe oder Abneigung gegen gewisse Dinge manchmal verursachen, ist wohl auch die Einstellung der Hochschulen an den derzeitigen Verhältnissen nicht ohne Schuld.

Während meiner Studentenzeit in Charlottenburg hielten die Studierenden einen Kommilitonen, der nicht konstruieren konnte, für nicht ganz voll, und einen besonders guten Konstrukteur kannten die ganzen oberen Semester. Die Professoren brachten aber auch zum Ausdruck, welche Bedeutung sie dem Konstruieren beimessen. Nun kam seiner Wertschätzung zustatten, daß sich der Maschinenbau durch die in ihrer Jugendblüte stehenden Dieselmotoren, Großgasmaschinen und Dampfturbinen in einer heroischen Periode befand und einige Professoren, die regelmäßig an die Zeichentische der begabteren Studenten kamen, vorzügliche Konstrukteure waren. Wenn auch die theoretischen Fächer über den Konstruktionsarbeiten damals wohl zu kurz gekommen sind, so war das Verhältnis zwischen konstruktiver und theoretischer Ausbildung offenbar gesünder als heute. Industrie und Hochschule sollten alles daran setzen, damit der akademische Nachwuchs dem Konstruieren wieder die erforderliche Beachtung schenkt. Die oft größeren konstruktiven Leistungen von Maschinenbauschülern können, wenn kein Wandel geschaffen wird, auf die Dauer nicht ohne Einfluß auf das akademische Ingenieurstudium bleiben. Wenn aber Diplomingenieure meinen, Konstruieren sei eine ihrer unwürdige Tätigkeit, so verraten sie damit nur, daß sie das Wesen des Ingenieurberufes überhaupt nicht begriffen haben und besser Frisöre oder Zuckerbäcker geworden wären.

Auch die Industrie hat an den heutigen Zuständen schuld, denn ein junger Ingenieur, der länger als es nötig ist, mit dem Konstruieren untergeordneter Teile befaßt wird oder der immer wieder nur einen kleinen Ausschnitt aus dem Werdegang einer Maschine kennenlernt, aber nie erfährt, wie die ganze Maschine sich bewährt, wird nicht nur versuchen, eine andere Tätigkeit zu erhalten, sondern auch „Neugierige warnen" und dadurch den Konstrukteurberuf beim Nachwuchs in Mißkredit bringen.

Wertvolles konstruktives Können geht ferner dadurch verloren, daß tüchtige Ingenieure auf vorwiegend kaufmännischen oder verwaltungstechnischen Posten von einem bestimmten Alter an oft besser bezahlt werden und größeren Einfluß haben. Deshalb wandern manche gewandte Konstrukteure in eine Tätigkeit ab, die andere ohne konstruktive Begabung ebensogut ausfüllen können wie sie.

Infolge ihrer ganzen Einstellung eignen sich manche gute Konstrukteure für die Leitung ganzer Fabriken oder ähnliche Posten nicht. Es ist aber nicht einzusehen, weshalb sie bei entsprechenden konstruktiven Leistungen finanziell nicht sollten ähnlich gestellt werden können wie leitende Persönlichkeiten. Sie blieben dann einer Tätigkeit erhalten, in der sie Hervorragendes zu vollbringen vermögen und sich wohlfühlen. Die unbefriedigende Stellung von Konstrukteuren ist z. T. ein Überbleibsel aus einer Zeit, in der Ingenieure noch gleichzeitig konstruktiv, kaufmännisch und verwaltungstechnisch tätig sein konnten. Da die moderne Technik dies nicht mehr gestattet, muß man die Folgerung ziehen, d. h. dem Konstrukteur den gebührenden Platz einräumen.

IX. Standesbewußtsein und Ansehen der Ingenieure[1].

> Ein Land wird groß, wenn durch die behutsame und
> kluge Entwicklung seiner Hilfsquellen und die Tüchtig-
> keit seiner Bewohner das Vermögen unter möglichst
> weite Kreise gerecht verteilt wird.
>
> Henry Ford.

a) Das Ansehen der Ingenieure. Man könnte nun glauben, es müsse für den einzelnen Ingenieur um so gleichgültiger sein, was die Allgemeinheit über seinen Stand denkt, je bedeutender er als Ingenieur und als Charakter ist, da eine gewisse Unbekümmertheit um fremde Meinungen dem Werk und der Zufriedenheit eines Mannes nur förderlich sein kann. Diese Ansicht trifft aber schon für einen hervorragende Ingenieur und erst recht für den gesamten Ingenieurstand nicht zu, denn der Ingenieur steht mitten in der Öffentlichkeit und ist auf ihr Verständnis und ihre Mitwirkung in hohem Maße angewiesen. Deshalb ist ein hohes Ansehen seines Standes ein überaus wichtiges Aktivum, wenn sich ein Ingenieur seine Arbeit nicht unnütz erschweren oder schwächlich auf eine angemessene Stellung im öffentlichen Leben verzichten will. Je angesehener nämlich der ganze Stand ist, je breiter und tiefer ist der Erfolg der Tätigkeit des einzelnen Ingenieurs und je besser kann er seine eigenen Angelegenheiten und die seines Standes fördern.

Darüber, daß das Ansehen des Ingenieurstandes seinen Leistungen für die Allgemeinheit nicht entspricht, herrscht auch in weiten nichttechnischen Kreisen Übereinstimmung, über die Gründe gehen die Ansichten auseinander. Zweifellos haben an ihrem unbefriedigenden Ansehen die Ingenieure aber ein gut Teil eigene Schuld und können auf eine Änderung nur dann hoffen, wenn sie sich zu entsprechenden Maßnahmen aufraffen.

b) Weshalb ist das Ansehen des Ingenieurstandes unbefriedigend? Die zahlreichen Antworten auf diese Frage geben etwa folgende Gründe an:

---

[1] Obgleich manche von den folgenden schon vor 6 Jahren geschriebenen Ausführungen heute in Deutschland ohne aktuelles Interesse sind, werden sie mit Rücksicht auf nichtdeutsche Leser und die im Ausland wohl auch heute noch im wesentlichen zutreffenden Verhältnisse unverändert wiedergegeben.

1. Die Überlastung mit beruflichen Tagesaufgaben, die dem Ingenieur die Beschäftigung mit den geistigen und sozialen Grundlagen der Technik unmöglich mache;

2. das Spezialistentum, zu dem der Ingenieur gezwungen sei und das ihm nicht genügend Zeit zur Beschäftigung mit den großen öffentlichen Problemen lasse;

3. den Umstand, daß der durchschnittliche Ingenieur gewissermaßen auf ein enges Gebiet dressiert sei, auf dem er Gutes zu leisten vermöge, daß er aber von anderen Dingen nicht viel wisse und sich auch nur wenig für sie interessiere;

4. das Verkennen der Tatsache, daß Konstruieren und Berechnen nur Hilfsmittel für die technische Verwirklichung politischer oder wirtschaftlicher Ziele sind;

5. die Eigenart seiner technisch-wissenschaftlichen Ausbildung, die darauf hinziele, mit stark vereinfachten, auf seine Zwecke zugeschnittenen wissenchaftlichen Verfahren gewissermaßen mechanisch und häufig ohne Kenntnis ihrer Grundlagen seine Arbeit zu verrichten;

6. seine mangelhafte Allgemeinbildung und sein Unvermögen, so wie es ein Geistlicher, Arzt oder höherer Lehrer könne, einem Laien auseinanderzusetzen, in welcher Weise sein Fach mit dem allgemeinen Leben verknüpft ist und es beeinflußt;

7. den Mangel der Hochschulprofessoren an Wissen um die geistigen Grundlagen der Technik;

8. die subalterne Stellung des einzelnen Ingenieurs und der gesamten Technik, die davon herrühre, daß die meisten Ingenieure Nur-Techniker seien;

9. den Umstand, daß das technische Werk als Erzeugnis eines klügelnden Verstandes zwar Staunen erwecke, aber die Seele des Volkes unberührt lasse, das nicht verstehe, daß überragende technische Pionierarbeiten dieselben schöpferischen Kräfte erfordern sollen wie Werke der bildenden Kunst, usw. usw.

So verschieden diese Stimmen lauten, den Vorwurf erhebt keine, daß der Ingenieur sachlich seinen Aufgaben nicht gewachsen sei und seine Leistungen nicht dem entsprechen, was die Öffentlichkeit von ihm erwartet. Vielmehr liegt der einzigartige Fall vor, daß man die Verdienste eines Standes um die Allgemeinheit uneingeschränkt anerkennt, aber meint, es fehle ihm auf geistigem Gebiete im Vergleich zu anderen gebildeten Ständen etwas. Nach dem, was über die Gründe der verschiedenen Arbeitsmethoden von Ingenieuren und reinen Wissenschaftlern gesagt worden ist, kann man über die geringschätzige Bewertung des wissenschaftlichen Wertes der Ingenieurarbeit durch manche Wissenschaftler, denen offenbar nicht bekannt ist, daß sich Leibniz, der „umfassendste Geist der Barockzeit", für Ingenieurtätigkeit nicht zu schade hielt, leicht hinweggehen, weil sie offenbar über etwas reden, was sie nicht kennen. Es trifft zu, daß zahlreiche Ingenieure nicht bis zu den Wurzeln der von ihnen benutzten Wissenschaft vordringen. Sie können es aber schon deshalb nicht, weil sie auf so vielen Gebieten der Wissenschaft und in so vielen sonstigen Dingen beschlagen sein müssen, daß ihnen dazu keine Zeit bleibt. Auch mit dem Durchschnitt in anderen gelehrten Berufen ist es ähnlich bestellt, und sein Interesse an außerberuflichen Dingen ist auch nicht viel größer. Für den durchschnittlichen Ingenieur kommt es ebenso wie für den durchschnittlichen Arzt auch weniger auf die Kenntnis der wissenschaftlichen Quellen seines Berufes oder überhaupt auf besonders tiefes theoretisches Wissen als darauf an, sich in kritischen Lagen helfen zu können oder, wie E m i l v o n B e h r i n g mit Bezug auf Ärzte sagte: „Weniger feine Köpfe, dem Leben nur zusehende Denker, als vielmehr Personen mit kräftigem Handeln". Deshalb wurde weiter vorn die Arbeitsmethode des durchschnittlichen Ingenieurs mit derjenigen eines Landarztes verglichen. So, wie ein Landarzt häufig gezwungen ist, mit einfacheren Verfahren zu arbeiten als eine mit allen Mitteln ausgestattete großstädtische Klinik, und trotzdem Vorzügliches leistet, so kann es dem Ansehen von Ingenieuren unmöglich Abbruch tun, daß sie sich aus denselben Gründen vereinfachter Arbeitsmethoden bedienen müssen. Sehr viele und selbst hervorragende Ingenieure machen übrigens keinen Anspruch darauf, Wissenschaftler zu sein, dürfen aber mit Recht daran erinnern, daß zahlreiche ihrer Fachgenossen auch als Wissenschaftler allen Ansprüchen genügen. Im übrigen betreffen diese Einwendungen mehr die Frage, ob die Ingenieure weniger schöpferische Leistungen aufzuweisen haben oder ihre Tätigkeit geringere intellektuelle Anforderungen stellt als andere Berufe. Jedenfalls ist diese Kritik, über die die Entwicklung hinweggehen wird, für das Ansehen des Ingenieurstandes unwichtig.

Daß Vergleiche zwischen den zum Hervorbringen eines Werkes der bildenden Künste und einer technischen Pionierleistung erforderlichen schöpferischen Kräfte einen nennenswerten Einfluß auf das Ansehen des Ingenieurstandes ausüben oder auch nur von einer nennenswerten Zahl von Menschen angestellt werden, erscheint unwahrscheinlich. Dieses Argument ließe sich auch auf Berufe anwenden, deren Ansehen nichts zu wünschen übrig läßt. Das Publikum schätzt und braucht die Maschine und hält es für selbstverständlich, daß sie funktioniert. Darüber, wie viel Wissen, Intelligenz, Umsicht und Fleiß nötig sind, bis z. B. ein großer Flugmotor einwandfrei arbeitet oder damit zu jeder Zeit Wasser, Gas und Strom zur Verfügung stehen, zerbricht sich aber unter 100 gebildeten Nicht-Technikern kaum einer den Kopf. Die einzige Notiz, die viele Gebildete von diesen Dingen nehmen, ist die, daß sie darüber schimpfen, daß Flugmotoren nicht geräuschlos laufen oder Gas, Wasser und Strom nicht noch billiger sind. Da Unfälle der öffentlichen Verkehrsmittel oder Störungen in der Energieversorgung so selten sind, wird angenommen, daß die Technik doch recht einfach sein müsse. Man könnte fast versucht sein, zu sagen, daß die Hingabe der Ingenieure an ihr Werk in dieser Beziehung ihrem Ansehen mehr schadet als nützt. Versagte nämlich die Energieversorgung öfters und würden die Ingenieure sie mit dem nötigen Tamtam wieder in Ordnung bringen, dann würde wohl in manchen Köpfen eine zutreffendere Vorstellung von ihrer Bedeutung dämmern. Diese falsche Einstellung muß mit allen Mitteln bekämpft werden, denn nur wenn der Ingenieur sich der Autorität und des Ansehens erfreut, die seiner Bedeutung für die Allgemeinheit entsprechen, wird er für sie auch das Höchstmögliche leisten und seinen Platz ganz ausfüllen können.

Dagegen ist es, worauf bereits wiederholt hingewiesen worden ist, vollständig zutreffend, daß ihre mangelhafte Kenntnis der großen Zusammenhänge der Technik sowie ihr schwaches Interesse an Fragen allgemeiner Natur am unbefriedigenden Ansehen der Ingenieure ebenso schuld sind, wie daß Ingenieure, wenn sie Nur-Techniker bleiben und ihren einzigen Lebenszweck in der Herstellung der „Handelsware Maschine" erblicken, auch weiterhin eine subalterne Rolle spielen werden. Mit dem Schutz des Ingenieurtitels und ähnlichen Maßnahmen ist in dieser Beziehung gar nichts gewonnen.

Der Jurist ist mit Bezug auf allgemeine Achtung schon dadurch im Vorteil, daß er seit Jahrhunderten den verschiedensten Ständen fast täglich in mehr oder weniger autoritativer Form persönlich gegenübertritt, und daß er einen erheblichen Teil der öffentlichen Diskussion über soziale, politische oder wirtschaftliche Dinge bestreitet. Die gesamte Gesetzgebung, ohne die das Leben eines Volkes undenkbar wäre, ist sein Werk, und mit berühmten Staatsverträgen ist der Name von Juristen verbunden. Es ist daher verständlich, daß sie sich bei hoch und nieder großen Ansehens erfreuen. Auch der Arzt ist für weite Kreise Respektperson. Namen wie Koch, Virchow, Behring oder Sauerbruch kennt jeder Gebildete, und Ärzte wie Juristen spielen auch in der schöngeistigen Literatur eine ungleich bedeutendere Rolle als Ingenieure. Dazu kommen, wie schon auf Seite 101 erwähnt worden ist, die großen Unterschiede in der Tätigkeit, Denkweise und persönlichen Stellung der Ingenieure,

je nachdem, wo sie ihren Lebensunterhalt finden, infolge derer sich
bei ihnen keine so einheitliche Auffassung und innere Geschlossenheit wie beim Ärzte- oder Juristenstand bilden konnte.

Ein unmittelbarer Kontakt zwische Ingenieur und Publikum, das
ihn nur durch die anonyme Maschine kennt, besteht kaum. Es interessiert sich wohl für Werke der Technik, ihre Schöpfer aber sind ihm,
wenn man von den großen Erfindern absieht, unbekannt und vorwiegend deshalb gleichgültig, weil sie als Menschen seine Phantasie
aus Mangel an geistiger Berührungsfläche nicht beschäftigen. Selbst
auf ganz abseitigen Gebieten tätige Physiker interessieren, weil gemeinsame geistige Bande bestehen, das Publikum mehr, obgleich es
ihre Arbeiten weniger versteht als Kraftwagen, Schiffe oder Flugzeuge.

Zum unbefriedigenden Ansehen hat auch der Umstand beigetragen, daß sogar große Ingenieure und Industrielle in ihrer Jugend
noch selber den Hammer geschwungen haben. Handarbeitende Menschen sind aber seit jeher von vielen „Maßgebenden" für nicht ganz
voll angesehen worden. Schon der Sport hat aber eine andere Einschätzung von körperlicher Arbeit angebahnt und die sich heute vollziehenden Änderungen werden auch den „Gebildeten" wieder den
nötigen Respekt vor Handarbeit beibringen. Aber alle diese Gründe
allein erklären noch nicht, weshalb trotz Radio, Fernsehen und Flugzeugen, die die meisten Menschen noch vor 50 Jahren für glatte
Zauberei gehalten hätten, das Ansehen des Ingenieurstandes nicht
größer ist.

Keine der mir bekanntgewordenen Abhandlungen beschäftigt sich
nun mit drei Punkten, von denen das Ansehen eines Standes wesentlich abhängt, nämlich der historischen Entwicklung und dem geistigen Niveau, sowie der Breite seiner führenden Schicht. Wenn vom
Ansehen eines „gebildeten" Standes gesprochen wird, denkt man
offenbar daran, wie ihn andere „gebildete" als ebenbürtig oder überlegen betrachtete Stände ansehen. Nun hat die herrschende Schicht
eines Staates stets Vorrechte und ein besonderes Ansehen genossen
und gegenüber den übrigen Schichten eine gewisse Exklusivität beobachtet. In früheren Jahrhunderten waren es Adel und hohe kirch-
liche Würdenträger, später kamen der Berufssoldat und die sich fast
nur aus Juristen rekrutierende hohe Beamtenschaft hinzu. Ein Angehöriger anderer Stände mußte schon eine besondere Persönlichkeit
sein, um in diese Kreise Eingang zu finden und von ihnen als voll angesehen zu werden. Wie zeitbedingt der Begriff des gesellschaftlichen Ansehens ist, zeigt die Rolle des tiers état vor und nach der
französischen Revolution oder der Umstand, daß ein Genius wie
Leonardo da Vinci in einem Bewerbungsbrief empfehlend er-

wähnen mußte, er könne auch Laute spielen. Noch vor 100 Jahren schrieb ein englischer Adliger, er habe R i c h a r d T r e v i t h i c k auf Grund seines guten Aussehens für einen vornehmen Mann gehalten und noch vor 30 Jahren erzählte man sich in Deutschland über prominente Persönlichkeiten aus Handel und Industrie ähnliche Anekdoten, wobei einige Charaktervolle unter ihnen eine Anmaßung allerdings sehr sarkastisch beantwortet haben.

Das Frankreich König F r a n z d e s E r s t e n zeigt besonders deutlich, wie Adel und hohe Geistlichkeit unter dem Einfluß der italienischen Renaissance bestrebt waren, ihre Kultur zu verfeinern. Mit zunehmender Bedeutung des Bürgertums taten dessen führende Schichten etwas Ähnliches, und für ihre Angehörigen war ein gewisses Bildungsniveau eine Selbstverständsichkeit. Infolgedessen existieren viele Familien von Soldaten, Wissenschaftlern, Ärzten und Juristen, die zum Teil mit knappen finanziellen Mitteln Generationen hindurch einen hohen kulturellen Standard aufrechtzuerhalten verstanden. Dadurch bildete sich zwischen Angehörigen dieser Stände ein gemeinsames geistiges Band und eine Art Maßstab, mit dem jemand, der in sie Einlaß zu bekommen versuchte, zuverlässiger bewertet werden konnte, als nach seinem materiellen Besitz, durch dessen erfreulich geringe Einschätzung die wirklich „guten Kreise" sich vor ungeeigneten Elementen reinzuhalten wußten. Der Ingenieurberuf ist aber noch sehr jung und daher die Zahl von Ingenieurfamilien mit einer ähnlichen Kultur und Tradition wie der von vielen Juristen- oder Wissenschaftlerfamlien klein. Das hohe Ansehen der Ärzte ist schließlich die Frucht einer langen Erziehungsarbeit, die auch den bescheidensten Landdoktor mit einer hohen Auffassung von seinen Pflichten der Allgemeinheit gegenüber erfüllte. Die Ingenieure befinden sich noch in einer ähnlichen Entwicklung. Ihr Beruf hat zwar vielen seiner Angehörigen Wohlstand gebracht, doch sind oft schon die Söhne der Betreffenden wieder in der Masse untergetaucht.

Das Niveau der führenden Schicht bestimmt das Ansehen eines Standes und nicht sein Durchschnitt. Je angesehener sie ist, einer um so höheren Achtung erfreut sich auch der Durchschnitt. So wie nicht der Schotter, so entscheidend er für die Herstellung einer Straße ist, ihr Gestalt und Charakter verleiht, sondern kühn geschwungene Brükken und andere markante Bauwerke, so geben die führenden Köpfe einem Stande sein Gepräge. Damit aber die führende Schicht für den gesamten Stand tragfähig ist, muß sie genügend viele und bedeutende Köpfe haben. Überragen nur wenige erheblich den Durchschnitt, so bleiben sie Einzelerscheinungen, die als solche aber nicht als Repräsentanten ihres Standes gewertet werden und daher seinem Ansehen nicht viel nützen. Sind die Führenden genügend zahlreich und ihrer Aufgabe gewachsen, so wird ihr Glanz auch auf die Durchschnittlichen zurückstrahlen, sind sie es nicht, so wird der ganze Stand kein hohes Ansehen haben, so tüchtig sein Durchschnitt ist.

Sachliche Höhe seiner Leistungen für die Allgemeinheit ist also nur eine der für hohes Ansehen eines Standes erforderlichen Voraussetzungen, die übrigen sind ideeller Natur und liegen zum Teil außerhalb der beruflichen Tätigkeit. Sie bestimmen zusammen mit den beruflichen Leistungen die Rolle, die ein Mensch in der „Gesellschaft", d. h. dem Treffpunkt der „angesehenen" und „maßgebenden" Kreise spielt. Der Verkehr in ihr setzt gewisse gemeinsame geistige Interessen und die Fähigkeit voraus, sich mit Angehörigen anderer Stände über sie zu unterhalten. Auch technische Fragen sind ein durchaus geeignetes Gesprächsthema. Ein Ingenieur wird ohne weiteres das Ohr eines Juristen oder Wissenschaftlers finden, wenn er in geeigneter Weise über technische Dinge spricht, mit ihnen allein kann er aber die Unterhaltung nicht bestreiten und technische Spezialfragen interessieren die Gesellschaft nicht mehr, als wenn sich ein Jurist über eine verwickelte Angelegenheit des kanonischen Rechtes oder ein Arzt über komplizierte, die Struktur von Hormonen und Vitaminen betreffende Sonderfragen verbreiten würde. An dem Verständnis dafür, was die Gesellschaft von technischen Dingen interessiert und an der Beschlagenheit auf nichttechnischen Gebieten hapert es aber auch bei manchen hochgestellten Ingenieuren. Sie spielen dann in der Gesellschaft eine Aschenbrödelrolle und sind oft eher geduldet als geachtet oder gar beliebt. Diese Verhältnisse werden sich nicht wesentlich ändern, so lange keine genügend breite Schicht von Ingenieuren mit gediegener allgemeiner Bildung besteht, die sich nur schaffen läßt, wenn bereits auf den Technischen Hochschulen das Interesse an Fragen von allgemeinem Interesse geweckt wird und auch später etwas geschieht, um es wachzuhalten und zu fördern.

Dazu kommt das Mißverhältnis zwischen der gewaltigen Rolle der Technik im Leben der Völker und der bescheidenen Rolle, die ihre Repräsentanten, die Ingenieure, im öffentlichen Leben spielen. Aus den in Kapitel II erörterten Gründen kennt aber ein großer Teil des Publikums nur die üblen Folgen der Maschine, aber nicht deren Ursache, und macht daher fälschlicherweise die Ingenieure für sie haftbar, ohne zu ahnen, von welchem Segen der richtige Einsatz der Maschine sein könnte.

Hoffentlich wird das Schicksal den Menschen schon in der nahen Zukunft Ingenieure mit heißem Herzen schenken, die in der Nutzbarmachung der Technik für das allgemeine Wohl ähnliches leisten, wie das, was James Watt, George Stephenson oder Werner von Siemens für die Entwicklung der Technik selber geleistet haben, und diesen „Baumeistern einer besseren Welt" im Rate der Völker einen maßgebenden Platz einräumen. Man würde sie nicht nur zu den Heroen der Technik, sondern den unsterblichen Wohltätern der Menschheit zählen.

Im übrigen spielt auch beim Streit um die Ebenbürtigkeit von Ständen die leidige Angewohnheit der Menschen eine Rolle, daß sie sich auch da, wo es der Allgemeinheit nichts und ihnen selber nicht viel nützt, aber Verbitterung erregt, nicht damit begnügen, festzustellen, daß und weshalb etwas anders ist als das, was sie selber sind, tun oder haben, sondern mit allen Mitteln sich selbst und anderen zu beweisen versuchen, daß es weniger bedeutend, gut und richtig ist.

c) Wie läßt sich das Ansehen des Ingenieurstandes heben? Der seit der Jahrhundertwende riesenhaft angewachsene Wissensstoff, dessen unvermeidliche Folge das Spezialistentum ist, macht es auch anderen Ständen immer schwerer, sich mit Fragen von allgemeinem Interesse, mit Kunst, Literatur und Wissenschaft zu beschäftigen. Der Ingenieurberuf ist also nicht der einzige, der unter seinen Folgen leidet, wenngleich sie sich bei ihm besonders kraß zeigen. F e c h - t e r [1]) sagt nicht ohne Recht, fast alle Berufe seien Sonderwelten geworden, von denen oft kaum mehr eine Brücke in die Welt gemeinsamer geistiger Interessen führe. Kein Beruf könne sich dieser Entwicklung entziehen, und man könne das Spezialistentum ebensogut die Last oder das Schicksal der Gegenwart wie ihr Laster nennen.

Am ungünstigsten daran sind die Ingenieure, weil sie schon seit jeher zu sehr Nur-Techniker gewesen sind und ihre Gedankenwelt an sich abseitiger von den großen allgemeinen Interessen liegt als bei anderen Ständen. Sie müssen sich daher besonders bemühen, die Kluft, die sie von anderen Berufen trennt, zu verkleinern. Diese Dinge sind auch insofern wichtig, als von ihnen die innere Ausgeglichenheit der Angehörigen eines Standes und der Anteil abhängt, den sie sich an den edlen Freuden des Lebens erschließen können. Ein Ingenieur kann zwar auch ohne ein vernünftiges Gleichgewicht zwischen beruflichen und allgemeinen geistigen Interessen ein tüchtiger Arbeiter und Geldverdiener sein, mehr aber häufig nicht, schon weil ihm dazu der seelische Schwung fehlt. Das Herbeiführen eines gesunden Ausgleiches zwischen den Anforderungen des Berufes und denen des übrigen Lebens ist bei vielen Ständen, am meisten vielleicht beim Ingenieurstand, eines der großen geistigen Probleme unserer unruhevollen Zeit.

---

[1]) F e c h t e r , P.: Brücken. Deutsche Allgem. Zeitg. vom 30. 3. 1940.

Viele sonst hochintelligente Ingenieure sind erstaunlich gleichgültig gegen alles, was über reine Technik hinausgeht., und sehen eine Beschäftigung mit Dingen von allgemeinem Interesse als Marotte und Zeitverschwendung an[1]). Ich kann mich noch gut entsinnen, welche Verwunderung es erregte, als vor etwa 35 Jahren ein nachmals sehr bekanntgewordener Ingenieur sich das Studium der Geschichte der Technik zur Lebensaufgabe wählte und wie die Bedeutung dieses Faches erst ganz allmählich begriffen wurde. Hieran ist zweifellos die akademische Ausbildung mit schuld, weil auch sie zu stark unter dem Einfluß einseitiger Spezialisten steht und rein technische Angelegenheiten modern, manches andere aber so lehrt, als ob die Beziehungen zwischen Technik und öffentlichem Leben und der Umfang des technischen Wissens noch wie vor 30 oder 40 Jahren seien. Wenn aber immer wieder Ingenieure mit ausschließlich technischen Interessen die Hochschule verlassen, ist nicht einzusehen, wie sich eine Führerschicht mit weiten allgemeinen Interessen bilden soll. Mit aus diesem Grunde wurde weiter vorn empfohlen, die Hochschulen sollen sich mit dem Beibringen eines soliden Wissens der Grundlagen der Technik begnügen und in der eingesparten Zeit die großen Zusammenhänge in der Technik und die Beziehungen der Technik zum öffentlichen Leben behandeln. Zum glücklichen Lösen dieser Aufgabe braucht ein Lehrkörper wenigstens einige Professoren, die mehr sind und mehr zu sagen haben als tüchtige Oberingenieure. Männer wie R i e d l e r , S t u m p f oder S l a b y haben weniger durch ihre Ingenieurkunst, die wir noch gar nicht richtig beurteilen konnten, als durch ihre überragende Persönlichkeit und durch das, was sie uns außer technischen Dingen lehrten, einen so starken Eindruck auf uns gemacht.

Das Heranziehen einer geistigen Ingenieur-Elite muß bereits mit der Gestaltung des Lehrplanes auf den höheren Schulen beginnen, die technischen Lehranstalten müssen die Arbeit fortsetzen und die Industrie muß sie vollenden, indem sie junge Leute mit Interesse an Fragen von allgemeinem Interesse mit allen Kräften fördert. Sonst werden ihnen banausische Kollegen das Leben noch saurer machen, als es „Spezialisten" und Routiniers noch vor gar nicht langer Zeit einem jungen Ingenieur taten, der über technische Fragen schreiben oder sonst etwas treiben wollte, was über ihren Horizont hinausging.

---

[1]) In Heft 4460 des „Engineer" vom 4. 7. 1941 heißt es: „Viele von denen, die große Änderungen in unserem sozialen und wirtschaftlichen Leben vorschlagen, sind mit geschäftlichen Angelegenheiten völlig unvertraut. Die Ingenieure dürfen aber nicht mehr weiterhin sagen: Wir sind Ingenieure und nur die Ingenieurwissenschaften interessieren uns." Das geringe Interesse der Ingenieure an nichttechnischen Angelegenheiten scheint also eine internationale Erscheinung zu sein.

Die Arbeit wird also langwierig sein und es wird geraume Zeit vergehen, bis ihre Früchte reifen. Wird sie aber nicht geleiset, so wird der Ingenieurstand weder eine Stellung erreichen, die seinen Leistungen entspricht, noch kann er seine Leistungen zu der Höhe emporschrauben, die infolge der in ihm vereinigten Intelligenz und Hingabe an sich erreichbar wäre, weil ihm zu wenig Anregungen und Menschen aus anderen Kreisen zuströmen und sein Denken und Handeln zu sehr durch die unmittelbar vor ihm liegenden Aufgaben beherrscht werden.

Auch der Mangel an Korpsgeist von Ingenieuren schadet ihrem Ansehen. Er ist zuweilen so groß, daß man über den Begriff „Ingenieurstand" sehr skeptisch denken könnte und offenbart sich bei uns auf einigen Gebieten besonders unerfreulich, wenn sich Ingenieure als Käufer und Lieferer (Verkäufer) von Maschinen gegenübertreten. Es ist schließlich noch verständlich, wenn Nicht-Geschäftsleute auf Ingenieure, die sich ihr Geld durch Herstellen und Verkaufen industrieller Produkte — ob es sich nun um bescheidene Staubsauger oder gewaltige Kraft- und Arbeitsmaschinen handelt — verdienen müssen, etwas geringschätzig herabsehen. Dumm und nicht entschuldbar ist es dagegen, wenn sich Ingenieur-Käufer Ingenieur-Lieferern gegenüber einen Ton herausnehmen, der im Verkehr zwischen Juristen und Medizinern völlig undenkbar wäre[1]). Auch gibt es leider Ingenieure, deren Menschentum und geistiger Horizont ihrer guten materiellen Assiette nicht entsprechen und die, wie es nun einmal Brauch der Forsytes und Babbitts aller Völker und Stände ist, Wert und Bedeutung selbst solcher Menschen, die ihnen an Wissen, Leistungen und Manieren weit überlegen sind, lediglich nach deren Einkommen bemessen. Aber auch wenn man von solchen Fällen absieht, vergessen die Besteller von Maschinen zuweilen, daß an manchen Anständen nicht Nachlässigkeit, sondern die schwierige Materie und die geringe Erfahrung schuld sind, und daß sie als Ingenieure die Maschine auch nicht besser hätten bauen können. In dieser Beziehung verhalten sich Kaufleute und Juristen oft verständnisvoller und spielen sich nicht so sehr als „seine Majestät der Kunde" auf, wie manche Ingenieure, die wegen der nebensächlichsten Anstände ihr „peinlichstes Erstaunen" aussprechen oder ihre Briefe auf das Motto abstellen, „ich kenne Ihre Gründe nicht, aber mißbillige sie". Man könnte manchmal versucht sein, den berühmten Ausspruch der Duse abzuändern in „plus je connais les hommes, plus j'aime les machines". Ingenieure, die als Vertreter

---

[1]) Auch der Verkehr zwischen älteren und jüngeren Ingenieuren derselben Firma spielt sich häufig nicht in den angenehmen Formen ab, wie z. B. bei Juristen oder Wissenschaftlern.

von Interessentenvereinigungen auftreten, beanspruchen für sich zuweilen die Autorität von Beamten, ohne die Formen zu beachten, in denen sich der Verkehr zwischen Beamten und Publikum abspielt, und kritisieren trotz ihrer manchmal unzureichenden Sachkenntnis fremde Konstruktionen so, als ob ihre Auffassung die allein seligmachende sei. Wenn auch die Angegriffenen aus geschäftlichen Rücksichten gute Miene zum bösen Spiel machen, so bleibt natürlich ein Stachel zurück, weil Bevormundung niemand gern hat und das Gängelband technischer Gouvernanten für Ingenieure, deren ganze Tätigkeit auf Initiative und Freude an der Verantwortung beruhen muß, ein untaugliches Requisit ist. Eine Einmischung sollte sich daher auf das Notwendige beschränken, und die letzte Entscheidung denen überlassen bleiben, die später die Verantwortung tragen müssen. Dann wird die Entwicklung auch nicht dem natürlichen Ausscheidungsprozeß entzogen, der noch immer am zuverlässigsten arbeitet.

Infolge des scharfen Wettbewerbes vollzieht sich der Kampf um einen Auftrag oft nicht in den angenehmsten Formen. Trotzdem lassen sich auch hier gewisse Grenzen wahren. Das Herunterreißen der Konkurrenz ist einem einigermaßen urteilsfähigen Kunden gegenüber ein sehr untaugliches Mittel und der Verkauf von Lokomotiven oder Turbogeneratoren verlangt andere Formen als der Handel mit alten Hosen. Man vergibt sich nichts, wenn man beim Kampf um einen Auftrag anerkennt, daß auch der Konkurrent etwas von der Sache versteht. Stets sollten Ingenieure, gleichgültig in welchem Lager sie stehen, bei Fachgenossen das Gemeinsame und nicht das Trennende suchen, sie nützen dadurch auch dem Ansehen ihres Standes am meisten.

Immer wieder werden Männer auftauchen, die dank ihrer genialen Begabung, ihrer Schaffensfreude oder Willensstärke auch ohne akademische Ausbildung überragende Leistungen vollbringen. Es wäre daher verkehrt und nützte dem Ansehen des Ingenieurstandes gar nichts, wenn man für den studierten Teil der Technikerschaft eine besondere Stellung und Standesehre schaffen und nicht studierte Ingenieure von Posten, auf die sie dank ihrer Leistungen Anspruch haben, auszuschließen versuchen würde. Es sind auch nicht die zu angesehenen Posten gelangten nicht studierten Ingenieure oder diejenigen, die sich als Ingenieure ausgeben, ohne es wirklich zu sein, die das unbefriedigende Ansehen des Ingenieurstandes verschulden, sondern die vorstehend erwähnten Gründe.

Immer sollte die Leistung und nicht die Art der Vorbildung für Stellung und Bezahlung maßgebend sein. Jemand, der die Technische Hochschule besuchte und später aus Mangel an Begabung oder Fleiß keine befriedigende Stellung finden kann, tat es auf eigene Verantwortung und kann nicht eine Prämie beanspruchen, die er erhielte, wenn er mehr verdienen würde als ein ihm überlegener nicht studierter Ingenieur[1]).

Der Ingenieur-Geschäftsmann ist für den Erfolg der Technik und einer Firma ebenso nötig wie der Ingenieur-Techniker. Jedem von beiden gebührt daher sein Verdienst und seine Ehrung. Zuweilen steht man aber unter dem Eindruck, als ob die dazu Berufenen den Ingenieur-Geschäftsmann mit der Ehrung auszeichneten, die dem Ingenieur-Techniker zusteht. Der letztere hat aber alle Ursache, sich hiergegen und gegen jeden Versuch, seine Arbeit auch finanziell nicht angemessen zu würdigen, energisch zur Wehr zu setzen. Auch der Industrie kann es nur nützen, wenn rein technische Leistungen in jeder Beziehung ebenso hoch bewertet werden wie kaufmännische oder verwaltungstechnische, da ein einseitiges Überwiegen des händlerischen Geistes auf die Dauer auch einem industriellen Unternehmen mit den tüchtigsten Kaufleuten schaden muß.

Die Auffassung, die Gründer großer industrieller Unternehmungen hätten, verglichen mit bekannten Erfindern, doch wenig Neues und Individuelles für die Technik hinterlassen, übersieht, daß das Hervorbringen von etwas Neuem die Zusammenarbeit der verschiedensten Stellen erfordert, von denen der Erfinder nur eine ist. Ein Erfinder findet natürlich leichter das öffentliche Interesse, aber schon die Frage, ob er oder der Gründer eines Industrieunternehmens oder z. B. ein hervorragender Konstrukteur am wichtigsten sei, ist müßig, weil ihre Beantwortung ganz davon abhängt, von welchem Gesichtspunkt man ausgeht. Jedenfalls haben die Schöpfer großer Unternehmen oft erst die Voraussetzungen geschaffen, auf Grund derer Erfinder erfolgreich arbeiten konnten, und durch das Zusammenschweißen eines hochwertigen Arbeiter- und Ingenieurstabes etwas geleistet, was mit dem Wirken eines großen Hochschullehrers verglichen werden kann, auch wenn sie alles andere als Theoretiker waren. Ähnliches gilt für Männer, die, wie z. B. G e o r g K l i n g e n b e r g , durch ihre außerordentliche Vielseitigkeit, ihren Mangel an Autoritätsglauben und ihren Weitblick auf einem sehr großen Gebiet der Technik durch zahlreiche Einzelmaßnahmen neue Wege weisen und dadurch die Entwicklung ebenso fördern, wie wenn sie ihre ganze Energie auf eine einzige Erfindung konzentiert hätten, die dem breiten Publikum natürlich mehr in die Augen gefallen wäre. Wenn aber darüber geklagt wird, daß große Ingenieure nie die Ehrung finden wie große Dichter und Musiker, so ist darauf zu erwidern,

---

[1]) Für die Anfangsjahre von Diplomingenieuren in der Praxis liegen die Dinge etwas anders.

daß es großen Ärzten auch nicht anders ergeht und Wissenschaftlern nur dann, wenn sie das ganze Weltbild geändert haben. Technische Werke haben eben nicht den bleibenden Wert und können nicht in dem Maße Allgemeingut der verschiedensten Stände, Klassen und Völker sein wie Werke der schönen Künste.

Zu wünschen wäre, daß in Deutschland etwas Ähnliches geschaffen würde wie die National Portrait Gallery in London, in der Bilder und Büsten von allen denen vereinigt sind, die das Geschick ihres Landes wesentlich beeinflußt haben, gleichgültig ob es sich um Herrscher, Staatsleute und Feldherren oder Wissenschaftler, Künstler und Ingenieure handelt. Eine derartige Galerie ist ein starker Anreiz für die Angehörigen aller Stände und zeigt auch, wie unentbehrlich jeder Stand für das Gedeihen eines Volkes ist.

d) Der unzureichende Ingenieurnachwuchs. Nach C. W e l k - n e r [1] rührte der unzureichende Ingenieurnachwuchs in Deutschland während des letzten Jahrzehntes davon her, daß das Interesse an technischen Berufen seit etwa 1928 insgesamt geringer geworden ist als an Berufen mit Universitätsbildung. Eine grundsätzlicle Abneigung gegen das Studium besteht offenbar nicht, die Abiturienten bevorzugen aber Berufe, die eine i. E. gesichertere Lebensgrundlage bieten. Dazu kommen andere Ursachen, wie der eine Zeitlang eingeführte Numerus clausus, die geringe Krisenfestigkeit des Ingenieurberufes, die nach 1928 auf das Studium der Technik überaus abschreckend gewirkt hat und andere heute überholte Gründe.

Von diesen mehr zeitbedingten Verhältnissen abgesehen, war der unzureichende Ingenieurnachwuchs vor allem auf folgende fünf Ursachen zurückzuführen:

1. Die mangelhafte Kenntnis der Jugend und weiter Kreise des Volkes vom Wesen und der Vielseitigkeit des Ingenieurberufes und seiner großen Bedeutung für die Allgemeinheit;

2. die Abneigung gegen das Einspannen in die Organisation einer Fabrik;

3. das unbefriedigende Ansehen des Ingenieurstandes;

4. die außerordentlich starke Beanspruchung des Ingenieurs durch seinen Beruf, die ihm für die Beschäftigung mit nichtberuflichen Dingen oft kaum mehr Zeit läßt;

5. die Bezahlung, die viele Ingenieure als dem langen Studium und dem anstrengenden Beruf nicht immer angemessen erachten.

Leider existieren darüber, weshalb und wieviel Ingenieure ihre Söhne einem anderen Beruf zuführen, keine statistischen Unterlagen. Es ist aber außer Zweifel, daß vor allem Söhne von Offizieren, Juristen und Wissenschaftlern, d. h. vorwiegend Absolventen huma-

---

[1] W e l k n e r , C.: Der Ingenieurnachwuchs. Z. VDI. 1938. S. 689—693.

nistischer Lehranstalten, infolge des sie nicht befriedigenden Ansehens des Ingenieurstandes, ihrer mangelhaften Kenntnis seiner Bedeutung und der zu seinem Ausüben erforderlichen Eigenschaften, sowie aus Sorge vor den Anforderungen, die er stellt, keine Ingenieure werden wollen. Sie halten die Technik für eine zwar wichtige, aber nüchterne, abseits vom übrigen Leben sich abspielende Tätigkeit und stellen sich des öfteren einen Ingenieur als eine Art „besseren Klempner mit dem Zollstock in der Hosentasche" vor. Diese abwegigen Auffassungen erklären sich mit aus der geringen gesellschaftlichen Berührung dieser Kreise mit Ingenieuren und dem Dünkel, mit dem seit jeher viele Arrivierte — einzelne Personen und ganze Völker — auf die nach oben Strebenden hinabgesehen haben. Dazu kommt, daß viele junge Leute gegen die Eingliederung in die Organisation einer Fabrik schon gefühlsmäßig eine Abneigung haben, während ihnen diejenige in das Offizierskorps oder die Beamtenschaft etwas Selbstverständliches ist, da sie mit den dort herrschenden Gebräuchen und Anschauungen von Kindheit an vertraut sind. Viele Abiturienten sind schließlich der Ansicht, daß, wenn sie schon studieren, ihnen andere Berufe alles in allem mehr bieten als der des Ingenieurs. Der Versuch, junge Leute durch industrielle Stipendien und ähnliche Mittel für das Studium der Technik zu gewinnen, kann daher nur ein Palliativmittel sein. Zum Herbeiführen eines ausreichenden Nachwuchses sind aber zweifellos grundsätzlichere Anstrengungen erforderlich. Verkehrt wäre der selbstgefällige Standpunkt, daß es um die, die zur Technik nicht aus innerem Drange von allein kommen, nicht schade sei, weil doch offenbar nicht genügend viele diesen Drang haben, und jemand ein ausgezeichneter Ingenieur werden kann, den ganz nüchterne Überlegungen zur Wahl seines Berufes veranlaßt haben.

Wenn man mit vollem Recht technischen Intelligenzen aus unbemittelten Kreisen das Ergreifen des Ingenieurberufes erleichtert und ihm dadurch immer wieder unverbrauchtes Blut zuführt, so sollte man auf junge Leute nicht weniger Wert legen, die bereits im Elternhaus Anregungen bekommen und Dinge sehen und lernen, die ein aus einfachen Kreisen Stammender sich erst später mühsam aneignen muß. Auf Grund neuerer Forschungen übt die geistige Atmosphäre des Elternhauses auf die Entwicklung der Intelligenz eines Menschen eine stärkere Wirkung aus, als vielfach angenommen worden ist. R e i n ö h l sagt hierzu[1]): „Das Erbgut entscheidet darüber, welche Intelligenzhöhe erreicht werden kann, die Umwelt, welche tatsächlich erreicht wird". Ein stärkerer Zustrom junger Leute aus Familien

---

[1]) N i e d e n , z u r M.: Erbanlagen und Umwelt. Deutsche Allgem. Zeitg. vom 28. 12. 1940.

mit alter Kultur würde aber dem Ingenieurstand viel nützen, selbst wenn die betreffenden in technischen Dingen nicht so begabt wären wie Sprößlinge aus einfachen Kreisen. Damit er die vielfältigen ihm gestellten Aufgaben erfüllen und die Ebenbürtigkeit mit anderen gebildeten Ständen erringen kann, muß er von vielen Quellen gespeist werden und braucht Menschen von Kultur und weiten Interessen ebenso wie rein technische Begabungen.

Schließlich sollte die Industrie erheblich mehr als bisher versuchen, die Lehrer mittlerer und höherer Lehranstalten für die Technik zu interessieren, was besonders in Industriestädten nicht schwer fallen kann und für beide Teile ersprießlich wäre. Während dadurch viele abwegige Ansichten über den Ingenieurberuf berichtigt werden können, fragt es sich, ob die starke berufliche Beanspruchung von Ingenieuren etwas Unvermeidliches ist oder nicht. Von höherer Warte gesehen liegen die Dinge doch so, daß die Technik nicht um ihrer selbst willen da ist, sondern wie andere Berufe bestimmte Aufgaben im Dienste der Allgemeinheit zu erfüllen hat. Auch bei ihr muß zwischen der durch den Beruf in Anspruch genommenen und der für die Beschäftigung mit anderen Dingen verfügbaren Zeit ein vernünftiges Gleichgewicht herrschen, wenn das Leben von Ingenieuren ähnlich gesund, gehaltvoll und fruchtbar wie das anderer Stände sein soll. Nimmt ein Beruf die Kräfte seiner Angehörigen dauernd restlos in Anspruch, so werden sie einseitig und wirklichkeitsfremd, und es werden ihn nicht die schlechtesten Köpfe meiden, weil sie ihn für eine Fron halten. Die Folge davon kann nur sein, daß der Gesamtertrag seiner Arbeit trotz tüchtiger Einzelleistungen nicht das bestmögliche Ergebnis hat.

Nun können nationale Not, übermäßiger internationaler Wettbewerb und ähnliche ungewöhnliche Umstände einen Beruf eine Zeitlang zu anomalen und einseitigen Anstrengungen zwingen, ein Dauerzustand sollte dies aber nicht werden. Es gibt einen gesunden und einen krampfhaft übertriebenen, mehr durch konstruierte als durch tatsächlich vorhandene Bedürfnisse bestimmten Fortschritt, der Uneingeweihte durch seine Aktivität bestechen mag, letzten Endes aber niemand nützt. Es ist daher verfehlt, wenn ein Stand das Tempo des Fortschrittes von sich aus ohne vernünftigen Grund und offenbar in dem Glauben überstürzt, ein möglichst schnelles und nicht den wirklichen Bedürfnissen angepaßtes Tempo sei das Zeichen für eine gesunde Entwicklung. Ein solches Überstürzen kann aber in der Technik schon deshalb leichter als bei anderen Berufen passieren, weil auch die Käufer von Maschinen oft Ingenieure sind. Finden sich nämlich unter den Herstellern und Käufern kongeniale Naturen von übergroßer Neuerungssucht zusammen, so werden manchmal fortwährend weitere Neuerungen schon in Angriff genommen, bevor die ihnen vorausgehenden fertig, geschweige denn einigermaßen ausprobiert sind. Dadurch werden über den Kreis der unmittelbar Beteiligten hinaus viele Ingenieure übermäßig, und wie die letzten Jahre jemanden mit gesundem Menschenverstand immer wieder zeigten, oft völlig nutzlos beansprucht. Wenn man aber der Ansicht zustimmt, daß Fortschritte auf einem Teilgebiet menschlicher Betätigung auf die Dauer nur dann gesund sind, wenn sie sich Fortschritten auf anderen Gebieten harmonisch anpassen, so sollte man die Selbstdisziplin zum Unterdrücken von Auswüchsen aufbringen, die die Ingenieurarbeit für ganz einseitige Zwecke in Anspruch nehmen. Das bei uns öfters zu beobachtende ununterbrochene Verschwenden aller Energie auf die Verbesserung von Maschinen um winzige Bruchteile von Prozenten, das krampfhafte Heraustüfteln[1]) mehr oder weniger imaginärer Vervollkommnungen an bereits hochgezüchteten Maschinen bei gleichzeitiger Vernachlässigung der großen Zusammenhänge zwischen Technik und öffentlichem Leben ist eine solche einseitige Inanspruchnahme. Zu einer Gefahr wird aber der „technische Fortschritt", wenn reine Profitsucht und nicht ein allgemeines Bedürfnis sein Tempo bestimmt. Diese Tendenz ist aber zweifellos vorhanden. Die Ingenieure selber sollten daher die Tatkraft und Umsicht aufbringen, sein Tempo zu regeln und ihre Tätigkeit organisch in diejenige der anderen Berufe einzufügen, was ihnen am besten gelingen wird, wenn sie sich davon freimachen, Sklaven ihres Berufes zu sein. Infolge des deutschen Hanges zum übertriebenen „Organisieren", zu theoretischen Tüfteleien und zur Prinzipienreiterei wird schließlich manchmal über dem lobenswerten Bestreben, Energie und Materie zu sparen, die pflegliche Behandlung unserer eigenen und anderer Menschen Gesundheit und Lebensfreude vergessen.

Die im Vorstehenden entwickelten Gründe für den unzureichenden Nachwuchs und das unbefriedigende Ansehen des Ingenieurstandes, die eng miteinander zusammenhängen, weisen den Weg zur Abhilfe, zeigen aber auch, wie doktrinär manche für denselben Zweck gemachte Vorschläge sind, weil sie die Eigenart des Ingenieurberufes verkennen und den Wert angelernten Wissens sehr überschätzen. Zu dem Vorschlag, nach einigen Jahren nach einem bestimmten Schema verbrachter Praxis die Eignung von Diplom-

---

[1]) Solche in ihre Theorien verrannten Ingenieure begreifen auch nicht, daß im Frieden die möglichst schnelle und nicht die theoretisch bestmögliche Erledigung ihrer Aufgabe häufig der entscheidende Punkt ist, wie sie nicht begriffen haben, daß es im Kriege z. B. nicht auf möglichst wirtschaftlich erzeugten Strom sondern darauf ankommt, daß genügend viel Strom rechtzeitig zur Verfügung steht.

ingenieuren für das Bekleiden führender Posten durch eine Art Prüfung feststellen zu lassen, ist zu sagen, daß solche Diplomingenieure, die wirklich etwas sind und können, sich führende Stellungen, die sie reizen, mit eigener Kraft erkämpfen und auf eine posthume Approbation durch Prüfungskommissionen weit weniger Wert legen werden als auf die Gelegenheit, etwas Positives leisten zu können. So verständlich und berechtigt das Streben der Ingenieure nach einer angemessenen Entlohnung schließlich ist, so hat deren Höhe doch nur wenig mit dem Ansehen ihres Standes zu tun, und beide können nur leiden, wenn man sie in einen Topf wirft.

Die vorstehenden Ausführungen zeigen, daß über den einer ausreichenden Quantität des Nachwuchses dienenden Maßnahmen, die dringender, aber mehr vorübergehender Natur sind, die Maßnahmen nicht vergessen werden dürfen, die eine hohen Ansprüchen genügende Qualität zum Ziel haben. Ihre Früchte werden zwar langsamer reifen, trotzdem sind sie, auf lange Sicht betrachtet, wichtiger.

X. Ingenieur und Firma.

„Die Erfinderillusion ist der große Feind des reellen Fortschrittes und der Erfinder selbst."

Werner von Siemens.

„Zum erfolgreichen Erfinden gehören 1 Prozent Inspiration und 99 Prozent Perspiration."

Thomas A. Edison.

a) Ingenieure untereinander. Beim Eintritt in den Beruf kommen viele Ingenieure zum ersten Male mit Menschen anderer Herkunft, Wesensart, Bildung und Lebensauffassung in enge Berührung, auf deren Mitarbeit und guten Willen sie angewiesen sind; lernen Fachgenossen, die wie sie im Leben vorwärtskommen wollen, erstmals als Rivalen kennen und werden von Handlungen und Willensäußerungen anderer abhängig, von deren Motiven bzw. menschlichen Eigenschaften sie oft nichts wissen. Für die richtige Einstellung zu diesen Dingen, die für den Erfolg ihrer Arbeit und ihre Zufriedenheit wichtig ist, fehlen ihnen Maß und Vorbild um so mehr, je abstrakter sie denken, je einseitiger ihre Erziehung auf rein technische Dinge gerichtet war und je verschiedener die Kreise, in denen sie aufwuchsen, von denen sind, innerhalb derer sich ihre zukünftige Tätigkeit abspielt. Manche Ingenieure nehmen daher oft aus Ressentiment von Anfang an eine voreingenommene Stellung ein und machen sich und anderen dadurch unnütz das Leben sauer.

Das Verhältnis eines industriellen Unternehmens zu seinen Ingenieuren gleicht in mancher Beziehung dem eines Staates zu seinen Bürgern. Auch bei einem Unternehmen muß das Interesse des Ganzen oft vor dem seiner Teile den Vorrang haben und ähnlich, wie es dem einzelnen Bürger nur gut geht, wenn der Staat gesund ist, kann nur ein blühendes Unternehmen seinen Angestellten eine gesicherte Existenz bieten. Daher dürfen weder eine Firma noch ihre Angestellten nur einseitig fordern, sondern jeder Teil muß bereit sein, dem anderen auch etwas Gleichwertiges zu bieten. Eine Firma, die dauernd mehr verlangt, als sie billigerweise erwarten darf, hat keine ergebenen Angestellten und auf Angestellte, die die ihnen von ihrer Firma zufließenden Vorteile zwar genießen, aber möglichst wenig Verpflichtungen übernehmen wollen, ist kein Verlaß. Obgleich ein industrielles Unternehmen kein Wohltätigkeitsinstitut und industrielle Geschäfte machen keine charitative Tätigkeit ist, schneiden Allgemeinheit und Industrie auf die Dauer am besten ab, wenn nicht skrupelloses Ausnutzen sich bietender Konjunkturen sondern das Streben nach der Verrichtung einer angemessenen Leistung gegen die Gewährung eines angemessenen Preises das Leitmotiv ist. Dieser gesunde Altruismus hat im „Dienst am Kunden" einen ebenso neuartigen wie erfolgreichen, echt amerikanischen Ausdruck gefunden. „Dienst am Kunden" besagt ja nichts anderes, als daß das einem zur Selbstverständlichkeit gewordene Streben nach einem fortwährenden Ausgleich zwischen Nehmen und gleichwertigem Geben, zwischen Leistung und gleichwertiger Gegenleistung das für alle Beteiligten vorteilhafteste Geschäftsprinzip ist. Die anscheinend so seelenlose Technik hat also einen neuen ethischen Begriff, die Idee einer Art versachlichter Nächstenliebe geschaffen, die bei allgemeiner Befolgung die Beziehungen der Menschen zueinander erleichtern würde. Eine ähnliche Auffassung spricht aus den Worten von Henry Ford: „Anständigkeit (dem Angestellten gegenüber) und Rentabilität eines Unternehmens sind eng miteinander verknüpft." Ein einziger Angestellter, der sich mit dem Schicksal seines Unternehmens verbunden fühlt, nützt ihm mehr als eine ganze Schar schwankender Gestalten, die wegen geringfügiger Vorteile dauernd die Stellung wechseln. Idealzustand wäre, wenn jeder Angestellte sich so verhielte, als ob das Unternehmen ihm gehörte, und wenn jeder Vorgesetzte seine Untergebenen so behandelte, als ob die Verantwortung für ihr Wohlergehen auf ihm persönlich lastete.

Jeder junge Mann sollte sich darüber im klaren sein, daß mittelmäßige Menschen im Leben auf weniger Widerstand stoßen und — wenigstens bei ihresgleichen — beliebter sind als überdurchschnittliche Könner von ausgeprägter Individualität. Je nachdem, ob er mehr Wert darauf legt, bei vielen lieb Kind zu sein oder vorwärtszukommen und etwas zu leisten, muß er sein Verhalten einrichten. Respektiert zu werden und Allerwelt Freund zu heißen, vertragen sich nicht miteinander, und wer zwischen beiden Extremen schwankt, wird es mit allen verderben. Ein Mensch, der etwas kann und eine eigene Meinung hat, darf sich daher nicht daran stoßen, wenn andere über ihn schimpfen und ihn schlechtzumachen versuchen. Ihre Schmähungen sind meist nur natürliches Echo und Reflex seiner Tüchtigkeit und werden von einem vernünftigen Vorgesetzten so und nicht anders gewertet werden. Hat er sich dank seiner Leistungen einmal durchgesetzt, so werden viele schmähende Stimmen von allein verstummen, und die gleichen Leute, die früher kein gutes Haar an ihm ließen, seine Freundschaft suchen. Jeder Tüchtige wird es mit ähnlichen Erscheinungen sein ganzes Leben lang zu tun haben und je größer seine Tüchtigkeit, sein Freimut und seine Menschenkenntnis sind, um so einsamer werden. Er kann daher nur gewinnen, wenn er seine Belohnung und Befriedigung in seinem eigenen Werke sucht und sichtbaren Auszeichnungen und fremdem Lobe nicht mehr Wert beimißt, als sie verdienen.

Gegen Menschen, die mehr als einmal unfair oder unzuverlässig waren, sei man auf der Hut, weil sie oft unter einer Veranlagung handeln, die immer wieder zum Ausdruck kommt. Vulkanartig derbe aber gerade Naturen sind als Vorgesetzte wie als geschäftliche Partner meist angenehmer als aalglatte, moluskenhafte Menschen, bei denen man nie recht weiß, woran man ist.

Da bei der Herstellung von Maschinen Menschen der verschiedenartigsten Temperamente zusammenarbeiten müssen und häufig nicht vorausgesagt werden kann, welche Lösungsmöglichkeit die vorteilhafteste ist, es daher viel auf die individuelle Auffassung ankommt, ist es nicht verwunderlich, wenn in einer Firma auch Könner nicht immer im besten Einvernehmen miteinander leben, weil sie meist eigenwillige Naturen sind und fremde Einmischung nicht schätzen. Meinungsverschiedenheiten zwischen ihnen sind daher, so lange sie von persönlicher Gehässigkeit freibleiben und beide Teile sich stets wieder zum Erreichen eines gemeinsamen Zieles zusammenfinden und Respekt voreinander haben, etwas durchaus Natürliches; manche Akteure auf der Weltbühne haben aus denselben Gründen auch kein Bild brüderlicher Eintracht geboten und doch zusammen etwas geleistet[1]). H e n r y F o r d meint mit Recht: „Um Hand in Hand zu arbeiten, braucht man sich nicht zu lieben."

Die Beziehungen der Angestellten eines Unternehmens sollten durch loyale Zusammenarbeit und gegenseitige Achtung gekennzeichnet sein[2]). Da sich unter ihnen aber stark verschiedene Veranlagungen befinden, muß jeder Angestellte im Geschäft persönliche Antipathien unterdrücken und auch über weniger angenehme Eigenschaften anderer hinwegsehen können. Für Kollegen und Vorgesetzte gleich unerfreulich sind Angestellte, die glauben, alles müsse sich nach ihnen richten, die dauernd beleidigt oder mit anderen in fortwährender Fehde begriffen sind.

In einem Unternehmen können sich, wenn sie auf dem richtigen Platze sitzen, die verschiedenartigsten Begabungen bewähren und wohlfühlen. Etwas kleinliche Menschen, die für schwierige Verhand-

---

[1]) Aufschlußreich in dieser Beziehung ist das Tagebuch Victoire et Armistice 1918 von R a y m o n d P o i n c a r é.

[2]) Ein amerikanisches Sprichwort lautet: „An ounce of loyalty is worth a pound of brains." (Eine Unze Loyalität ist soviel wert wie ein Pfund Verstand.)

lungen oder Entschlußkraft erfordernde Entwicklungsarbeiten ungeeignet sind, können beim Prüfen von Lieferungen auf vertragsgemäße Ausführung, beim Verfolgen von Terminen und bei vielen
Gründlichkeit und Geduld verlangenden Arbeiten, bei denen großzügig Veranlagte oft versagen, Ausgezeichnetes leisten. Ein Vorgesetzter sollte daher darauf achten, daß tunlichst jeder eine Tätigkeit erhält, die ihm liegt. Im übrigen sollte man versuchen, sich in
die Vorstellungswelt seiner Mitarbeiter hineinzuversetzen und statt
lauter Schwächen auch ihre positiven Seiten zu erkennen.

Letzten Endes entscheidet immer die Leistung und nicht die Stellung oder akademische Bildung über den Wert eines Ingenieurs als
Mensch und Fachgenosse, und tüchtige Zeichner, Registratoren oder
Stenotypisten wird auch ein hervorragender Ingenieur hochschätzen.

In größeren Unternehmen sind gewisse Kontrollmaßnahmen zum
Aufrechterhalten der Ordnung unerläßlich, die überflüssig wären,
wenn jeder seine Pflicht von allein täte. Durch sie fühlen sich
manche an akademische Freiheit gewöhnte Ingenieure verletzt, statt
in ihnen eine zwar vielleich unerwünschte, im übrigen aber belanglose Formalität zu erblicken. Ferner kann, je größer ein Unternehmen ist der einzelne Ingenieur nicht so individuell behandelt werden
wie in einer kleinen Firma. Da gerade hochbegabte Ingenieure
manchmal Perioden haben, während derer sie ein Problem bis zur
völligen Gleichgültigkeit gegen alles andere in Anspruch nimmt,
empfinden sie eine Normierung oft wie eine Zwangsjacke. Auf sie
wird ein klug geleitetes Unternehmen nach Möglichkeit ebenso
Rücksicht nehmen wie auf sog. „Originale", die sich durch ungewöhnliche Leistungen auszeichnen, mancher Firma eine spezifische
Note geben und beim Kunden manches erreichen, was einem anderen
nicht gelingt. Größeren Unternehmen ohne Originale fehlt es oft an
geistiger Beweglichkeit und Frische. Kleinere auf dem Lande gelegene industrielle Unternehmungen können mit geringen Mitteln
durch Werkbüchereien, Halten einiger Zeitschriften und Tageszeitungen, gelegentliche Vorträge und gemeinsamen Besuch wichtiger auswärtiger Veranstaltungen viel zur Hebung des Interesses ihrer Belegschaft an Fragen von allgemeinem Interesse beitragen. Dadurch
läßt sich auch der innere Zusammenhang in einer Firma stärken und
sie sich zu etwas machen, mit dessen Schicksal sich ihre Angestellten eng verbunden fühlen.

Mindestens in leitenden Posten werden von Ingenieuren neben
technischem Wissen kaufmännische und juristische Fähigkeiten verlangt, die sich die Betreffenden meist neben ihrem Berufe her aneignen müssen, was in einem zweckmäßig geleiteten Unternehmen
im Laufe der Zeit auch durchaus möglich ist. Bei technischen Rechts-

fragen liegen die Verhältnisse häufig so, daß auch ein Fachjurist sein Urteil von so vielen Wenn und Aber abhängig macht und so sehr auf eine zutreffende Schilderung des technischen Sachverhaltes durch den Ingenieur angewiesen ist, daß es alles in allem manchmal zweckmäßiger ist, wenn der Ingenieur wenigstens in kleineren Angelegenheiten auch in juristischen Fragen selbständig entscheidet.

Der große Umfang und die Verschiedenartigkeit der Geschäfte zwingen zu weitgehender Arbeitsteilung. Der Arbeitsbereich des einzelnen Ingenieurs ist daher in größeren Firmen bis zu hohen Posten oft verhältnismäßig eng und nur wenige haben einen Gesamtüberblick und kennen die für die Leitung des Unternehmens maßgebenden Gesichtspunkte. Da jüngere Ingenieure aber oft nicht glauben, daß es ihren älteren Kollegen und vielen ihrer Vorgesetzten in dieser Beziehung nicht wesentlich anders geht als ihnen, und sie immer nur den gleichen engen Ausschnitt sehen und nicht erkennen können, wie sich ihre Tätigkeit in die Gesamtarbeit aller einfügt, halten sie ihre Arbeit oft für nebensächlich. Diese falsche, entmutigende Auffassung ließe sich beseitigen und das Gefühl der Werksverbundenheit stärken, wenn z. B. die Leiter größerer Abteilungen ihren Ingenieuren jährlich eine kurze Übersicht über die wichtigsten Ereignisse in der Firma geben würden, weil dann jeder Ingenieur sieht, daß auch seine Arbeit für den gemeinsamen Erfolg wertvoll und unentbehrlich ist.

Mindestens in einigen Zweigen der Technik sind leitende Ingenieure mit der routinemäßigen Erledigung laufender Geschäfte stärker belastet, als es zweckmäßig und z. B. in den Vereinigten Staaten von Nordamerika der Fall ist. Sie haben daher den Kopf nicht so frei, wie es gut wäre, und können sich mit manchen interessanten Dingen, die für die unmittelbare geschäftliche Auswertung noch nicht reif sind, oder Fragen von allgemeiner Bedeutung nicht beschäftigen. Da sich diese Dinge für eine ressortmäßige Erledigung oft nicht eignen und ihre Beurteilung viel Lebenserfahrung verlangt, könnte es mindestens für größere Unternehmungen zweckmäßig sein, mit ihrer Erledigung erfahrene und vielseitige Ingenieure zu betrauen, indem sie von einem bestimmten Alter an von der routinemäßigen Arbeit weitgehend entlastet werden, aber die Autorität behalten, die es ihnen erlaubt, in das laufende Geschäft einzugreifen, wenn es ihnen erforderlich scheint. Dadurch würde auch die Kontinuität der Erledigung der normalen Büroarbeit gewahrt werden, ihr Nachfolger könnte sich allmählich in seine Tätigkeit einleben und die betreffenden Herren wären eine Art beratende Instanz, an die sich in schwierigen Dingen jeder Angestellte der Firma wenden könnte. Solche Posten, „Originale" usw., werden um so größere Bedeutung erlangen, je mehr die im Zuge der Zeit liegende Entwicklung zu Großbetrieben zum Reglementieren und Normieren zwingt. Hinter jedem wichtigen Angestellten sollte eine jüngere Kraft als Ersatzmann für den Notfall und späterer Nachfolger bereitstehen. Ist dieser Idealzustand in einer Firma nur eine seltene Ausnahme, so stellt dies ihrer Leitung und dem in dem Unternehmen herrschenden Geiste kein günstiges Zeugnis aus. Entweder weiß die Leitung nämlich nicht, was um sie herum vorgeht, ist also blind oder schlecht unterrichtet, oder aber hat sie nicht den Willen oder die Kraft, eine Änderung herbeizuführen, ist also zu bequem, zu schwach oder in sich uneinig. Von unten her kann dieser Zustand aber nur einreißen, wenn Ingenieure in gehobener Stellung junge tüchtige Leute ihrem Umkreis ungestraft fernhalten können, weil sie sie entweder aus dem Gefühl ihrer eigenen Unzulänglichkeit heraus fürchten oder aber die Sorge haben, ihr Vorgesetzter könnte sie in unfairer Weise gegen sie ausspielen, was wieder gegen letzteren spricht.

b) Vorgesetzer und Untergebener. So wichtig gründliches Fachwissen ist, so tritt seine Bedeutung hinter Entschlußkraft, Blick für das Wesentliche, Kombinationsgabe und Wagemut um so mehr zurück, je verantwortungsvoller ein Posten ist. Auch in der Industrie ist für die Besetzung führender Ämter charakterliche Haltung oft wichtiger als rein wissenschaftliche Eignung; Entschlossenheit, Mut und Beharrlichkeit wichtiger als abstraktes Wissen. Aus diesem Grunde haben sich Kaufleute und Juristen auf leitenden industriellen Posten oft ebenso bewährt wie vorzügliche Ingenieure manchmal versagt haben. Die Ansicht, an die Spitze eines technischen Unternehmens gehöre unter allen Umständen ein Ingenieur, wird für den, der offene Augen hat, durch die Wirklichkeit nicht bestätigt. Nicht darauf, daß sein Leiter Ingenieurwissenschaften studiert hat, kommt es an, sondern darauf, daß er eine überragende Persönlichkeit mit starkem technischem Verständnis ist und es versteht, alle Stellen der Firma mit rechtem Ingenieurgeist zu erfüllen, Seite 122. Aber gerade akademisch gebildete, doktrinär veranlagte Ingenieure können manchmal nicht begreifen, daß ein technischer Außenseiter imstande sein soll, ein industrielles Unternehmen besser als ein studierter Ingenieur zu leiten. Setzt er sich durch, so sehen sie an ihm nur die Härte, mit der er vorging, oder zufällige menschliche Schwächen, aber nicht den erzielten Erfolg. Sie begreifen nicht, daß ein industrieller Kapitän anders veranlagt sein muß, als z. B. ein in der Ruhe eines Laboratoriums arbeitender Ingenieur, daß ein Mann, auf dem eine ungewöhnliche Verantwortung lastet und der ständig mit offenen und versteckten Widerständen zu kämpfen hat, nicht sehr sanftmütig sein kann, daß überragende charakterliche oder intellektuelle Vorzüge, wie z. B. ein ungewöhnliches Maß von Phantasie, Tatkraft und Wagemut fast bei allen Menschen komplementär bedingte Eigenschaften zur Folge haben, die andere um so stärker bedrücken, je weicher und unentschlossener sie selber sind. Aber nicht das Maß seiner Schwächen, sondern die Größe des Überschusses an Leistungen über sie entscheidet, ob ein Mann seinen Posten ausfüllt. Ein recht zuverlässiges Bild von den Fähigkeiten verschiedener Menschen, auch wenn sie einem nicht sympathisch sind, bekommt man, wenn man sich fragt, welchen von ihnen man bei einer schweren Erkrankung zuziehen würde, falls er Arzt wäre.

Diese schiefe Beurteilung von Industrieführern rührt ebenso wie diejenige zeitgenössischer Persönlichkeiten des öffentlichen Lebens zum Teil von einem verniedlichenden Geschichtsunterricht her, der vor allem Feldherren und Staatsleute des eigenen Volkes nicht als mit Schwächen und Leidenschaften behaftete Menschen aus Fleisch und Blut, sondern als wahre Musterknaben von Selbstlosigkeit, Tugend und Verträglichkeit schildert. Da Schüler aus Mangel an Erfahrung und weil die Idealisierung ihrer jugendlichen Einstellung entspricht, die innere Unmöglichkeit derartiger Charakterschilderungen nicht erkennen, glauben sie so fest an die Existenz solcher „Idealgestalten", daß sie sie noch als Erwachsene zum Vorbild und Vergleichsstab für Lebende nehmen. Auch die hervorragendsten Menschen genügen dann ihren Ansprüchen nicht, weil sie von der Wirklichkeit etwas verlangen, was es nur in der Mythologie gibt: Halbgötter! Infolgedessen sind sie schwer enttäuscht, wenn sie sehen, daß bedeutende Zeitgenossen ähnliche Schwächen wie sie selber haben und erkennen nicht, daß ihre Enttäuschung nicht von einer Unzulänglichkeit des betreffenden Mannes, sondern von dem verzerrten Maßstab herrührt, mit dem sie ihn messen. Infolge ihrer kleinbürgerlichen Auffassung erwarten, viele solche Menschen von überragenden Zeitgenossen die Gefühlswelt und das Privatleben eines durchschnittlichen Oberlehrers, Pfarrers oder Provisors. Daher kommen auch unter Gebildeten Ansichten zustande wie die, ein Industriekapitän müsse entweder sehr brutal oder über die Maßen klug oder ein genialer Ingenieur oder ein überaus schlauer Politiker sein, während er doch seine Sache vorzüglich machen kann, wenn er von jeder dieser Eigenschaften etwas hat. Manche Biographien bedeutender Männer, deren Studium nicht warm genug empfohlen werden kann, würden gewinnen, wenn ihre Verfasser auch die schwachen Seiten ihrer Helden ungeschminkt schildern und den Konflikt zwischen ihnen und den positiven Charaktereigenschaften zeigen würden. Ingenieure, die sich bei der Beurteilung überragender Menschen, mit denen sie geschäftlich zu tun und die ein anderes Naturell als sie selber haben, nicht von persönlichen Gefühlen freimachen können, erschöpfen sich, wenn sie ihr Weg in die Nähe eines solchen Mannes führt, leicht in fruchtloser Opposition und erkennen oft erst zu spät, wie schief sie ihn beurteilt haben.

So wie es für einen jungen Menschen ein Glück ist, unter einem überragenden Manne arbeiten zu dürfen, so empfindet es ein überragender Mann als Glück, wenn seine Mitarbeiter ihm von den vorliegenden Tatsachen und Zusammenhängen das gedrängte plastische Bild geben, das er zum Fällen seiner Entscheidungen braucht, und ihm auch dann willig Gefolgschaft leisten, wenn sie seine Pläne und Absichten noch nicht erkennen. Ein vielbeschäftigter Mensch muß, wenn er mit seiner Zeit auskommen und die Übersicht nicht verlieren will, eine bestimmte Arbeitssystematik einhalten, die andere leicht als Pedanterie auslegen. Deshalb verlangt er auch oft umgehende Erledigung seiner Aufträge, damit sein Kopf von dem betreffenden Gegenstand möglichst schnell wieder frei und für andere Dinge aufnahmefähig wird.

Charaktervolle kenntnisreiche Vorgesetzte ziehen ähnliche Menschen an, Firmen und Abteilungen ohne tüchtigen Nachwuchs haben meistens Leiter, die ihrer Aufgabe an sich nicht gewachsen sind oder fürchten, ein tüchtiger Untergebener könnte ihr Ansehen verdunkeln oder ihre Stellung gefährden. Der Grundsatz des Herzogs von Wellington, „Enthusiasmus ist keine Hilfe um irgendein Ding zu vollbringen, sondern nur eine Entschuldigung für Unordnung, Mangel an Manneszucht und Gehorsam" ist für ein industrielles Unternehmen keine geeignete Devise. Wer berechtigten Tadel eines Vorgesetzten übelnimmt, wird nie zur vollen Entwicklung seiner Gaben kommen. Leiter einer Firma, die eine freimütige Ansicht bewährter Untergebener nicht vertragen können, werden nur mangelhaft unterrichtet werden und viele wichtige Dinge überhaupt nicht erfahren. Hierbei macht es auf lange Sicht betrachtet wenig aus, ob sie an sich tüchtig aber zu große Autokraten sind oder ob sie glauben, die Betrauung mit einem führenden Posten erleuchte sie auf eine ähnlich mystische Weise, wie es die französischen Könige von der Salbung mit dem Öle des heiligen Ludwig geglaubt haben.

Von vielen — besonders auch studierten Ingenieuren — muß leider gesagt werden, daß ihr Verhalten ihren Vorgesetzten gegenüber oft mehr dem der Weide als der Eiche gleicht und daß sie sich eine Behandlung widerspruchslos gefallen lassen, die der durchschnittliche Arbeiter nie hinnehmen würde.

Auch unter Ingenieuren sind Wahrheitsfanatiker freilich schwieriger zu behandeln als servile Geister, die auch gegen ihre bessere Überzeugung bereitwillig ausführen, was ihnen befohlen wurde oder

die ununterbrochen „Erfolge melden", auch wenn hierzu kein Anlaß
besteht. Manche angesehene Unternehmungen und ganze Staaten
sind jammervoll zugrunde gegangen, weil der in ihnen allmählich
durch solche Kreaturen zur Herrschaft gelangte Geist aufrechte Männer vertrieben hat. Im übrigen ist es nicht die Strenge eines Vorgesetzten, die Verbitterung erregt, sondern ihre diskriminierende Anwendung oder das Gefühl, daß die verlangte Hingabe nicht erwidert
wird. Gerechtigkeit und Treue müssen daher das Verhältnis eines
Vorgesetzten zu seinen Untergebenen kennzeichnen; mit diesen beiden Eigenschaften kann auch ein strenger, vieles verlangender Mann
Verehrung und Ergebenheit der ihm Unterstellten gewinnen.

XI. Der Ingenieur als Mensch.

Die Beobachtung ist der Prüfstein aller Theorien,
die Bewährung aller Vermutungen, die Vernichterin
aller Täuschungen, zugleich auch die reichste Quelle
unerwarteter Aufschlüsse und lang gesuchter Be-
lehrungen.   J. C. Horner.

Um ihre Aufgabe erfüllen zu können, müssen Ingenieure die Gesetze der Natur ergründen und nutzbar anwenden können und nicht
nur den Ursachen und Vorgängen an Dingen und Maschinen, mit
denen sie zu tun haben, sondern auch den Bedürfnissen der Allgemeinheit und der Wirkung der Technik auf die letztere auf den
Grund gehen. Ingenieure müssen also in der vielfältigsten Form
Diener des Fortschrittes und ihres Volkes sein und sollten ihren Beruf nicht lediglich als ein Geschäft sondern als eine Mission betrachten. Hierzu brauchen sie ebenso wie zum Lösen einzelner technischer Aufgaben Idealismus, denn auch in der Technik lassen sich
große Taten nur mit entsprechenden persönlichen Opfern vollbringen, und auch an der Straße des technischen Fortschrittes liegen die
Gräber derer, die für eine Idee ihr Leben gelassen haben. Aussicht
auf Profit kann den Fortschritt zwar fördern, hätte aber allein kaum
eine der großen Erfindungen zustande gebracht.

Einkommen und Stellung allein machen einen tiefer veranlagten
Ingenieuer nicht glücklich, wenn ihn seine Arbeit nicht innerlich befriedigt. Damit sie dies tun kann, muß er ihr ihren richtigen Sinn
geben und sollte, soweit er ausgesprochene Ingenieurbegabung hat,
die Tätigkeit, für die ihn die Natur bestimmte, auch dann ausüben,
wenn sie vielleicht nicht so viel Geld einbringt wie eine andere.
Sehr viele Menschen fragen aber nicht zuerst danach, was sie tun
müssen, um möglichst zufrieden leben zu können, sondern um möglichst reich zu werden. Die Bilanz des menschlichen Erdenwallens
sieht daher im allgemeinen auch entsprechend aus. Auch seine In-
genieurseele kann der Mensch nicht ungestraft verkaufen, denn als
Bedürfnis und Glück empfindet die Arbeit nur der, der sie aus innerem Drange und nicht nur des Gelderwerbes wegen ausübt. Bei
Alfred Krupp oder Werner von Siemens war nicht Geldverdienen, sondern Lust am Werk treibende Kraft. Matschoss[1]

---

[1] Matschoss, C.: Große Ingenieure. München-Berlin 1937.

sagt über Alfred Krupp: „Die Arbeit ist ihm nicht ein Mittel um reich zu werden, sondern um innere Befriedigung zu erreichen, in dem Bewußtsein, die Begabung, die in einem ruht, für das Wohl der Allgemeinheit nutzbringend verwendet zu haben", und der amerikanische Elektrotechniker Karl Steinmetz meinte: „Erfolge haben heißt, mit einer Arbeit Geld verdienen, die einen interessiert. Eine solche Arbeit mag vielleicht nicht reich machen, aber was ist dabei? Der weise Mann lernt leben, der gerissene Geldmachen, aber der erstere ist der glücklichere von beiden." Einen ähnlichen Gedanken äußerte Werner von Siemens, als er über Erfinder sagte: „. . . wenn das fehlende Glied einer Gedankenkette sich glücklich einfügt, so gewährt dies das erhebende Gefühl eines errungenen geistigen Sieges, welches allein schon für alle Mühe des Kampfes reich entschädigt und für den Augenblick auf eine höhere Stufe des Daseins erhebt." Henry Ford meinte: „Das reine Geldverdienen lohnt das Nachdenken nicht und ist ganz entschieden keine Tätigkeit für einen Mann, der wirklich etwas zu leisten wünscht. Es scheint mir auch nicht die richtige Art, ein Geschäft zu begründen." Überspitzt ausgedrückt könnte man also beruflich erfolgreiche Männer unterteilen in solche, die nur treiben was sie reich macht, und solche, die sich nur mit Dingen beschäftigen die sie interessieren. Ingenieure, die von ihrer Arbeit Augenblicke größten Glückes erwarten, müssen aber auch ähnlich von einer Idee besessen sein können, wie James Watt, als er schrieb: „Alle meine Gedanken sind auf die Dampfmaschine gerichtet, ich kann an nichts anderes mehr denken", selbst wenn sie nur mit Alltagsaufgaben zu tun haben. Da aber nur wenige die beglückende Wirkung, die eine sie befriedigende Arbeit haben kann, kennen, ist die Zahl derer nicht groß, die sich den Luxus leisten, sich als Ingenieur auszuleben.

Das Leben der einzelnen Ingenieure wie das ganzer industrieller Unternehmen hängt von bestimmten Gesetzen ab. Beispielsweise leidet jede Fähigkeit, wenn sie nicht geübt wird, und die Früchte der Ingenieurarbeit verdorren, wenn man nicht andauernd um eine Verbesserung ihrer Leistungen bemüht ist. Einzelne Ingenieure werden daher ebenso wie ganze Fabriken schnell von anderen überholt, wenn sie sich auf ihren Lorbeeren oder auf Monopolen, die sie geschaffen haben, wohlgefällig ausruhen; das größte Unternehmen verdirbt, wenn seine Inhaber sich nicht unablässig um seine Weiterentwicklung sorgen und ganze Völker kommen um ihre industrielle Vormachtstellung, wenn sie im Gefühl ihrer augenblicklichen Stärke ihre industrielle Leistungsfähigkeit nicht durch fortwährende Fortschritte frisch und lebendig erhalten. Für kaum einen anderen Stand gilt so sehr das Wort: „Rast ich, so rost ich", wie für Ingenieure.

Schon deshalb darf sich das Streben eines Ingenieurs nach Erkenntnis nicht auf technische Dinge beschränken. Der schwierige Versuch, die „Wahrheit" zu erkennen, bleibt nämlich völliges Stückwerk, wenn ihn jemand nicht auf alles, was ihn betrifft, Dinge wie Menschen, und nicht zuletzt auf sich selber ausdehnt. Wer sich selbst nicht einigermaßen kennt, wird auch andere oft nicht richtig beurteilen; weder seine körperlichen noch seine geistigen Fähigkeiten richtig ausnutzen können; ein Objekt seiner Launen, Schwächen und Leidenschaften bleiben und in menschlichen Dingen ein ähnlicher Empiriker werden wie Ingenieure, die sich aus Unkenntnis der Grundlagen ihres Faches mit tausend zusammenhanglosen Einzelerfahrungen durchzuhelfen versuchen, in technischen. Je schneller ihn die Woge des Erfolges nach oben trägt, um so leichter wird er Opfer seiner Eitelkeiten, die im Gegensatz zu denen des Weibes oft lebenswichtige Dinge betreffen. Nur diejenigen, für die technisches Forschen lediglich ein Teil ihres Strebens nach Wahrheit, Erfinden und Verbessern von Maschinen nur ein Ausschnitt aus ihrem Ringen um Schönheit und Vollkommenheit bedeutet, können eine Brücke zwischen beseelter und nicht beseelter Natur schlagen, nur für sie sind Mensch und Maschine, Technik und übrige Welt, berufliches und privates Leben keine Gegensätze, sondern Teile einer harmonischen Einheit. Wenn am Anfang dieses Buches gesagt wurde, die Tätigkeit der Ingenieure müsse sich in das Leben eines Volkes einordnen wie Bäche, Wiesen und Wälder in eine blühende Landschaft, so muß, um das Bild vollständig zu machen, an seinem Schlusse hinzugefügt werden, daß Ingenieure all das Schöne, das die Welt so verschwenderisch bietet, in ihr eigenes Leben nicht weniger harmonisch einzuordnen versuchen sollten. Denn zu einem zufriedenen Dasein brauchen auch sie einen Bereich, in dem andere Werte und Maßstäbe gelten als Effekt, Nutzen und Wirkungsgrad, und so notwendig genormte Maschinen sind, so langweilig sind genormte Menschen. Unter den Heroen der Technik hat es zwar einige gegeben, die ein privates Leben kaum kannten und für die das, was andere beglückt, nicht zu existieren schien. Sie eignen sich aber, was den Menschen betrifft, nicht als Vorbild, weil sie, wie viele geniale Naturen, ihre eigenen, nur für sie passenden Gesetze, Maßstäbe und Regeln hatten. So wie das gesunde Empfinden des Volkes sich unter den Großen der Geschichte am stärksten zu den dem Leben zugewandten hingezogen fühlt und daher für den Menschen J u l i u s   C a e s a r mehr übrig hat als für den Menschen C a t o , für den Menschen L u d - w i g   X I V. mehr als für den Menschen P h i l i p p II., so verehrt es auch unter den großen Ingenieuren ausgeglichene, lebenswarme Naturen wie George Stephenson oder Werner von Siemens vor allen anderen. Auch der einzelne Ingenieur wird mehr Freunde finden und mehr Glück um sich verbreiten, wenn er neben seinem Berufe sich der angenehmen Dinge des Lebens zu erfreuen versteht.

Soldaten schützen ein Volk gegen äußere Feinde, Ärzte gegen Krankheiten, Bauern gegen Hunger und Ingenieure sind in dem Bunde der unentbehrliche Vierte. Sie müssen fast allen anderen Ständen bei Erfüllung ihrer Aufgaben helfen und das ihre dazu beitragen, daß ein Volk am Handel und Verkehr mit anderen Völkern teilnehmen kann, vor Entbehrungen und Not bewahrt und mit Licht, Wasser, Kraft, Wärme und den vielen Gütern versorgt wird, die es zu seiner Existenz braucht oder die das Leben angenehm machen, d. h. ein Volk könnte ohne Ingenieure gar nicht mehr leben. Je unentbehrlicher aber ein Stand ist, je größere Verpflichtungen daher auf ihm lasten, um so wichtiger ist seine idealistische Einstellung. Schon lange vor Alfred Krupp, der diesen Gedanken mit den Worten: „Der Zweck der Arbeit soll das Gemeinwohl sein, dann bringt Arbeit Segen, dann ist Arbeit Gebet" Ausdruck gegeben hat, schrieb Leibniz (1646—1716): „Es ist eine meiner Überzeugungen, daß man für das Gemeinwohl arbeiten muß, und daß man sich in demselben Maße, in dem man dazu beigetragen hat, glücklicher fühlen wird."

Ingenieure sind auf die Arbeit und Erfahrungen zahlloser Vorgänger und Zeitgenossen in hohem Maße angewiesen, und es gelten für sie, wie die in Kapitel IV geschilderte Geschichte einiger Erfindungen lehrt, die wohl von dem Chemiker Friedlieb Ferdinand Runge (1795—1867) stammenden Worte: „Einer allein kommt beim Forschen nicht zu Rande. Jeder bringt seinen Stein herbei, bis endlich einer bauen kann" und „jeder kann immer nur dem anderen helfen, damit dieser wieder einem Dritten helfe[1])". Wollen sie daher nicht nur Nutznießer einer Entwicklung sein, der sie ihre ganze Existenz verdanken, so müssen sie auch anderen helfen und ihnen von dem, was sie von anderen gelernt und aus Eigenem dazugetan haben, wiedergeben. Hilfsbereitschaft der verschiedensten Art sollte daher für jeden Ingenieur ein Bedürfnis, innige Verbundenheit mit seinem Volke eine der schönsten Aufgaben sein. Der Umstand, daß Konstruieren von Maschinen sachliches Denken und nüchterne Berechnung verlangen und eine Fabrik nach kaufmännischen Grundsätzen arbeiten muß, trug aber mit zu dem Trugschluß bei, der Ingenieurberuf sei etwas Nüchternes, rein Materialistisches.

---

[1]) Schenzinger, K. A.: Anilin. Berlin 1940.

In den vorhergehenden Kapiteln haben wir immer wieder gesehen, wie wichtig die Kenntnis der Naturgesetze für den Ingenieur ist. Viele scheinen nun zu glauben, sie seien von Menschen erfunden worden und die Entschleierung auch des letzten Naturgeheimnisses sei nur eine Frage der Zeit. Ihnen sind die Naturgesetze etwas Absolutes, weil sie übersehen, wie sehr manche wissenschaftlich anscheinend so fest untermauerten Gesetze schon in einem Menschenalter berichtigt werden mußten, und daß viele geistreichen Theorien, auf denen unser physikalisches und chemisches Weltbild beruht, und auf die wir so stolz sind, in 50 oder 100 Jahren vielleicht schon vergessen sein werden. Es ist daher interessant, in Ergänzung der Ausführungen von Kapitel II zu wissen, was hervorragende Männer über Naturgesetze gesagt haben. Karl Steinmetz meinte: „Alle Schlußfolgerungen der Wissenschaft hängen von unserer Beobachtung mittels der Sinne ab. Auch ziehen wir unsere Schlußfolgerungen mit Hilfe der Logik, deren Regeln auf der Erfahrung basiert sind", Sauerbruch: „Unsere mathematisch-physikalischen Gesetze über viele Erscheinungen umschreiben und erklären immer nur den Vorgang der Kraftäußerung und den Ablauf des Geschehens, das Wesen der treibenden Kräfte aber bleibt uns verborgen[1])". Er kommt also zum selben Schluß wie Emil du Bois-Reymond vor 70 Jahren mit seinem berühmten Ausspruch: „Ignoramus, ignorabimus". Max Planck aber meint: „Die Naturgesetze sind nicht von Menschen erfunden worden, sondern ihre Anerkennung wurde ihnen von außen aufgezwungen", und Kesselring[2]) äußert sich in folgender für Ingenieure besonders einleuchtenden Form: „Auch die Formeln und Gesetze der klassischen Wissenschaft gelten nur unter Annahmen, durch welche bewußt die unendliche Mannigfaltigkeit der Natur ausgeschlossen wird. Infolge unseres unzureichenden Wissens können wir streng genommen nur angeben, daß ein bestimmter Vorgang sich vermutlich so oder so abspielen wird, d. h. wir können nur die Wahrscheinlichkeit davon ermitteln. Bei einfacher Problemstellung ist die Wahrscheinlichkeit groß, daß unsere Voraussage eintrifft, in verwickelten Fällen klein."

Der Mensch kann sich, weil er viele ihrer Gesetze anzuwenden versteht, für den Überwinder und Herrn der Natur halten oder aber in ihr eine ungeheure und unfaßbare Macht sehen, die ihm mehr gewährt als anderen, weil er sich um ihr Erkennen mehr abmüht als sie. Ähnlich verschieden empfinden viele Ingenieure die tausend Dinge, die ihnen täglich in der Natur oder bei ihrer Arbeit entgegentreten. Denjenigen, denen sie nur nüchterne Gesetzmäßigkeiten sind,

---

[1]) Sauerbruch, F.: Dtsch. Techn. 1939. S. 6—12.
[2]) Kesselring, F.: Z. VDI 1937. S. 365—371.

wegen derer es sich nicht lohnt, viel Aufhebens zu machen, wird die Technik schwerlich zum inneren Erlebnis werden; den anderen aber erscheinen sie immer wieder wie Wunder. Denn das ist der Unterschied des Wunderbegriffes von einst und heute, daß unsere Vorfahren die ihnen unerklärliche, völlig anomale, ja sinnlose Erscheinung als Wunder empfanden, während viele aufgeklärte Menschen von großem Wissen ganz alltägliche, streng gesetzmäßige Erscheinungen als Wunder empfinden, weil sie — man denke nur an die moderne Vorstellung vom Aufbau der Atome oder unseren Körper, der die weitaus verwickeltste „chemische Fabrik" ist, die es gibt — so unendlich viel großartiger sind als alles, was Menschen je werden schaffen können. Die Ansicht von Werner von Siemens, daß das Studium der Naturwissenschaften die Menschen idealen Bestrebungen keineswegs abwendig mache, sondern sie im Gegenteil zu demütiger Bewunderung der die ganze Schöpfung durchdringenden, unfaßbaren Weisheit führen müsse, trifft auch für die Ingenieurwissenschaften zu. Auch in diesem Zusammenhange gilt das Schopenhauersche Wort, daß ein geistreicher Kopf dieselbe Sache als hochinteressant empfindet, die dem flachen Alltagskopf nur eine schale Alltagsszene bedeutet.

Die Naturwissenschaften sind heute nicht mehr, für was sie noch vor 50 Jahren viele hielten, der ruhende Pol in der Erscheinungen Flucht. Der See, dessen Inhalt unser Wissen repräsentiert, ist seither so groß, aber auch so tief geworden, daß wir wohl noch seine Fläche mit Genugtuung überblicken, aber nicht mehr auf seinen Grund sehen können. Das Gefühl der Unsicherheit wird noch verstärkt durch Bücher wie „Der Mensch und die Technik" von Oswald Spengler („Der Mensch ist ein Raubtier", „die stärksten Persönlichkeiten wenden sich ab von dem zahnlosen Gefühl des Mitleides, der Versöhnung, der Sehnsucht nach Ruhe" usw.), die die ganze Problematik des technischen Zeitalters so kraß zum Ausdruck bringen.

Weil die Wissenschaft und der Glaube an die Vernunft vielen Menschen nicht mehr den rocher'de bronze bedeuten, der sie für eine ganze Reihe von Generationen gewesen sind, und weil das physikalisch-mathematische Denken über seinen glanzvollen Erfolgen den Menschen selber vergessen oder wie eine seelenlose Sache behandelt hat, wäre es nicht verwunderlich, wenn an die Stelle der rein materialistischen wieder eine verinnerlichtere Lebensanschauung träte und die Flucht aus der Religion sich in eine Flucht zurück zu ihr verwandelte, denn auch viele kluge Menschen sehnen sich nach etwas, das ihnen festen Halt gibt, und „wollen wieder an etwas glauben, anstatt nur zu wissen und zu analysieren". Es ist falsch, zu behaup-

ten, Naturwissenschaften und religiöser Glaube vertragen sich nicht
miteinander, sehr bedeutende Naturwissenschaftler und Ingenieure
sind gläubige Menschen gewesen[1]).

---

[1]) R u d o l f   V i r c h o w , der immer wieder die Wissenschaft vor Überschreiten der unserer Erkenntnis gesetzten Grenzen gewarnt hat, meinte:
„Die Aufgabe der Wissenschaft ist es nicht, die Gegenstände des Glaubens
anzugreifen, sondern nur die Grenzen zu stecken, welche die Erkenntnis
erreichen kann, und innerhalb derselben das einheitliche Selbstbewußtsein
zu begründen."

XII. Ausblick.

Von der Entwicklung der Technik wird es abhängen,
ob die Welt in eine technische Hölle wandert oder in
einen technischen Himmel.

Coudenhove-Kalergi.

Die taghell erleuchteten Straßen unserer nächtlichen Städte, ihre
Bäder, Hospitale, Theater, Verkehrsmittel, Gas-, Wasser- und Elek-
trizitätswerke müßten einen Menschen aus der Mitte des neunzehnten Jahrhunderts mit Bewunderung erfüllen, wenn er plötzlich in
unsere Mitte treten könnte und z. B. sähe, wie exotische Erzeugnisse,
die zu seiner Zeit nur die Tafeln der Reichen zierten, Volksnahrung
geworden sind; wie Völker und Staaten, die er kaum dem Namen
nach kannte, in engem Verkehr miteinander stehen. Er müßte erwarten, daß der ungeheueren planmäßigen Kleinarbeit, ohne die die
Technik dieses Niveau nie erreicht hätte, ein ähnlich kluges Planen
im Großen parallel ging, das die zahllosen technischen Errungenschaften aufeinander abstimmte und im Interesse der Allgemeinheit
ausnützte; er würde es für selbstverständlich halten, daß die ethischen und humanitären Fortschritte in den letzten 50 Jahren ähnlich
bedeutend wie die technisch-wissenschaftlichen gewesen sind.

Wie würde es ihn daher verwirren, wenn er die Friedlosigkeit
und die gefährlichen Spannungen zwischen Individuen und Völkern
entdeckte, die sich hinter dieser glänzenden Fassade verbergen. Wie
sollte er z. B. verstehen können, daß ein so „aufgeklärtes" Zeitalter
wie das technische kostspielige Maschinen zum Ersparen von Arbeitskräften baut und gleichzeitig mit der Arbeitslosigkeit nicht fertig
zu werden vermag; daß die Menschen sich selber vielfach nicht auf
Kosten der Maschine, sondern die Maschine auf Kosten der Menschen schonen; daß in einem Lande Hungersnot herrscht, während
ein anderes Lebensmittel zu verbrennen gezwungen ist; daß dem
Moloch „Seuchen" seine Opfer einzeln abgejagt und dem Moloch
„Krieg" hekatombenweise in den Rachen geschleudert werden[1])!

---

[1]) Die Schweizer Wochenschrift „Der Weg" berechnet die Menschen-
verluste im zweiten Weltkrieg auf das Zehnfache der Verluste im ersten:
Gefallen 14,5 Millionen, durch Luftangriffe getötet 3 Millionen, ermordet
16,5 Millionen, zusammen 34 Millionen. Dazu kommen 29,5 Millionen
Kriegsverletzte, 21,5 Millionen Obdachlose und 15 Millionen Heimatlose.

Er müßte notgedrungen den Eindruck gewinnen, daß die Menschen mit der Technik ähnlich umgegangen sind wie ein Kind mit einem in seine Hände gefallenen Gifte. Denn mit der Technik verhält es sich wie mit einem hochpotenzierten Heilgift, das bei richtiger Dosierung und Anwendung Außerordentliches leistet, bei Mißbrauch aber die verhängnisvollsten Folgen hat. Das aber ist die Sünde des technischen Zeitalters, daß es nicht verstanden hat, durch Anpassen des ethischen Fortschrittes an den technischen eine Gewähr gegen den Mißbrauch der Technik zu schaffen und die Technik dem Wohle aller Menschen nutzbar zu machen!

Würde der Mann aus dem neunzehnten Jahrhundert nun danach fragen, welche sonstigen mit der Technik zusammenhängenden Gründe zu diesem beklagenswerten Zustand geführt haben und zu

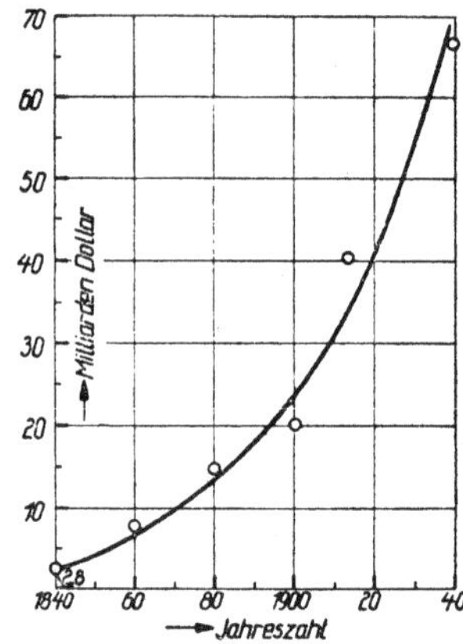

Abb. 17. Gesamte Ein- und Ausfuhr der Welt in Milliarden Dollar seit dem Jahre 1840. (Nach H. Feis und Th. K. Finletter.)

welchen Ufern die Technik die Menschen wohl weiterhin tragen werde, so müßte man ihm vor allem folgende vier nennen:

die sehr engen Beziehungen, in die die Technik fast alle Völker zueinander gebracht hat,

die empfindlichen wirtschaftlichen, politischen und sozialen Systeme, die sie zur Folge hatte,

das Fehlen einer großen, allen Völkern gemeinsamen Idee,

die dauernd zunehmende Wucht und Reichweite der Waffen.

Abb. 17, die zeigt, daß die gesamte Weltein- und -ausfuhr heute rund 25 mal größer ist als vor 100 Jahren, gibt einen Begriff davon, in welche früher unvorstellbar enge Tuchfühlung und gegenseitige Abhängigkeit die Technik fast alle Staaten der Erde gebracht hat. Jede Störung dieser verwickelten Beziehungen hatte daher weitreichende schädliche Folgen. Vermag doch ein Volk anderen Völkern schon dadurch zu schaden, daß es z. B. die Folgen einer planlosen Technisierung auf sie abzuwälzen versucht oder durch Herstellen von Kunststoffen ihre Naturprodukte entwertet (Chile- und künstlicher Salpeter, Gummi und Buna) oder durch den Ausbau von Häfen, Kanälen und Bahnen ihre Wirtschaft stört. Beispielsweise zwang der durch den Mähdrescher und den Bau der amerikanischen Bahnen ermöglichte Export amerikanischen Getreides Deutschland vor etwa 75 Jahren zu einer grundlegenden Änderung seiner Agrar- und Handelspolitik und die beabsichtigte Vertiefung des St. Lorenzstromes oder die in vollem Flusse befindliche Erschließung der ungeheueren Bodenschätze der UdSSR.[1]), oder Vorrichtungen wie das Fließband könnten ähnliche Wirkungen haben. Ausländische Erfindungen oder Maßnahmen können also selbst weit entfernte Kontinente in arge Unruhe stürzen, obgleich sie die meisten ihrer Bewohner noch nicht einmal dem Namen nach kennen. Deshalb entstanden in den letzten 100 Jahren viel leichter Spannungen als in früheren Epochen, in denen dieselben Völker wegen ihrer primitiven technischen Hilfsmittel nur lose Beziehungen zueinander unterhilten, was um so nachteiliger war, als sie alles für eine unerträgliche Verletzung ihrer nationalen Würde hielten, was nach einer Beschränkung ihrer absoluten Souveränität aussah, statt beizeiten der Technisierung Rechnung tragende internationale Vereinbarungen zu treffen. Dazu kam, daß auch das gebildete Publikum die schwierigen Probleme kaum kannte, die das technische Zeitalter aufgeworfen hat, und daher manches für böse Absicht hielt, was nur die Folge der durch die Technik so verwickelt gewordenen Verhältnisse gewesen ist. Die Technik zwang ferner einer Hetzpeitsche ähnlich ganze Völker zu unaufhörlichen Anstrengungen, wenn sie sich behaupten wollten. Eine Art latenter Sorge vor fremden Fortschritten, eine ununterbrochene Konzentrierung aller Kräfte auf das einzige Ziel, technisch nicht überrundet zu werden, Eifersucht und Mißtrauen, kurz ein immer stärker werdendes Ressentiment gegen die Technik und ein Zustand andauernder Beunruhigung. waren das Ergebnis. Alle diese Erscheinungen brachten es zuwege, „die Gegensätze zwischen den großen Nationalstaaten, die die konfessionellen Unterschiede im Gefolge der Reformation ausgelöst haben", neu zu beleben und zu verschärfen, zumal zwischen der großen Masse der Werktätigen der verschiedenen Staaten die nationalen Spannungen

---

[1]) Im Jahre 1913 bzw. 1938 betrug die russische Roheisenerzeugung 4,2 bzw. 14,6 Millionen Tonnen, die Rohstahlgewinnung 4,2 bzw. 17,7 Millionen Tonnen, die Erdölgewinnung 9,2 bzw. 32,2 Millionen Tonnen (1942: 48,5 Millionen Tonnen).

größer waren als ihre Bereitwilligkeit und Macht, diese Erscheinungen zu mildern, obgleich sie am meisten unter ihnen litten.

So konnte sich allmählich eine typische Erscheinung des technischen Zeitalters entwickeln, der blinde nationalistische Haß, der „an Stelle der nationalen Ehre den nationalen Dünkel" (H. Nicolson), an Stelle des berechtigten Stolzes auf das eigene Volk seine kritiklose Überschätzung hochwuchern ließ und gerade das verhinderte, ohne das die technisierte Welt zu keiner Ruhe kommen kann: Verständnis für fremde Bedürfnisse, gemeinsames Planen und Bereitschaft zur rechtzeitigen Verständigung.

Während sich also gleichzeitig Zahl und Schwere der Konfliktmöglichkeiten sehr vergrößert haben, erkennen die Völker im Gegensatz zum Mittelalter, „als die Welt noch ein einziger, von göttlichen Kräften durchwalteter Kosmos, als die Menschheit des Abendlandes noch eine einzige ungeteilte Gemeinschaft war"[1]), keine große gemeinsame Idee mehr als verbindlichen Wertmaßstab an. Je mehr sich die Ingenieure zu denselben Gedankengängen, Arbeitsweisen und Zielen bekannten, um so mehr haben sich ihre Völker auseinandergelebt. Dies geht so weit, daß sie selbst darüber, was gut und böse ist, verschieden denken und sich unter Begriffen, die für alle Zeiten stabilisiert zu sein schienen, etwas Grundverschiedenes vorstellen. So sieht die Rückseite der Bilanz einer Periode glänzendster technischer und wissenschaftlicher Fortschritte aus!

Dieser unglückselige Zustand ist aber schon wegen der zunehmenden Wucht und Reichweite der Waffen und dem Hang zur „Gewalttätigkeit" unseres Zeitalters eine Bedrohung für alle. Weniger durch das zu Zeiten von König Franz I. (1494 bis 1547) beginnende Auseinanderfallen des gemeinsamen Glaubens und seinen zunehmenden Mißbrauch zu selbstsüchtigen Zwecken als durch die um dieselbe Zeit einsetzenden technischen Fortschritte sind Umfang und Schwere der kriegerischen Konflikte immer größer geworden. Aber erst die Vervollkommnung der Verkehrsmittel, die Massenfabrikation und andere technische Errungenschaften auf der einen und die Vergottung von Macht, Mammon und äußerem Erfolg auf der anderen Seite haben die fürchterlichen ideellen und materiellen Verwüstungen des zweiten Weltkrieges möglich gemacht. Wenngleich noch nicht abzusehen ist, wie sich die heutigen Zustände, die denen in der ersten Hälfte des 16. Jahrhunderts in manchen Dingen gleichen, unter dem Einfluß der Technik weiterentwickeln werden, so ist die

---

[1]) Die Weltwirkung der Reformation. Von G. Ritter. Leipzig 1942. Der Engländer A. J. Cronin schrieb 1942 in „the keys of the kingdom" die bezeichnenden Worte: „Christentum — die Religion der Lügen! Die Religion der Klassenunterschiede, der Geldgier und der nationalen Feindschaften."

Frage doch vollkommen berechtigt, ob die Technik nicht sich selber und unserer ganzen Kultur das Grab schaufeln wird, ob die „Unterschiede von Rassen, Völkern, Staaten, Religionen, Verbrecher und Abenteurer, die Konflikte infolge von Überlegenheit und Anderssein, Haß und Rache" (O. S p e n g l e r), Egoismus und Kurzsichtigkeit nicht auch weiterhin verhindern können, daß sich endlich die Methoden durchsetzen, die zu den durch die Technik geschaffenen Verhältnissen passen. Diese Frage drängt sich um so stärker auf, als die Atomzertrümmerung zum ersten Male in der Geschichte Desperados den Griff an die „Gurgel der Welt" mit allen seinen schauerlichen Perspektiven freigegeben hat.

Wenn wir hier nochmals einige wichtige Wirkungen der Technik hervorheben, so kommen wir zu dem Ergebnis, daß

Landmaschinen und andere Erfindungen wertlose Wüsteneien in reiche Kornkammern verwandelten;

Staudämme und Hochspannungsleitungen die Lebensbedingungen weiter Gebiete grundlegend änderten;

Eisenbahn und Dampfschiff das Entstehen riesiger Kontinentstaaten ermöglicht und die fünf Weltteile eng miteinander verbunden haben;

Flugzeuge und Fernwaffen natürliche Hindernisse ihres Wertes als strategische Grenzen beraubten;

eine Weltmacht ohne den Besitz reicher Naturschätze nicht mehr denkbar ist;

aus stumpfen Arbeitssklaven selbstbewußte Menschen geworden sind.

Die Technik hat also nicht nur die machtpolitischen Verhältnisse sondern — wenigstens dem Effekt nach — selbst das Klima und die Konfiguration der Erde, ja die Menschen selber verändert: sie hat den Launen der Natur, die den Brennpunkt des geschichtlichen Geschehens immer wieder verschoben haben, ihre eigenen Launen beigesellt, die sich ähnlich auswirken werden. Im einzelnen ist sie zwar ein gehorsamer Diener des Menschen geblieben, als Ganzes hat sie sich von seinem Willen oft freigemacht. Sie hat die Weltgeschichte ebenso stark beeinflußt, wie menschliche Triebe, Leidenschaften und Ideologien es jemals getan haben; niemand kann sagen, welche Wandlungen sie in Zukunft hervorrufen wird.

Indem sie zu den vielen unberechenbaren geschichtlichen „Störfaktoren" einen neuen mächtigen hinzugesellte, stürzte sie die Welt in einen Zustand dauernder Unruhe und Sorge vor der nächsten Überraschung. Hauptsächlich ihrem Einfluß ist es zuzuschreiben, daß aus einer größeren Zahl annähernd gleich starker Großmächte einige wenige zu Weltmächten emporgerückt sind und die übrigen auf den zweiten Platz verwiesen haben. Alle diese Umstände müssen um so tiefergreifende soziale, wirtschaftliche und politische Änderungen nach sich ziehen, als auf den beiden ersten Gebieten die Entwicklung schon lange im Rückstand geblieben ist, und als im zweiten Weltkrieg das machtpolitische Kraftfeld der Erde in einer äußerst kurzen Zeit ein völlig anderes Gesicht bekommen hat. Damit sich ein neues gesundes und stabiles Gleichgewicht der Kräfte, von dem das Wohl und Wehe ungezählter Millionen von Menschen abhängt, bilden kann, kommt alles darauf an, daß die Notwendigkeit des humanitären Einsatzes der Technik in kleinen und in großen Dingen die feste Überzeugung aller Menschen, ja ein Teil ihres Glaubensbekenntnisses selber wird. Dies ist der sicherste und vielleicht einzige zuverlässige Schutz der Welt vor einem weiteren verhängnisvollen Mißbrauch der Technik!

Immer wieder stoßen wir auf die Tatsache, daß ganze Völker ebenso wie einzelne Individuen nicht willens waren, bei ihren Beziehungen zueinander für das Gewähren „neuer Freiheiten" auf „alte Freiheiten" zu verzichten. In diesem Zusammenhang bedeutet „alte Freiheiten" das früher bei günstigen geografischen Voraussetzungen mögliche ungehemmte Sichausleben autarker Völker, „neue Freiheiten" die ihnen durch die Technik erschlossenen Verbesserungsmöglichkeiten ihres Lebensstandards, „Verzicht auf alte Freiheiten" großzügige internationale Verständigung. Die Völker beharrten vielmehr auf Vorrechten und Sondervorteilen auch dann, wenn sie ihnen keine wesentlichen Vorteile brachten, anderen Völkern aber sehr lästig wurden.

Das Los unserer Generation ist es, außer für ihre eigenen Fehler und Unterlassungen auch für diejenigen vieler vergangener Geschlechter büßen zu müssen und Objekt der Geburtswehen einer neuen Weltordnung zu sein, die vieles umstoßen wird, was zahllosen tüchtigen Menschen lieb und teuer war. Da der Mißbrauch der Technik aber in hohem Maße zum heutigen Zustand der Welt beigetragen hat, sind die Ingenieure vor anderen dazu berufen, beim Schaffen der „neuen Ordnung" mitzuwirken, damit eine glückliche Synthese zwischen Mensch und Maschine, Technik und übrigem Leben gefunden wird. Sollten aber die Mitarbeiter an diesem Werke mutlos werden wollen, wenn Rückschläge ihre Anstrengungen beeinträchtigen und der Erfolg ihren Mühen nicht zu entsprechen scheint, so müssen sie bedenken, daß sich die Sünden und Unterlassungen von 150 Jahren nicht in ein paar Monaten wieder gutmachen lassen.

Geblendet vom schnellen technischen Fortschritt haben die Menschen übersehen, daß ihre Art zu empfinden, zu denken und zu handeln sich nur langsam zu ändern und neuen Verhältnissen anzupassen vermag und, was die Beziehungen zwischen den Völkern betrifft, durch schmerzliche geschichtliche Erinnerungen schwer belastet ist, denen der durch die Technik geförderte Nationalismus neuen Auftrieb gegeben hat. Mit aus diesem Grunde hat es Europa, mit den köstlichsten Früchten menschlichen Geistes gesegneter, aber von den unablässigen Kämpfen mit einander verfeindeter Völker gepeinigter Leib, bis heute nicht fertiggebracht, einen in das Zeitalter der Technik passenden modus vivendi zu finden, der allen seinen Gliedern unschwer eine auskömmliche, friedliche Existenz ermöglichen würde.

Zu der Frage aber, ob die Welt durch die technischen Fortschritte überhaupt glücklicher geworden sei, meint der französische Geschichtsforscher Seignobos[1]) mit Recht: „Das Glück hängt mehr von inneren Gefühlen als äußeren Vorteilen ab. Unser Leben ist besser organisiert als dasjenige unserer Väter, aber ähnlich wie im Luxus erzogene Kinder haben wir uns an gutes Leben gewöhnt und verspüren kaum mehr seinen Reiz. Unsere Erziehung hat in uns die Fähigkeit, uns am Leben zu erfreuen, geschwächt."

Auf unser zukünftiges Glück und Wohlergehen sind also zwei Dinge mit von Einfluß: Die Bereitschaft ganzer Völker, einander trotz aller ihrer Unterschiede zu verstehen und die Bereitschaft der einzelnen Menschen, die Kluft zwischen sich und der Natur wieder zu schließen, die die Technik, wenn auch vielleicht nicht geschaffen, so doch sehr vertieft und erweitert hat.

Wenn aber manche fragen, ob überhaupt eine glücklichere Zukunft zu erwarten stehe, so ist darauf zu erwidern, daß bei dem derzeitigen ungeheueren Umbruch viele Dinge nicht mit dem Maß gemessen werden dürfen, wie in ruhigeren Zeiten. Schließlich ist das Schifflein, das das Wohl und Wehe der Menschheit in eine unbekannte Zukunft trägt, stets ein arger Spielball von Sturm und Wellen und immer wieder dicht am Scheitern gewesen. Außerdem haben im Laufe der Geschichte schon die Enkel das Neue, vor dem sich ihre Großeltern gefürchtet hatten, häufig nicht nur unbedingt für einen Fortschritt gehalten, sondern viele Gedankengänge ihrer Ahnen gar nicht mehr zu verstehen vermocht. Wahrscheinlich wird es auch in Zukunft so bleiben, denn die Lebenden wollten zu allen Zeiten nach ihrer Fasson leben und haben daher nie viel danach gefragt, wie die Toten über diese Dinge gedacht haben.

Wir können daher nur hoffen, daß Gott die Leiter der Völker mit Weisheit erfüllen und bald eine „neue Ordnung" gefunden werden möge, die wenigstens aus den schlimmsten Schwierigkeiten her-

---

[1]) S e i g n o b o s , Ch.: Histoire de la Civilisation contemporaine. Masson & Cie., Paris.

ausführt. Wie sie im einzelnen aussehen wird, vermag kein Sterblicher zu sagen. Das Maß von Glück, das sie zu bieten vermag, hängt aber vielleicht überhaupt nicht so sehr von der Natur der neuen Methoden als davon ab, ob es der Welt beschieden sein wird, eine jener tiefgreifenden seelischen Wandlungen wie vor 2000 Jahren durchzumachen, als die für die heidnische Welt völlig neue Botschaft des Mitleides und der Würde a l l e r Menschen erstmals verkündet wurde. Wird die Technik zu einer Neubelebung dieser Lehre oder einer weiteren Verhärtung der Herzen, zu einem vielleicht bescheideneren aber harmonischeren oder zu einem mit allen „Errungenschaften der Technik" ausgestatteten, aber innerlich kalten und friedlosen Leben führen, an das Dostojewski gedacht haben mag, als er schrieb: „Die Hölle? Ich glaube, es ist die Welt, in der man nicht mehr lieben kann!"

Da aber, wie fern das Ziel und wie ungewiß der zu ihm führende Weg uns auch erscheinen mögen, für diejenigen, die ihn nun einmal gehen müssen, Zuversicht besser ist als Verzagtheit, Aktivität besser als dumpfe Erstarrung, wollen wir dem Motto: „Optimismus ist Feigheit" die Hoffnung auf eine bessere Zukunft entgegenstellen, die nur aus einer Gesinnung heraus geschaffen werden kann, die derjenigen nicht unähnlich ist, die die großen Ingenieure aller Zeiten beseelte: daß nur Bestand hat, was gesund, lebenstüchtig, im besten Sinne des Wortes konstruktiv ist.

Diese neue Zeit, in der höchste Freiheit größte Verpflichtung bedeuten wird, erfordert auch von den Ingenieuren ein neues Ideal und Berufsethos, nämlich Technik und Maschine zu dem zu machen, wozu sie ihrer Natur nach von Anfang an bestimmt waren: die Technik zu einer von hohen ethischen Grundsätzen geleiteten, die Erleichterung und Verschönerung unseres Lebens anstrebenden Disziplin, die Maschine zur großen Helferin der Menschen.

Wir kommen zum Schluß: Ganzer Ingenieur sein heißt zu einem gesunden Ausgleich zwischen seinem Beruf als Existenzquelle und als einer einen innerlich befriedigenden Lebensaufgabe kommen, ganzer Mensch sein heißt, einen gesunden Ausgleich zwischen den Anforderungen des Berufes und denen des übrigen Lebens finden. So groß aber die rein technischen Leistungen eines Menschen auch sein mögen, ein wirklicher Diener an der Technik kann er nur werden und aus dem verworrenen Zustand, in den das „technische Zeitalter" die Welt gestürzt hat, kann er, wie alle unsere Untersuchungen ergeben haben, sie nur herausführen helfen, wenn er es mit dem „liebe Deinen Nächsten" der Bibel oder, was R u d o l f   D i e s e l als richtiger erschien, mit dem „helft Euch untereinander" hält. Nur mit diesem Geiste läßt sich die Technik von dem Fluche befreien, mit dem sie der Unverstand der Menschen so lange belastet hat.

Nicht allen ist als Ingenieur derselbe Erfolg beschieden. Es wird immer mehr Kärrner als Menschen mit selbständigen Leistungen geben, und nur ganz vereinzelten Auserwählten setzt das Schicksal die Krone des großen Erfolges aufs Haupt. Jeder Strebende sollte sich aber, wenn der Erfolg sich nicht zeigen oder er mutlos werden will, an den Worten aufrichten, die Richard Trevithick am Ende seines enttäuschungsvollen Lebens gesprochen hat und die ihm als Bürger seines Landes wie als Ingenieur ein gleich schönes Zeugnis ausstellen:

„Fast 30 Jahre lang habe ich völlig allein durch unermüdliche harte Arbeit und unter ungeheuren Kosten um die Größe, ja unberechenbare Wohlfahrt meines Landes gekämpft, ohne je eine Belohnung zu erhalten. Wohl aber bin ich mit dem Brandmal des Narren dafür gestempelt worden, daß ich, wie die Welt sagt, Unmögliches versucht habe. Dies war bisher die Belohnung, die ich beim Publikum gefunden habe. Aber auch wenn dies alles sein sollte, so bin ich doch durch das große geheime Vergnügen und den löblichen Stolz zufriedengestellt, den ich in mir fühle, weil ich als das Instrument dafür ausersehen war, neue Prinzipien und Anordnungen zu erfinden und vorwärtszutreiben und Maschinen von unabsehbarem Werte für mein Land zu konstruieren. So dürftig auch meine geldliche Lage ist, die große Ehre, ein nützlicher Bürger gewesen zu sein, kann mir nie geraubt werden. Sie ist mir bei weitem mehr wert als alle Reichtümer."

Das Ergebnis unserer Untersuchungen läßt sich etwa in folgenden 10 Sätzen kurz zusammenfassen:

1. Die Technik ist mit sämtlichen Bereichen unseres Lebens, dem kulturellen, wissenschaftlichen, sozialen und politischen aufs engste verknüpft, Wohl und Wehe zahlloser Menschen hängen daher sehr von der Art ihres Einsatzes ab.

2. Die Technik ist ein weltgeschichtlicher Faktor allerersten Ranges geworden, dessen Bedeutung nicht hoch genug eingeschätzt werden kann.

3. Die Technik muß bestrebt sein, sich organisch als integrierender Bestandteil in die große aus unbelebter und belebter, beseelter und unbeseelter Natur bestehende Einheit einzugliedern.

4. Die Technik gibt den Menschen nicht nur viele neue „Freiheiten", sondern zwingt sie auch zum Verzicht auf manche alten.

5. Die Technik ist an sich weder gut noch böse, weder religionsfreundlich noch -feindlich, wirkt sich vielmehr auf unser Leben ganz nach dem Geiste aus, in dem wir sie einsetzen.

6. Der Technik fehlen zum Erzielen besserer Ergebnisse keineswegs die erforderlichen Mittel, sondern die klugen vorausschauenden Pläne für ihren zweckmäßigeren Einsatz.

7. Nur bei planvollem Einsatz der Technik und allmählich können sich einzelne Individuen und ganze Völker den durch sie verursachten Änderungen ihrer Lebensbedingungen ohne Schaden anpassen.

8. Die Ausbildung der Ingenieure war viel zu einseitig auf rein technische Dinge gerichtet, denn mit dem Herstellen der „Handelsware Maschine" haben sie ihre Mission keineswegs erfüllt.

9. Der Hebel zum Erzielen glücklicherer Verhältnisse mit Hilfe der Technik muß vor allem bei der Erziehung der Ingenieure und der Aufklärung des Publikums darüber angesetzt werden, wie sehr ein klügerer Einsatz der Technik das allgemeine Glück und Wohlbefinden verbessern könnte.

10. Das Herbeiführen glücklicherer Verhältnisse mit Hilfe von Technik und Maschine ist also eine ethische u n d eine technische Frage, eine Angelegenheit des Herzens u n d des Verstandes, eines hohen Berufsethos der Ingenieure u n d ihrer intensiven Mitarbeit an den öffentlichen Angelegenheiten.

Um zu diesen Erkenntnissen zu gelangen,

mußten wir ein sehr weites Gebiet durchstreifen und uns mit menschlichen Leidenschaften und Schwächen ebenso wie mit hohen charakterlichen Qualitäten, mit geschichtlichen, wirtschaftlichen und politischen Fragen ebenso wie mit rein technischen beschäftigen;

wir mußten tief unter die Erde greifende Wurzeln und verborgene Quellen bloßlegen, die die unserem Auge sichtbaren Ereignisse speisen und

verwickelten zwischen Technik und übrigem Leben bestehenden Zusammenhängen nachspüren, die man kennen muß, wenn man die Auswirkungen der Technik auf das Leben der Allgemeinheit verstehen will.

Unsere Darlegungen sind schwerlich frei von Schwächen, die Entwicklung wird vielleicht in manchem anders verlaufen, als wir es geschildert haben und nicht alle von uns ausgesprochenen Hoffnungen dürften sich erfüllen. Wenn wir das Wagnis, dieses Buch zu schreiben, trotzdem unternommen haben, so geschah es aus Liebe zu einem Berufe, dessen Größe sich erst im reiferen Alter ganz offenbart und in der Erkenntnis, daß vor allem die Ingenieure selber der Technik ihren hohen Rang und die erforderliche Auswirkung verschaffen müssen, daß sie wie kein anderer Stand dazu berufen sind, der Welt aus dem jammervollen Zustande herauszuhelfen, in den sie nicht zuletzt durch den Mißbrauch und das Mißverstehen der Technik hineingeraten ist.

Denn uns beseelt der Glaube, daß noch so große Mühen, Rückschläge und Enttäuschungen, daß die ganze Misere der Gegenwart uns nicht vom Ringen um einen besseren Einsatz der Technik und eine harmonischere Gestaltung der Welt abhalten dürfen, was um so schneller erreicht wird, je größer die Zahl derer ist, die das Ziel klar erkennen und zutiefst davon überzeugt sind, daß nur ein ganzer Mensch auch ein ganzer Ingenieur und wirklicher Baumeister beim Schaffen einer besseren Welt sein kann!